地理信息技术实训系列教程

空间数据库实验教程

张 宏 乔延春 罗政东 编著

地理科学国家级实验教学示范中心建设项目
地理信息系统国家级教学团队建设项目

科学出版社
北 京

内 容 简 介

空间数据库技术是地理信息技术的基础之一，是地理信息系统专业的核心课程。本书是空间数据库课程的实验教材，通过一系列的实验课程练习，有助于学生进一步理解课程中所学知识，强化其运用空间数据库技术解决实际问题的能力。本书包括六方面的实验内容：空间数据库基础及软件安装，空间数据库查询基础，空间数据库建库，空间数据库高级查询与分析，空间数据库编程，空间数据库管理。相关实验已经在地图学与地理信息系统专业的本科教学中使用多年。

本书可以作为高等学校地理信息系统专业、测绘专业、计算机及相关专业“空间数据库”课程的实验教材，也可供从事信息化建设、信息系统开发等有关科研、企事业单位的科技工作者阅读参考。

图书在版编目(CIP)数据

空间数据库实验教程/张宏，乔延春，罗政东编著.—北京：科学出版社，2013

地理信息技术实训系列教程

ISBN 978-7-03-037193-5

I. ①空… Ⅱ. ①张… ②乔… ③罗…Ⅲ. ①地理信息系统-高等学校-教材 Ⅳ. ①P208

中国版本图书馆CIP数据核字(2013)第 054186 号

责任编辑：杨 红 / 责任校对：钟 洋

责任印制：赵 博 / 封面设计：迷底书装

科学出版社出版

北京东黄城根北街 16 号

邮政编码：100717

http://www.sciencep.com

涿州市般润文化传播有限公司印刷

科学出版社发行 各地新华书店经销

*

2013 年 4 月第 一 版 开本：720×1000 B5

2024 年 1 月第五次印刷 印张：17

字数：327 000

定价：49.00元

(如有印装质量问题，我社负责调换)

前　言

空间数据库技术首先是解决地理空间数据的存储和管理。随着对地观测能力的不断提高以及地理信息技术应用的普及，空间数据库技术已经在地理空间统计分析、空间数据挖掘和知识发现、地理空间建模等方面得到广泛应用。空间数据库技术已经成为地理信息技术发展的重要支撑。

在多年教学的基础上，我们编写了这本实验教程，供本科生在实验中使用。编写过程中注重理论联系实际，强调对学生实际操作数据库能力的提高，强化学生运用数据库解决地理空间问题的能力。通过任务和问题设计，将空间数据库的一般理论与数据库操作、应用技术和方法相结合，有助于学生对课程知识的掌握，提高实际的应用能力。

本书内容分为 6 个部分 18 个实验，实验涵盖空间数据库基础及软件安装、查询基础、空间数据库建库、高级查询与分析、数据库编程、空间数据库管理等；课程实验软件平台涉及 Oracle Spatial、ArcGIS Server 等主流商业空间数据建库系统，建议实验课时为 36 学时。

本实验教材第 1 章由张宏、罗政东编写；第 2 章由张宏、乔延春编写；第 3 章由张宏编写；第 4 章由张宏、乔延春、罗政东编写；第 5 章由乔延春编写；第 6 章由张宏、乔延春、罗政东编写。黄建勋、王婷整理了全书的文字、插图、图表以及实验数据，最后由张宏、乔延春、罗政东统稿，张宏定稿。

本书中的相关实验已经在近10年的地图学与地理信息系统专业的本科教学实验中使用和完善。编写完初稿后，黄建勋对书中的实验进行了重复性练习，并生成和制作了相关结果图片。南京师范大学地图学与地理信息系统专业本科生使用了本书并进行了实验练习和检查。

本书提到的实验所需数据，读者可通过 http://www.ecsponline.com 网站检索图书名称，在图书详情页“资源下载”栏目中获取，如有问题可发邮件到 dx@mail.sciencep.com 咨询。

空间数据库相关技术的发展日新月异，受知识面和材料的限制，本书尚存在许多不足之处。我们期待您的指导和批评，以便进一步完善相关内容。

张　宏

2013 年 2 月于南京师范大学仙林

目　　录

第 1 章　空间数据库基础及软件安装

实验 1.1　空间信息管理的技术和体系

一、实验目的

(1) 初步了解 Oracle 数据库的系统架构和工作环境；
(2) 初步了解 ESRI ArcSDE 的体系架构和工作环境；
(3) 初步了解 Oracle Spatial 的技术架构和运行环境；
(4) 熟悉 Oracle 数据库的启动和基本操作；
(5) 熟悉 ESRI ArcSDE 的启动和基本操作。

二、实验平台

(1) 操作系统：Windows Server 2003；
(2) 数据库管理系统：Oracle 11g R2；
(3) 地理信息系统：ESRI ArcSDE 10。

三、实验内容和要求

(1) 了解 Oracle 和 ESRI ArcSDE 的工作环境；
(2) 了解 Oracle 的系统架构和系统组成；
(3) 了解 Oracle Spatial 的技术架构和组成；
(4) 了解 Oracle 管理工具；
(5) 了解 ESRI ArcSDE 的系统架构和系统组成；
(6) 了解 ESRI ArcSDE 管理工具；
(7) 学习 Oracle 数据库服务的停止和启动；
(8) 学习 ESRI ArcSDE 服务的停止和启动。

四、Oracle 和 ArcSDE 的工作环境

1. Oracle 简介及工作环境

1) Oracle 11g

Oracle 11g 是甲骨文公司在 2007 年 7 月 12 日推出的数据库软件。与以前的版本相比，Oracle 11g 对数据库管理、PLSQL、UNIX 平台支持等部分做了修正及更新，

同时也加入了较多的新功能与新特性。在后面的学习中，Oracle 11g 将作为主要的数据库平台进行实验及演示。安装 Oracle 11g 所需最低硬件配置及建议配置见表 1-1。

表 1-1　安装 Oracle 11g 所需最低硬件配置及建议配置

硬件名称	最低配置	建议配置
操作系统	Windows Server 2003	Windows Server 2003 SP2 以上版本
CPU	Intel Pentium4 2G	Inter Core2 2.8G 以上
RAM	1G	2G 以上
硬盘空间	5G	10G 以上

2) Oracle 数据库的系统架构和系统组成

Oracle 数据库包含三大组成部分：实例(Instance)、数据库(Database)及外部文件(External File) (图 1-1)。

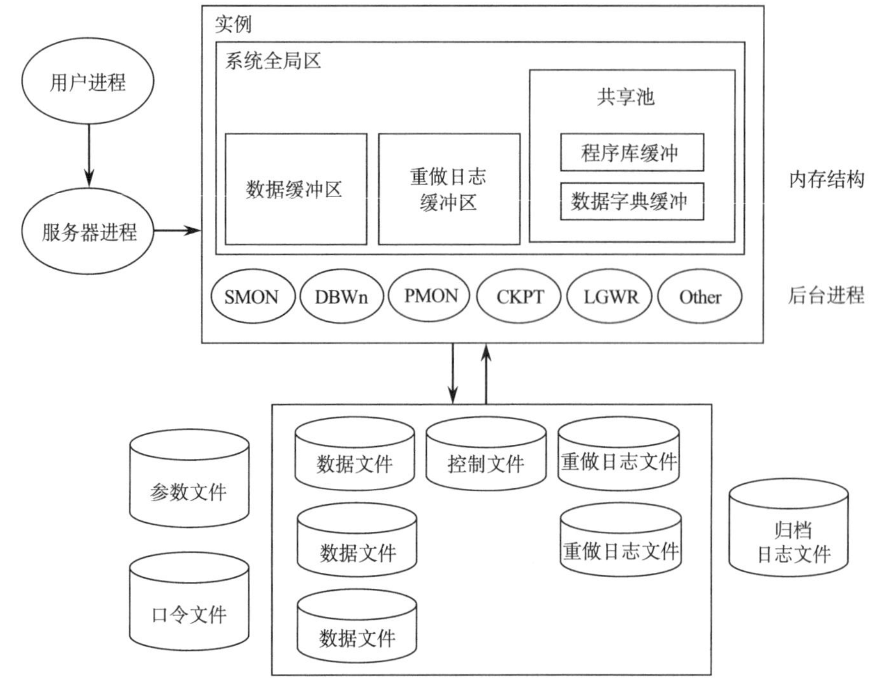

图 1-1　Oracle 数据库系统组成

实例中包括一个系统全局区(System Global Area，SGA)和一系列涉及 Oracle 系统运行的相关后台进程。其中，SGA 包含三大部分：数据缓冲区(Database Buffer)、重做日志缓冲区(Redo Log Buffer)、共享池(Shared Pool)(图 1-2)。

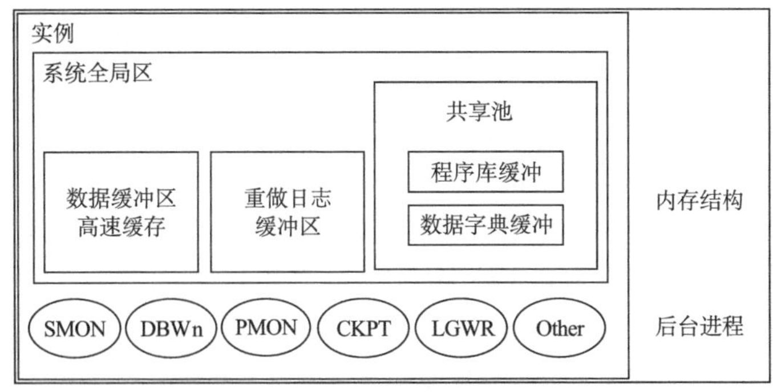

图 1-2　Oracle 数据库实例的组成

数据缓冲区：数据缓冲区的作用主要是在内存中缓存从数据库中读取的数据块。数据缓冲区越大，在内存里可供共享的内存就越大，这样可以减少所需要的磁盘物理读取时间。

重做日志缓冲区：数据库的任何修改都按顺序被记录在该缓冲区，然后由LGWR进程将它写入磁盘。LGWR的写入条件是用户提交、有1/3重做日志缓冲区未被写入磁盘、有大于1M重做日志缓冲区未被写入磁盘、超时、DBWR需要写入的数据的SCN号大于LGWR记录的SCN 号、DBWR触发LGWR写入。

共享池：共享池主要包含两部分，分别是 Dictionary cache(包括数据字典的定义，如表结构、权限等)，Library cache(包括共享的 SQL 游标，SQL 原代码以及执行计划、存储过程和会话信息)。共享池的大小由初始化参数 shared_pool_size 控制，它的作用是缓存已经被解析过的 SQL，使其能被重用，不用再解析。

实例中创建的后台进程则包括：CKPT、PMON、SMON、DBWn、LGWR 及其他相关类。

CKPT：当一个检查点(checkpoint)事件发生时，Oracle 需要更新所有数据文件的文件头来记录检查点事件的详细信息。这个工作是由 CKPT 进程完成的。但是将数据块写入数据文件的不是 CKPT 进程，而是 DBWn 进程。

PMON：当一个用户进程(user process)失败后，进程监控进程(process monitor，PMON)将对其进行恢复。PMON进程将清除相关的数据缓存区(database buffer cache)并释放被此用户进程使用的资源。例如，PMON进程将重置活动事务表(active transaction table)，释放锁，并从活动进程列表(list of active process)中删除出错进程的ID。

SMON：实例启动时如有需要，系统监控进程(system monitor process，SMON)将负责进行恢复(recovery)工作。此外，SMON还负责清除系统中不再使用的临时段(temporary segment)，以及为数据字典管理的表空间(dictionary managed tablespace)合并相邻的可用数据扩展(extent)。在实例恢复过程中，如果由于文件读取错误或所需文件处于脱机状态而导致某些异常终止的事务未被恢复，SMON将在表空间或文件恢复联机状态后再次恢复这些事务。SMON将定期地检查系统中是否存在问题。系统内的其他进程需要服务时也能够调用 SMON进程。

DBWn：数据写入进程(Database Writer Process，DBWn)的功能是将数据缓冲区的内容写入数据文件。DBWn 进程负责将数据缓存区内修改过的缓冲区(即 dirty buffer)写入磁盘。对于大多数数据库系统来说，使用一个数据写入进程(DBW0)就足够了。当系统中数据修改操作较频繁时，DBA 可以配置额外的数据写入进程(DBW1～DBW9 及 DBWa～DBWj)来提高数据写入的性能。

LGWR：日志写入进程(Log Writer Process，LGWR)负责对重做日志进行管理，将重做日志缓冲区内的数据写入磁盘上的重做日志文件中。LGWR 进程将上次写入之后进入缓冲区的所有重做条目(redo entry)写入磁盘中。

通过 SGA 与实例后台进程之间的互动，当前实例从数据库中获取数据信息。数据库包含三个部分：数据文件(Data files)、控制文件(Control files)、重做日志文件(Redo log files)(图 1-3)。

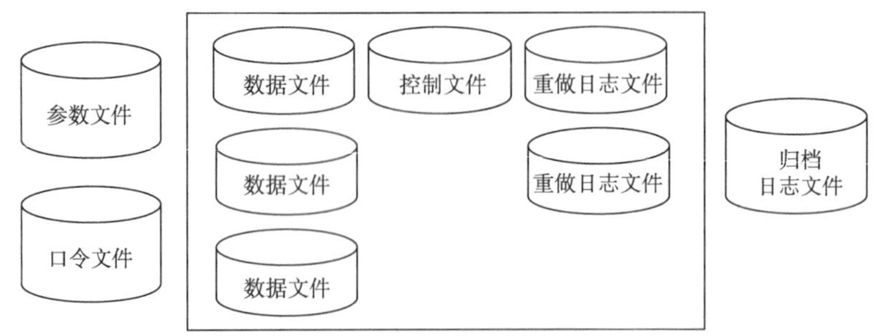

图 1-3　Oracle 数据库组成

数据文件：包含数据库中的实际数据。数据存储在用户定义的表中，但是数据文件也包含数据字典、成映像前的修改数据、索引以及其他类型的结构。一个数据库至少有一个数据文件。

控制文件：包含维护和验证数据库完整性的必要信息。例如，控制文件用于识别数据文件和重做日志文件。一个数据库至少需要一个控制文件。

重做日志文件：包含对数据库所做的更改记录，这样万一出现故障可以启用数据恢复。一个数据库至少需要两个重做日志文件。

此外，Oracle 还包含几个外部重要文件：参数文件(Parameter files)、口令/密码文件(Password files)、归档日志文件(Archived log files)(图 1-3)。

参数文件：定义 Oracle 实例的特性。例如，它包含调整 SGA 中一些内存结构大小的参数。

口令/密码文件：认证哪些用户有权限启动和关闭 Oracle 实例。

归档日志文件：是指对处于非活动状态的重做日志文件的备份，默认情况下存储在快速恢复区中。

使用者进行数据查询或相关的数据库操作时，Oracle 将创建一个用户进程(user process)，这个进程中包含有用户操作的所有具体参数。随后，这个进程中的所有信息将被服务器进程(server process)划分到进程全局区(Process Global Area，PGA)之中。此时服务器进程与 Oracle 实例建立连接，实例启动并连接至数据库，数据库根据获得的参数提取数据存放入实例创建的 SGA 中。此时服务器进程再根据用户操作信息对 SGA 里缓冲区中的数据进行操作，并生成重做日志放入缓冲区。当使用者完成操作后，数据库实例再把 SGA 中的数据和重做日志通过实例的后台进程写回数据库中。

3) Oracle Spatial 的技术架构和组成

Oracle Spatial 技术架构分为两部分：数据库端和应用程序端。在图 1-4 中描述了组成 Oracle 空间技术的各个组件，通过结构图可以很清楚地了解各组件如何在数据库端和应用程序端之间分配及调度。作为 Oracle 数据库服务器 11g 一部分的基础组件包括存储模式、查询、分析工具和空间功能/加载实用工具。

模型数据：Oracle Spatial 使用一个 SQL 数据类型 SDO_GEOMETRY 在 Oracle 数据库中存储空间数据。

空间功能：用户可以添加 SDO_GEOMETRY 列到应用程序的表中。

空间查询和分析：用户可以使用查询和分析组件，包括索引引擎和几何引擎查询和操作 SDO_GEOMETRY 数据。

高级空间引擎：这个组件由若干个满足复杂空间应用的组件组成，如地理信息系统(Geographic Information System，GIS)和生物信息学(Bioinformatics)等。

可视化：Oracle Spatial 技术的应用程序服务器组件，包括通过 Map Viewer 工具使空间数据可视化的手段。

4) SQL*Plus 简介

提供 Oracle 管理的工具很多，在 Oracle 11g 中就包含有 SQL*Plus、Enterprise Manage、SQL Developer 等。其中，SQL*Plus 是使用最为广泛的一种。

SQL*Plus 是 Oracle 服务器端和客户端都可以使用的管理工具，是 Oracle 的核心产品。SQL*Plus 中的 SQL 是指 Structured Query Language，即结构化查询语言；而 Plus 是指 Oracle 将标准 SQL 语言进行扩展，它提供了另外一些 Oracle 服务器能够接受和处理的命令。同时，SQL*Plus 命令可以与 SQL 语言和其过程化语言扩展 PL/SQL 在一起联合使用。SQL 语言允许用户保存和检索 Oracle 中的数据，PL/SQL 允许用户通过过程化逻辑将多个 SQL 的会话连接起来。

SQL*Plus 允许用户可以操作 SQL 命令和 PL/SQL 块以及执行许多额外的任务。使用 SQL*Plus 主要可以完成以下任务：

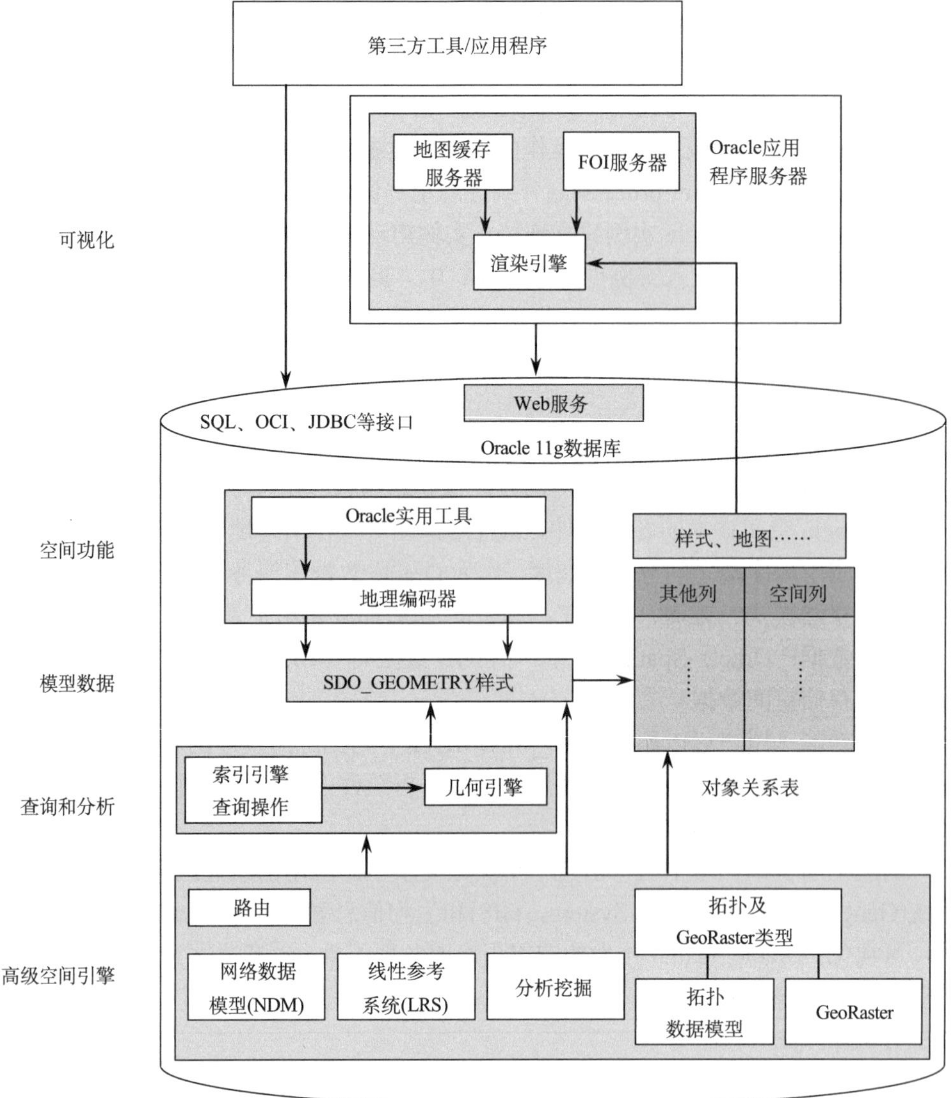

图 1-4　Oracle Spatial 的技术架构和组成

(1) 输入、编辑、存储、检索和运行 SQL 命令和 PL/SQL 块。
(2) 格式化执行计算、保存和按报表格式打印查询结果。
(3) 列出表的列定义。
(4) 在 SQL 数据库间提取和拷贝数据。
(5) 向最终用户传送信息，接收他们的消息。

5) Oracle 数据库服务

在 Oracle 11g 安装完成后，在“开始”→“运行”中输入 services.msc，打开服务对话框。服务对话框中是 Windows 的后台服务列表，在这里可以找到 Windows 所有开启并关系系统运行的服务，包括 Oracle 服务在内(图 1-5)。

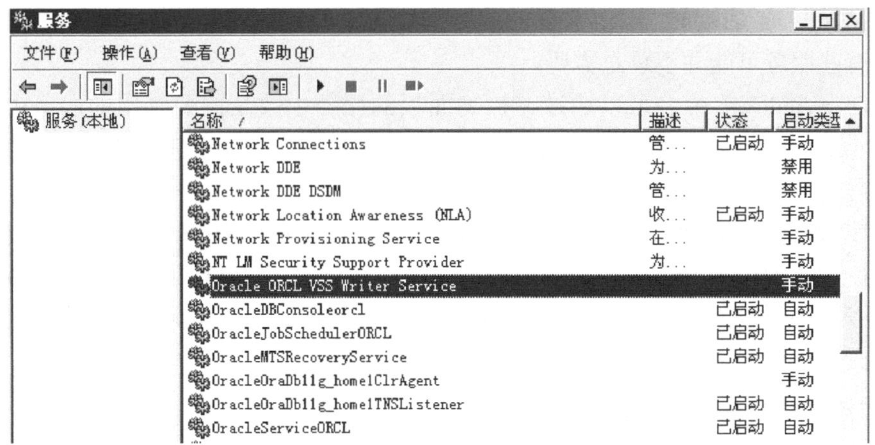

图 1-5　Oracle 在 Windows 中生成的服务

(1) Oracle ORCL VSS Writer Service：Oracle 对卷影 (VSS)的支持服务。Windows Server 2003 网络操作系统，它提供的卷影副本服务功能可以对共享文件夹定期备份，一旦文件遭受损坏，在客户端就能将共享文件恢复到原来的某一时刻状态。

(2) OracleDBConsoleorcl：控制台服务，即 Oracle 的企业管理器。服务负责 Windows 平台下启动 Oracle 企业管理器，从 Oracle 10g 开始引入这个服务，也是从 Oracle 10g 开始 Oracle 的企业管理器从客户端形式变为浏览器操作模式，这里的[SID]即 Oracle SID，如果是默认安装就是 orcl，故这个服务在用户的机器上可能就是 OracleDBConsoleorcl。

(3) OracleJobSchedulerORCL：定时器服务，用于数据库工作日程调度。这个服务默认状态是不启用，有些时候是禁用，因为启动后会占用大量系统资源。

(4) OracleMTSRecoveryService：该服务允许数据库充当一个微软事务服务器、COM/COM+对象和分布式环境下事务的资源管理器。

(5) OracleOraDb11g_home1ClrAgent：当执行 .NET 存储过程调用时，Oracle 将与这个外部进程通信，传入参数并检索结果。这种通信将由 Oracle 多线程代理体系结构来处理。 对于最终用户而言，.NET 存储过程调用看起来与任何其他类型的存储过程调用没有什么区别。实际上，用户可以从能够调用 PL/SQL 或 Java 存储过程的任何环境中调用 .NET 存储过程。

(6) OracleOraDb11g_home1TNSListener：监听器服务，此服务只有在数据库需要远程访问时才需要。

(7) OracleServiceORCL：数据库服务，这个服务会自动地启动和停止数据库。

如果安装了一个数据库，它的缺省启动类型为自动。

在 Windows 操作系统下安装 Oracle 11g 时会安装多个服务，并且其中一些配置会在 Windows 启动时启动。当 Oracle 运行在 Windows 下时，它会消耗很多资源，并且有些服务可能并不总是需要。

在 Windows 中，可以通过在控制面板的服务中改变想要禁用的服务(Oracle OraHome…)的启动类型(Startup Type)参数，双击某个服务查看其属性，然后将启动类型属性从自动改为手动。

使数据库在本地工作唯一需要运行的服务是 OracleServiceORCL 服务(其中 ORCL 是 SID)。这个服务会自动地启动和停止数据库。如果安装了一个数据库，它的缺省启动类型为自动。如果主要是访问一个远程数据库，那么可以把启动类型由自动改为手动。

2. ESRI ArcSDE 简介及工作环境

1) ArcSDE 的主要功能

ArcSDE 是 ArcGIS 的空间数据引擎，它是在关系数据库管理系统(RDBMS)中存储和管理多用户空间数据库的通路。在空间数据管理中 ArcSDE 是一个连续的空间数据模型，借助这一空间数据模型，可以实现用 RDBMS 管理空间数据库。在 RDBMS 中融入空间数据后，ArcSDE 可以提供空间和非空间数据进行高效率操作的数据库服务。ESRI ArcSDE 安装所需最低硬件配置及建议配置见表 1-2。

具体功能，有以下七点。

(1) 高性能的 DBMS 通道。ArcSDE 是多种 DBMS 的通道，它本身并非一个关系数据库或数据存储模型，它是一个能在多种 DBMS 平台上提供高级的、高性能的 GIS 数据管理的接口。

(2) 开放的 DBMS 支持。ArcSDE 允许你在多种 DBMS 中管理地理信息：Oracle、Oracle with Spatial or Locator、Microsoft SQL Server、Informix 以及 IBM DB2。

(3) 多用户。ArcSDE 为用户提供大型空间数据库支持，并且支持多用户编辑。

(4) 连续、可伸缩的数据库。ArcSDE 可以支持海量的空间数据库和任意数量的用户，直至 DBMS 的上限。

(5) GIS 工作流和长事务处理。GIS 中的数据管理工作流，例如多用户编辑、历史数据管理、check-out/check-in 以及松散耦合的数据复制等都依赖于长事务处理和版本管理。ArcSDE 为 DBMS 提供了这种支持。

(6) 丰富的地理信息数据模型。ArcSDE 保证了存储于 DBMS 中的矢量和栅格几何数据的高度完整性。这些数据包括矢量和栅格几何图形、支持(x, y, z)和(x, y, z, m)的坐标、曲线、立体、多行栅格、拓扑、网络、注记、元数据、空间处理模型、地图、图层等。

(7) 灵活的配置。ArcSDE 通道可以让用户在客户端应用程序内跨网络、跨计算机，对应用服务器进行多种多层结构的配置方案。ArcSDE 支持 Windows、UNIX、Linux 等多种操作系统。

表 1-2　ESRI ArcSDE 安装所需最低硬件配置及建议配置

硬件名称	最低配置	建议配置
操作系统	Windows Server 2003	Windows Server 2003 SP2 以上版本
CPU	Intel Pentium4 2G	Inter Core2 2.8G 以上
RAM	512M	1G 以上
显卡	VGA 标准显卡	NVIDIA MX440 或 AMD 同级以上
硬盘空间	2G	5G 以上

2) ESRI ArcSDE 的系统架构和系统组成

ArcSDE 的系统架构如图 1-6 所示。

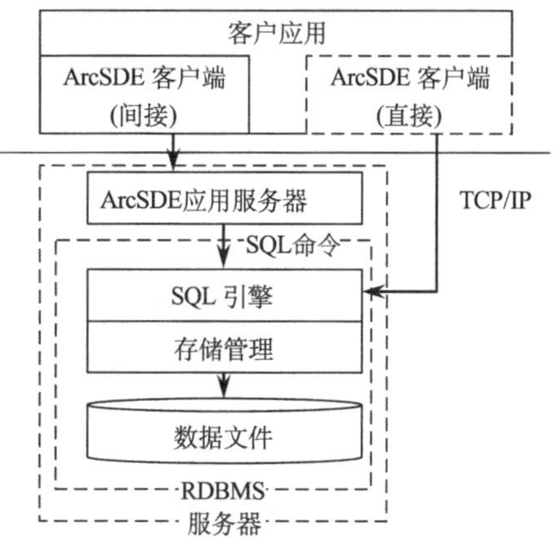

图 1-6　ArcSDE 的系统架构

在服务器端有 ArcSDE 空间数据引擎(应用服务器)、RDBMS 的 SQL 引擎及其数据库存储管理系统。ArcSDE 通过 SQL 引擎执行空间数据的搜索，交满足空间和属性搜索条件的数所在服务器端缓冲存放并发回客户端。ArcSDE 可以通过 SQL 引擎提取数据子集，其速度取决于数据子集的大小，与整个数据集大小无关，所以 ArcSDE 可以管理海量数据。

另外，ArcSDE 还提供了不通过 ArcSDE 应用服务器直接访问空间数据库的一种连接机制，这样不需要在服务器端安装 ArcSDE 应用服务器，由客户端接口直接把空间请求转换成 SQL 命令发送到 RDMBS 上，并解释返回的数据。

ArcSDE 在服务器和客户端之间数据传输采用异步缓冲机制，缓冲区收集一批数据，然后将整批数据发往客户端应用，而不是一次只发一条记录。在服务器端外理并缓冲的方法大大提高了网络传输效率。

在默认情况下，ArcSDE 安装完成后将生成一个包含所有 SDE 操作命令及其使用信息的文件夹。如果 SDE 是基于 Oracle 安装的，则此文件夹名为 ora11gexe。在 Windows 系统，通过 “开始” → “运行”，在命令行中输入 “%sdehome%” 可以进入该文件夹。

在 SDEHOME 文件夹中包含 6 个子文件夹，如图 1-7 所示。

(1) bin 文件夹。包括常用的 sde 命令程序、Giomgr.exe(线程管理)、Gsrvr.exe(连接线程程序)、St_shapelib.dll (St_Geometry 存储 sql 操作引用 dll)等。

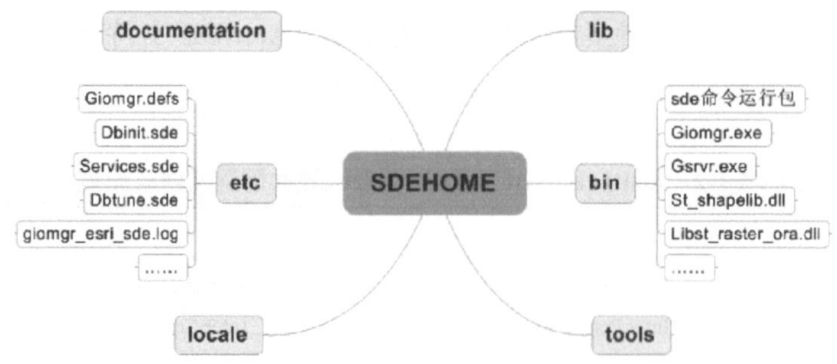

图 1-7　ArcSDE 文件夹的结构

(2) documentation。该文件用于存放安装说明文件。

(3) etc。该文件夹主要包含配置文件和日志文件。

配置文件。包括 dbinit.sde(该文件记录数据库的 Oracle_SID 名)，Giomgr.defs(该文件记录 ArcSDE 的一些配置参数)，services.sde(该文件记录 ArcSDE 的端口号以及实例名)、Dbtune.sde(该文件记录存储类型以及存储位置)。

日志文件。giomgr_ESRI_sde.log：ArcSDE 运行时记录 giomgr 进行管理的信息；sde_ESRI_sde.log：ArcSDE 启动出错的日志信息；sde_setup.log：ArcSDE 安装相关表出错的日志信息；sdedc_Oracle.log：ArcSDE 直连的日志信息。

(4) locale。该文件配置了程序运行过程中错误的提示信息等。

(5) tools 文件夹。主要是 ArcSDE Post 向导文件、数据库创建表空间、用户、权限等 SQL 语句。

(6) lib 文件夹。主要存放 ArcSDE 的命令参数。

3) ESRI ArcSDE 管理工具

完成 ESRI ArcSDE 的安装后，需要在 ArcCatalog 中建立数据库。ArcCatalog 应用程序可以为 ArcGIS Desktop 提供组织和管理各类地理信息的目录窗口。可在 ArcCatalog 中进行组织和管理的信息类型包括：①地理数据库；②栅格文件；③地图文档、globe 文档、3D scene 文档和图层文件；④地理处理工具箱、模型和 Python 脚本；⑤使用 ArcGIS Server 发布的 GIS 服务；⑥信息项的元数据；⑦其他类型。

ArcCatalog 将这些内容组织到树视图，用户可以组织自己的 GIS 数据集和 ArcGIS 文档，搜索和查找信息项，并对它们进行管理。同时，ArcCatalog 允许单独选择某个 GIS 项目，查看它的属性，以及访问用于项目操作的工具(图 1-8)。

(1) ArcCatalog 可用于以下六方面：①组织 GIS 内容；②管理地理数据库方案；③搜索内容并将其添加到 ArcGIS 应用程序；④记录内容；⑤管理 GIS 服务器；⑥管理基于标准的元数据。

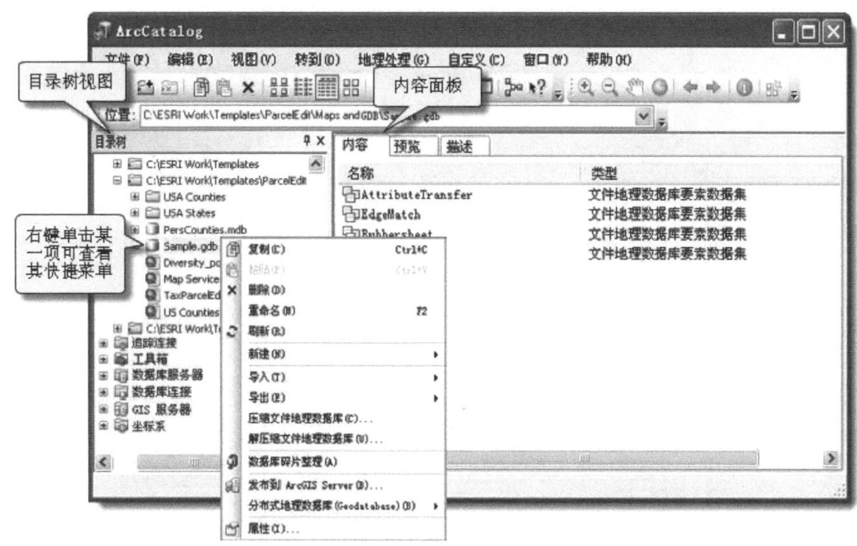

图 1-8　ArcCatalog 界面功能介绍 1

ArcCatalog 用户可组织、使用及管理位于工作空间和地理数据库中的地理信息。工作空间是磁盘上的文件夹，用于组织 GIS 工作(地图文档、影像和其他数据文件、地理处理模型、图层、地理数据库等)，并为用户提供了一个简单的方法来组织和共享 GIS 信息的逻辑集合。

地理数据库是 ArcGIS 中使用的各种类型地理数据集的集合。可在许多容器中存储和管理地理数据库：①文件地理数据库：包含磁盘上各个文件的文件夹；②个人地理数据库：Microsoft Access 数据库文件 (.mdb)；③DBMS，如 Oracle、SQL Server、Informix、DB2 或 PostgreSQL。

ArcCatalog 通过提供这些不同信息源的完整且统一的“目录树视图”来帮助用户。此视图的工作原理与 Windows 资源管理器非常相似，可以查找、组织和管理各种 ArcGIS 文档和数据集。

(2) ArcCatalog 用户体验。ArcCatalog 提供了所有可用数据文件、数据库和 ArcGIS 文档的完整且统一的视图。ArcCatalog 使用两个主要面板来导航和处理地理信息项目(图 1-9)。

通过左侧的树视图可以导航到想要使用的内容文件夹或地理数据库。高亮显示树视图中的某个项目可在右侧面板中查看其属性。对于任意项目，均可右键单击打开它的快捷菜单，然后通过此菜单来访问一系列工具和操作。例如，可以单击上述数据集的快捷菜单上的“新建”来添加新要素类。

(3) 目录树视图中的项目。以下是目录树中通常显示的一些项目：①文件夹，与保存数据集和 ArcGIS 文档的工作空间连接；②文件地理数据库和个人地理数据

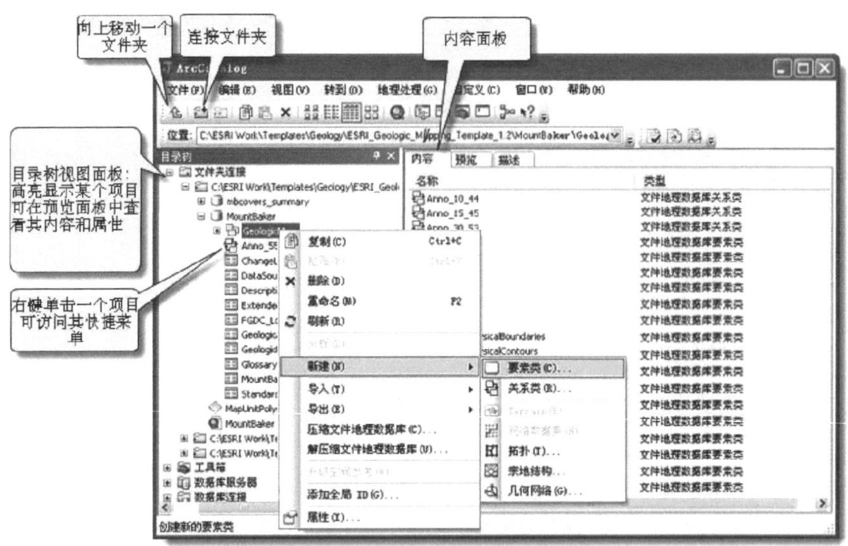

图 1-9　ArcCatalog 界面功能介绍 2

库，数据集文件或 Access.mdb 文件的文件夹；③数据库连接，ArcSDE 地理数据库连接；④地址定位器，ArcGIS 中使用的地址地理编码文件；⑤坐标系，用于对数据集进行地理配准的地图投影和坐标系定义；⑥GIS 服务器，可通过 ArcCatalog 管理的 ArcGIS 服务器列表；⑦工具箱，ArcGIS 中使用的地理处理工具；⑧Python 脚本，包含可自动工作或执行建模的地理处理脚本的文件；⑨样式，包含地图符号，例如标记(点)符号、线符号、样式填充符号(对于面)以及用于地图标注的文本符号。

可以基于目录树创建新连接、添加新项目(如数据集)、移除项目、复制项目以及对项目进行重命名等。

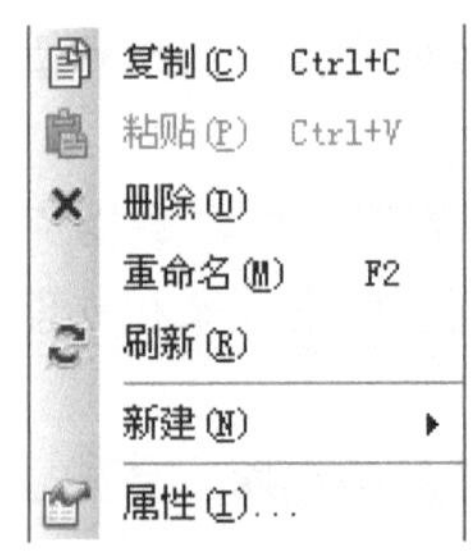

图 1-10　在目录树中右键菜单显示的内容

(4) 刷新 ArcCatalog 内容。在使用多个应用程序时，目录树中的信息项目可能不会显示所有 ArcGIS 信息的最新状态。这种情况下，刷新 GIS 内容十分有用。①在目录树中右键单击要刷新的项目查看其快捷菜单，然后单击“刷新”(图 1-10)。②从 ArcCatalog 中向其他桌面应用程序添加数据。可以将数据从 ArcCatalog 拖到其他 ArcGIS 应用程序中。例如，可以将数据集拖到 ArcMap 数据框中，从而以新图层的形式添加数据集。③在 ArcCatalog 中使用搜索。ArcCatalog 包含 ArcGIS 的“搜索”窗口，可通过单击标准工具条上的搜索按钮 ( ) 打开。

(5) 使用项目描述和元数据。可在 ArcCatalog 中记录数据集、地图、模型、globe

和其他项目。还可以使用标准化的元数据，对这些元数据执行创建、编辑、查看和导出等操作(图 1-11)。

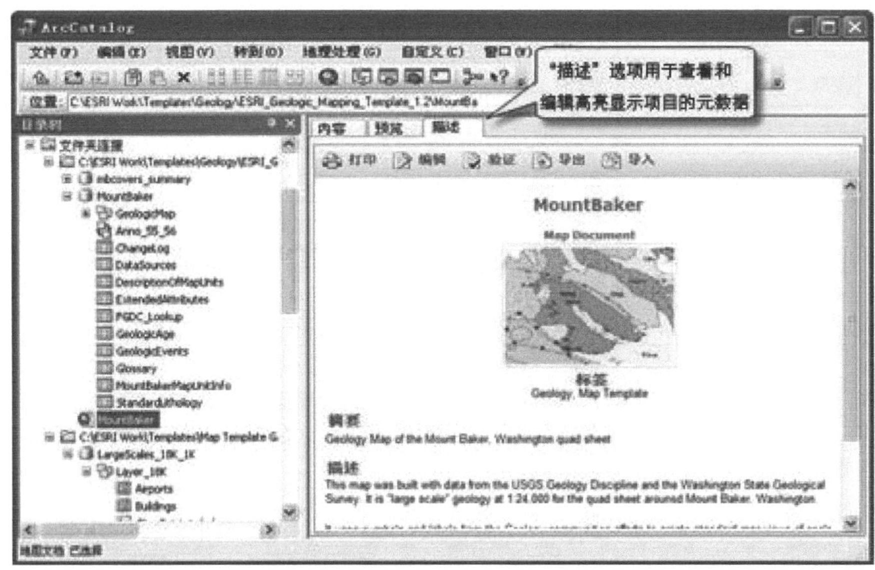

图 1-11　ArcCatalog 界面功能介绍 3

(6) ArcCatalog 中的工具条。ArcCatalog 包含许多工具条，可用于查看数据集以及在 ArcGIS 中执行各种工作空间和信息管理任务。例如，使用“预览”选项卡查看地图视图中的数据时，可使用“地理”工具条缩放和平移数据集。要打开某个工具条，可展开主自定义菜单上的工具条，然后单击所需的工具条。以下是 ArcCatalog 中一些常用工具条的快速浏览。

A. 标准工具条。此工具条包含一组用于管理目录中项目的常用工具，以及一组用于查看项目内容和打开 ArcMap、模型构建器及其他 ArcGIS 应用程序窗口的选项(图1-12)。标准工具条通常显示在 ArcCatalog 应用程序的顶部。标准工具条上的各种功能见表1-3。

图 1-12　标准工具条

表 1-3　ArcCatalog 标准工具条功能列表

按钮	名　称	功　能
	向上一级	在目录树中向上一级导航
	连接到文件夹	连接到 ArcGIS 内容和文档，在磁盘上的文件夹内(也称为工作空间)对其进行组织和管理

续表

按钮	名　称	功　能
	断开与文件夹的连接	从目录树中移除高亮显示的文件夹引用(但不删除任何内容)
	复制	复制高亮显示的项目
	粘贴	在光标位置处粘贴复制的项目
	删除	删除高亮显示的项目
	大图标	在内容选项卡上，使用大图标显示项目
	列表	在内容选项卡上显示项目的列表
	详细信息	在内容选项卡上显示每个项目的详细列表
	启动 ArcMap	启动新 ArcMap 会话
	目录树窗口	打开被隐藏或关闭的目录树窗口
	搜索窗口	打开“搜索”窗口
	ArcToolbox 窗口	打开 ArcToolbox
	显示 Python 窗口	显示可在其中使用 Python 进行地理处理的 Python 窗口
	模型构建器窗口	打开用于创建地理处理模型的模型构建器

图 1-13　地理工具条

B. 地理工具条。使用预览选项卡并将视图类型设置为地理时，可以通过地理工具条(图 1-13)平移和缩放显示画面。

还可以识别要素并使用创建缩略图按钮 ( ) 生成可插入到项目描述中的缩略图快照。

C. 位置工具条。使用位置工具条(图 1-14)添加与目录树的文件夹连接。

图 1-14　位置工具条

D. 元数据工具条。使用此工具条(图 1-15)管理文件夹内所有 GIS 项目的元数据。使用这些工具，可以执行以下操作：①验证 ( ) 所选文件夹中所有项目的元数据；②将元数据导出 ( ) 到标准模式中；③设置和查看高亮显示的 GIS 信息项目的元数据属性 ( )。

图 1-15　元数据工具条

E. ArcGIS Server 工具条。使用 ArcGIS Server 工具条(图 1-16)从 ArcCatalog 中启动、停止和管理 ArcGIS 服务。

图 1-16　ArcGIS Server 工具条

4) ArcSDE 的服务

在完成安装 ArcSDE 后，需要通过 ArcSDE 提供的“ArcSDE for Oracle11g Post Installation”工具完成 Oracle11g 数据库与 ArcSDE 之间的信息对接。随后还需要在 ArcCatalog 的目录树中的“数据库连接”中配置数据库连接串。至此时，数据库中的空间数据才可能加载到 ArcCatalog 的目录树中被用户使用。

而利用“ArcSDE for Oracle11g Post Installation”工具完成配置时，ArcSDE 也自动在系统的服务中添加了一条服务信息(图 1-17)。服务名称为配置过程中用户指定的名称，这条服务是默认自启动的，如果当用户对数据库执行关闭时，首先需要考虑将该服务暂停，否则数据库不能正常关闭。ArcSDE 的服务并非只能配置一条，针对不同的端口，ArcSDE 的服务可以多条存在。

名称	描述	状态	启动类型	登录为
ArcGIS Server Object Manager	Adm...	已启动	自动	.\Arc...
ArcGIS SOC Monitor	Mon...	已启动	自动	.\Arc...
ArcSde Service(esri_sde)		已启动	自动	本地系统
ASP.NET 状态服务	为 ...		手动	网络服务
Automatic Updates	允...	已启动	自动	本地系统
Background Intelligent Transfer Service	在...		手动	本地系统

图 1-17　ArcSDE 在 Windows 中新建的数据连接服务

在 SDE 服务启动后，始终存在一个 giomgr 的 SDE 服务器进程，它负责监听连接请求、验证连接、给每个成功的连接分配一个独立的 gsrvr 进程(图1-18)，而 gsrvr 负责在客户端和服务器之间进行通信(使用相同的服务器名和端口)。

应用程序　进程　性能　联网　用户

映像名称	用户名	CPU	内存使用
giomgr.exe	SYSTEM	00	35,060 K
w3wp.exe	NETWORK SERVICE	00	6,600 K
VMwareTray.exe	Administrator	00	5,056 K

图 1-18　ArcSDE 的 giomgr 进程

ArcSDE 是一种客户端/服务器模式，因此存在四个需要注意的属性：①Home 目录：它是一个被记录的路径，称为 SDEHOME，这个目录中包含可执行文件、配置文件和动态共享库等。②两个进程：giomgr 和 gsrvr。③由于 SDE 使用的是 TCP/IP 协议，因此服务器名和端口在通信时起着重要的作用。服务建立后，服务名和端口号被存储在“C:\WINDOWS\system32\drivers\etc”的 services 文件中。④配置参数。配置参数被保存在一个名为 SDE.SERVER_CONFIG 的表中，缺省的参数文件为 giomgr.defs，它被存放在 SDEHOME 中的 etc 文件夹中。

五、实验流程[①]

1. 启动 SQL*Plus 并简单操作

1) 完成 SQL*Plus 登录

实验准备：完成 Oracle 11g 的安装和配置

实验内容：

启动 SQL*Plus 的启动方式有两种，一种是通过菜单选择，点击“Oracle-OraDb11g_home1”→“应用程序开发”→“SQLPlus”弹出 SQL*Plus 命令编辑框。另一种通过点击“开始”→“运行”，输入“CMD”命令进入命令提示符界面，然后通过在界面中输入 SQL*Plus 命令的方式登录 SQL*Plus。 SQL*Plus 登录状态如图1-19 所示。

```
SQL*Plus: Release 11.2.0.1.0 Production on 星期三 1月 11 10:02:40 2012

Copyright (c) 1982, 2010, Oracle.  All rights reserved.

请输入用户名:
```

图 1-19　SQL*Plus 登录状态

在命令符中输入登录命令即可登录，登录格式如下：

```
Sqlplus 用户名/密码@数据库
```

如果以系统账户登录，必须用“AS”命令加入连接类型，登录格式如下：

```
Sqlplus 用户名/密码@数据库 as 连接类型
```

登录的用户名和密码可以使用安装过程中生成的 SYS 和 SYSTEM 账户和密码，也可以使用由管理员授予的登录名和密码(图 1-20)。在此需要注意的是，如果使用 SYS 和 SYSTEM 登录，在输入口令中必须用“AS”命令加入连接类型，输入命令格式如：SYS AS SYSDBA。登录完成界面如图 1-20 所示。

```
SQL*Plus: Release 11.2.0.1.0 Production on 星期三 1月 11 10:29:43 2012

Copyright (c) 1982, 2010, Oracle.  All rights reserved.

请输入用户名:  sde
输入口令:

连接到:
Oracle Database 11g Enterprise Edition Release 11.2.0.1.0 - Production
With the Partitioning, OLAP, Data Mining and Real Application Testing options

SQL>
```

图 1-20　SQL*Plus 登录完成

① 实验可以在完成“实验 1.2 数据库系统的安装”后，再来练习。

在这里，使用的是 SDE 用户进行的登录，在登录过程中用户的密码是被严格保密不可见的。因此需要在输入时尽量一次性完成密码的输入工作。

2) 切换用户登录

切换用户登录的方式有两种：一种是用命令退出 SQL*Plus(图1-21)，还有一种是用 SQL*Plus 内的用户账户切换命令切换(图1-22)。

(1) 退出 SQL*Plus。通过使用 QUIT 命令结束数据库连接，然后按 SQL*Plus 登录方式的介绍，实现另一个用户的登录操作。

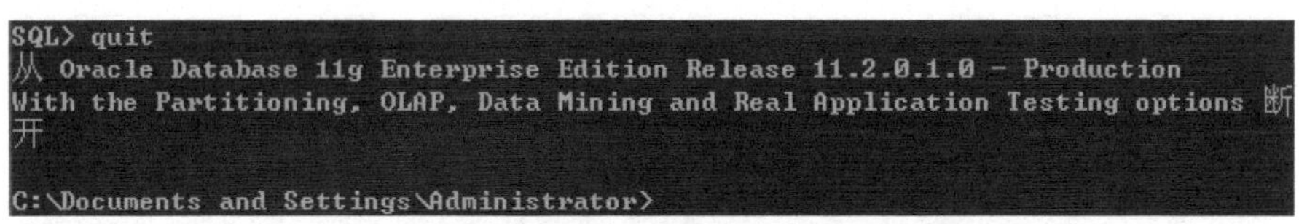
SQL> quit
从 Oracle Database 11g Enterprise Edition Release 11.2.0.1.0 - Production
With the Partitioning, OLAP, Data Mining and Real Application Testing options 断
开
C:\Documents and Settings\Administrator>

图 1-21　退出 SQL*Plus

```
SQL> connect sys/qazwsx as sysdba
已连接。
SQL>
```

图 1-22　SQL*Plus 账户切换

(2) 数据库内账户切换。使用 CONNECT 命令即可实现在 SQL*Plus 内的账户切换，格式如下：

```
connect 用户名/密码@数据库 as 连接类型
```

3) 数据库操作

此时即可用 SELECT 命令对数据进行查询(图1-23)，如对数据库中所有的用户进行查询等。

```
SQL> select username from dba_users;
```

图 1-23　SQL*Plus 基本查询操作

2. Oracle 数据库的启动与停止

实验准备：完成 Oracle 11g 的安装或已经完成 Oracle 客户端工具安装，并建立远程访问机制。实验内容如下：

(1) 通过使用 SQL*Plus 或 Windows 的命令提示符工具登录数据库管理。登录数据库界面如图1-24 所示。

(2) 关闭数据使用 SHUTDOWN 命令(图1-25)，SHUTDOWN 包含四个参数：①NORMAL：所有连接用户断开后才执行关闭数据库任务，在执行这个命令后不允许新的连接；②IMMEDIATE：在用户执行完正在执行的语句后就断开用户连接，并不允许新用户连接；③TRANSACTIONAL：在用户执行完当前事物后断开连接，并不允许新的用户连接数据库；④ABORT：执行强行断开连接并直接关闭数据库。

```
C:\>sqlplus sys/change_on_install as sysdba

SQL*Plus: Release 11.2.0.1.0 Production on 星期二 12月 13 08:58:32 2011

Copyright (c) 1982, 2010, Oracle.  All rights reserved.


连接到:
Oracle Database 11g Enterprise Edition Release 11.2.0.1.0 - Production
With the Partitioning, OLAP, Data Mining and Real Application Testing options
```

图 1-24　登录数据库

```
连接到:
Oracle Database 11g Enterprise Edition Release 11.2.0.1.0 - Production
With the Partitioning, OLAP, Data Mining and Real Application Testing options

SQL> shutdown
数据库已经关闭。
已经卸载数据库。
ORACLE 例程已经关闭。
```

图 1-25　关闭数据库

(3) 开启数据库命令为STARTUP命令(图1-26)，STARTUP命令包含两个参数，相关使用情况包括：第一种，不带参数，启动数据库实例并打开数据库；第二种，NOMOUNT参数，只启动数据库实例但不打开数据库，在用户希望创建一个新的数据库时使用，或者在用户需要这样的时候使用；第三种，MOUNT参数，在进行数据库更名的时候采用。在命令行中键入数据库启动命令，命令如下：

```
SQL> startup
ORACLE 例程已经启动。

Total System Global Area  535662592 bytes
Fixed Size                  1375792 bytes
Variable Size             230687184 bytes
Database Buffers          297795584 bytes
Redo Buffers                5804032 bytes
数据库装载完毕。
数据库已经打开。
```

图 1-26　启动数据库

注：关闭数据库过程中，如果已经开启ArcSDE的数据库服务，需要停止ArcSDE的服务。如有其他相关数据库服务，也需要一起停止。

3. ArcSDE 的启动与停止

1) Windows 服务中暂停 SDE 服务

实验准备：在数据库端安装完成ArcSDE工具，并已经完成ArcSDE配置。

实验内容：

(1) 关闭ArcSDE服务，点击“开始”→“运行”，在命令框中输入“services.msc”。或右键单击“我的电脑”→“管理”→“服务和应用程序”→“服务”，打开“服务”界面。

(2) 如果停止 ArcSDE 服务，找到相关的 ArcSDE 服务，并将其停止即可(图1-27)。

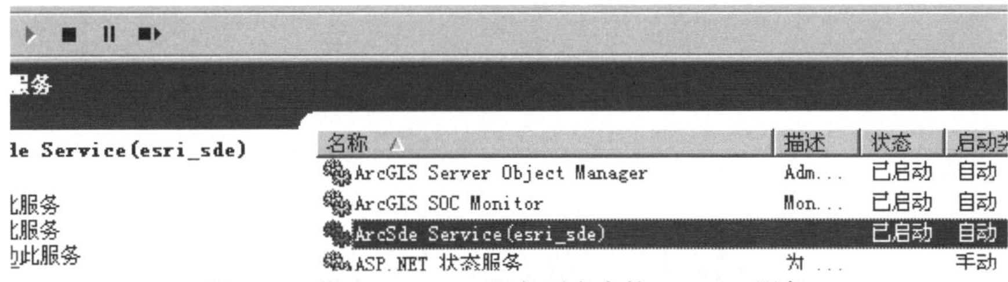

图 1-27　停止 Windows 服务列表中的 ArcSDE 服务

(3) 如果启动 ArcSDE 服务，找到相关的 ArcSDE 服务，并将其启动即可(图1-28)。

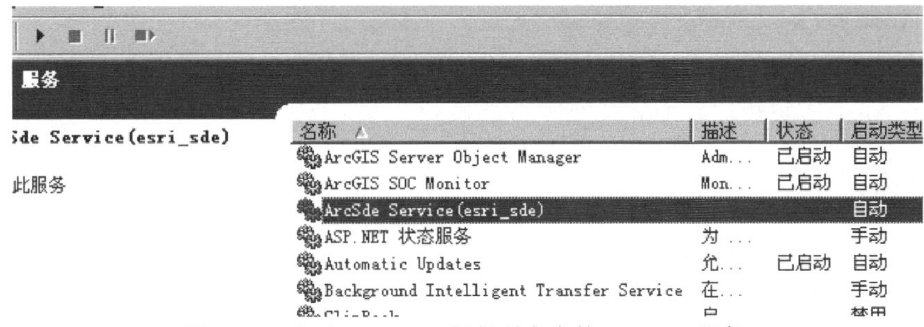

图 1-28　启动 Windows 服务列表中的 ArcSDE 服务

2) 命令行中暂停 SDE 服务

实验准备：了解 SDEMON 命令。

实验内容：

(1) 在控制台提示符 (Windows)处输入带 SHUTDOWN 操作的 SDEMON 命令。指定远程服务端口号和服务器名称。系统将需要提供 ArcSDE 管理员用户的密码(图1-29)。

```
C:\>sdemon -o shutdown -i 5151 -s test
Please enter ArcSDE DBA password:

ArcSDE Instance 5151 on test is Shutdown!
```

图 1-29　暂停服务器中 SDE 服务

(2) 输入带 STATUS 操作的 SDEMON 命令来确认 ArcSDE 服务是否已停止(图1-30)。

```
C:\>sdemon -o status -i 5151 -s test
SDE not running on server, Unable to get instance configuration
```

图 1-30　SDE 服务状态确认

(3) 输入带 START 操作的SDEMON 命令来执行 ArcSDE 服务。在 SDE 服务的启动过程中(图1-31)，不需要指定服务器的端口号，而应输入对应的 SDE 服务名称。

```
C:\>sdemon -o start -i esri_sde -s test
Please enter ArcSDE DBA password:
ArcSDE Instance esri_sde started Wed Apr 25 16:23:44 2012
```

图 1-31　开启 SDE 服务状态

实验 1.2　数据库系统的安装

一、实验目的

(1) 熟悉 Oracle 的安装和配置；
(2) 熟悉 ESRI ArcSDE 的安装和配置；
(3) 初步了解数据建库和实验平台的搭建。

二、实验平台

(1) 操作系统：Windows Server 2003；
(2) 数据库管理系统：Oracle 11g R2；
(3) 地理信息系统：ESRI ArcSDE 10；
(4) 数据内容：USA.GDB。

三、实验内容和要求

(1) Oracle 的安装和配置；
(2) ArcSDE 的安装和配置；
(3) 实验平台的搭建及实验数据的准备；
(4) 安装 Oracle 数据库，创建学习用户；
(5) 通过 Oracle 命令，导入实验数据；
(6) 安装 ArcSDE，并进行简单的服务配置。

四、实验前置

1. 软件准备

现在已经基本了解 Oracle 数据库及 ArcSDE 的体系架构。在本章中，将学习如何安装这两个软件。在安装前需要准备以下软件，见表 1-4。

表 1-4 中介绍的软件是在后面的实验中必备的使用内容，部分软件并不做其版本的选择，请根据实际情况做出合理的选择，在本书中软件使用情况如下。

表 1-4　实验所需环境及软件列表

软件名称	版　本　号
Windows	2003/XP
.Net Framework	3.0 及以上
Oracle Database	10g/11g
Oracle Client	10g/11g
VMware Workstation	V7.0/V8.0
ArcGIS Desktop	9/10
ArcSDE	9/10

Windows 2003 SP2：建议在选定操作系统时尽量选择已经打过 SP2 补丁的 Windows 2003 版本，因为在现实的使用中曾出现 Windows 2003 补丁不全造成 SDE 安装失败的案例。

.Net Framework 3.0：在安装 ArcGIS 的软件过程中，安装过程会自动检测该软件的安装状态，如果未安装.Net Framework 3.0，ArcGIS 安装将自动提示并退出。

Oracle Database 11g：Oracle 数据库端的安装版本很多，从 9i 至 11g 都有使用。本书建议使用 11g 版本，这样方便在实验中找到对应的功能及操作方式。11g 在 Oracle 官方网站中提供在线下载。

Oracle Client 11g：Oracle 客户端的安装版本，本书选择与数据库相同的 11g 版。客户端的下载可以在官方网站上找到。Oracle 11g 下载的地址为：http://www.Oracle.com/technetwork/database/enterprise-edition/downloads/112010-win32soft-098987.html。

VMware Workstation 8.0：VMware 是当前使用最为广泛的虚拟机软件。它可以很方便的管理虚拟机，支持 64 位系统，最重要的是支持虚拟机的 Snapshot 管理。在本书中有多处操作将涉及数据库的修改，建议使用 VMware 作为测试系统平台。

ArcGIS Desktop 10：ArcGIS Desktop 10 为当前 ESRI ArcGIS 的最新版本，也可以选择使用 ArcGIS 9.3 版本。

ArcSDE 10：ArcSDE 10 与 ArcGIS 10 是相对应的版本软件。如果选择安装 ArcGIS 的其他版本，则 SDE 版本也应该作相应替换。

2. 虚拟机准备

使用 VMware 虚拟机安装和配置 Windows 2003，在网上都已经有了详细的过程介绍，因此在这里不再对这些内容做详细的描述。在此，只需关注以下四点。

1) 虚拟机 CPU 设定

在新建虚拟机的过程中设置 CPU 选项，如果本机是多核 CPU，建议直接分配物理核而不扩展其使用进程，达到均分系统负担的目的(图1-32)。

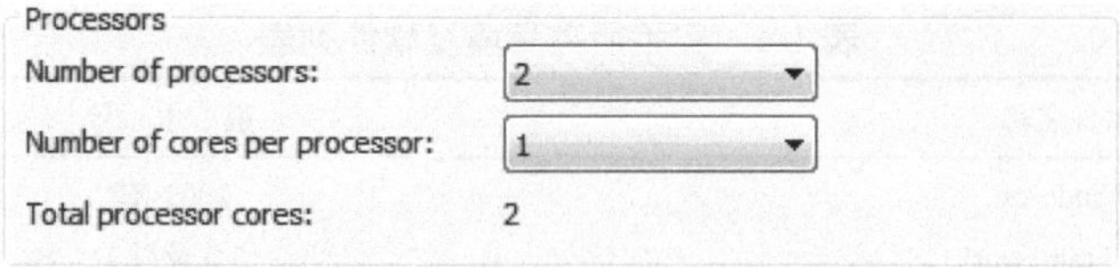

Processors
Number of processors: 2
Number of cores per processor: 1
Total processor cores: 2

图 1-32 虚拟机 CPU 设定

2) 内存设定

VMware 中对于不同操作系统将给定初始的内存参数。在考虑到本机内存使用情况的同时，综合考虑虚拟机中 Oracle 和 ArcSDE 的内存消耗，我们在此推荐虚拟机中的内存最少不低于1024M(图1-33)。

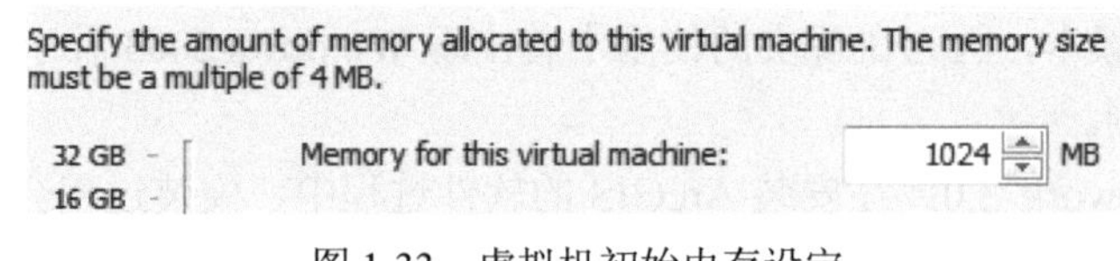

图 1-33 虚拟机初始内存设定

3) 网络模式设置

默认状态下虚拟机的网络模式为 NAT，即在本地机中虚拟内建一个网络。在使用 Oracle 时，需要将网络模式设为 Use bridged networking(图1-34)。

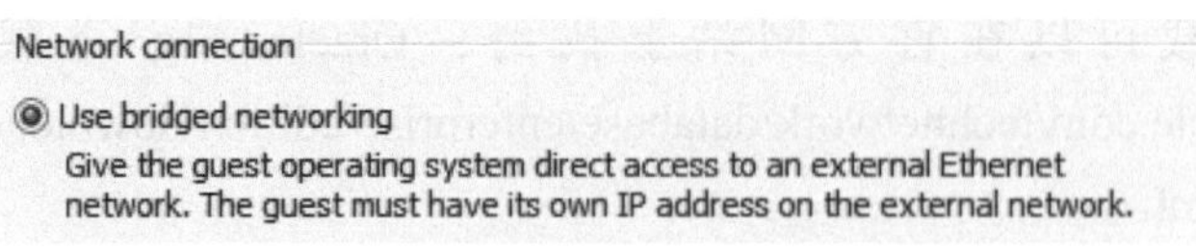

图 1-34 虚拟机初始网络模式设置

4) 磁盘大小设定

考虑到安装过程中 Oracle 和 ArcGIS 将占用较大的空间，而且不排除后期数据的处理或大型补丁软件的安装。因此虚拟机的磁盘大小不低于 30G，可使用系统推荐的 40G 磁盘(图1-35)。

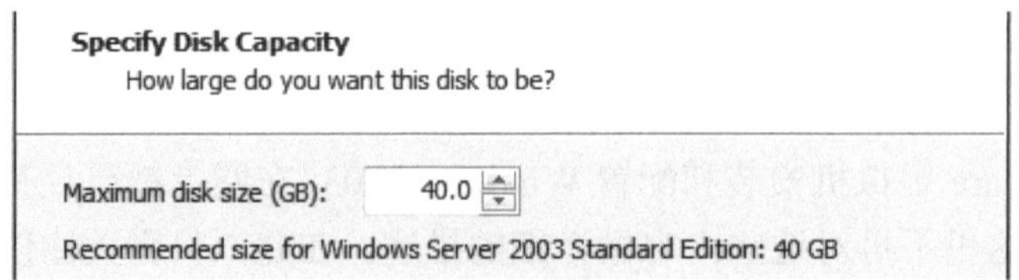

图 1-35 虚拟机初始磁盘容量限定

除此以外，所有的设定都可以使用默认设置。

五、实验流程

1. Oracle 安装及配置

1) Oracle 的安装

实验准备：在开始安装前，将Oracle安装包制作成ISO镜像文件，并使用VMware的镜像加载工具进行加载。在正式安装操作系统前，请参考实验前置中的介绍，对虚拟机的 CPU、内存、网络、硬盘进行设置，尤其是对网络和硬盘空间的设定。

实验过程如下：

(1) 将 Oracle 11g R2 的镜像安装文件加载入虚拟机中，双击光盘根目录下的SETUP.exe。启动安装程序，经过初始化后进入系统安装主界面(图1-36)。

图 1-36　Oracle 安装初始化界面

(2) Oracle 11g R2 安装程序在初始化过程中自动完成驱动及相关软件加载。完成后进入正式安装界面，首先需要确认是否提供电子邮件地址以供 Oracle 进行相关问题答复及安全更新提示。因为属于测试用虚拟数据库服务器，所以此处可以不填电子邮件并取消“接收安全更新”提示(图1-37)。

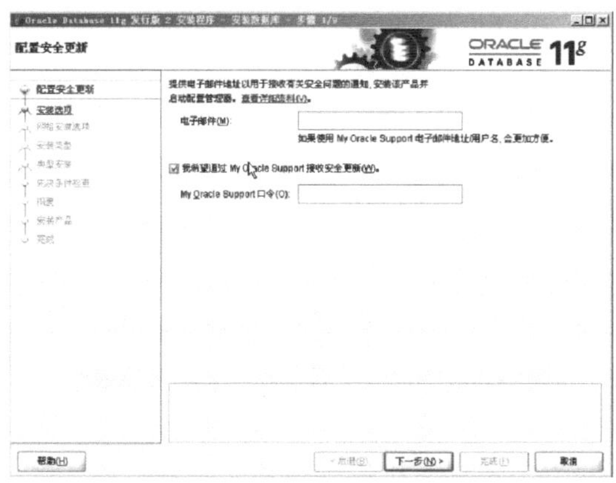

图 1-37　Oracle 安装中的配置安全更新

(3) 点击“下一步”，确认安装数据库选项。本实验中，使用的是空的操作系统，因此不存在更新数据库。同时，在后续的实验中，需要从 Oracle 11g 的 SCOTT 用户下抽取数据。所以在此选择默认安装为“创建和配置数据库”项(图1-38)。

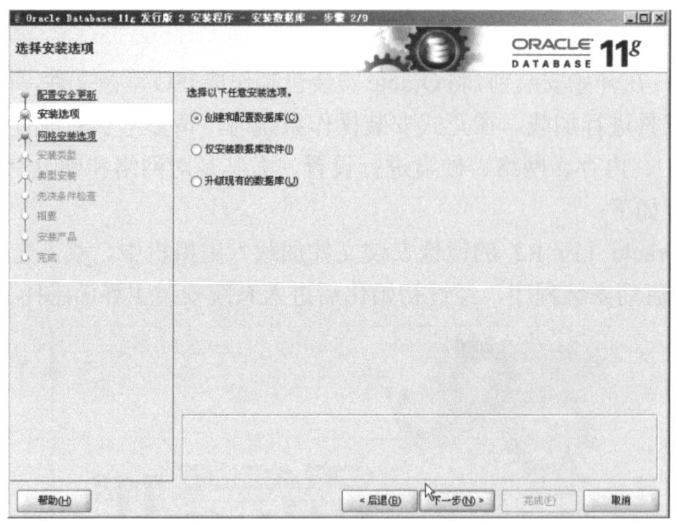

图 1-38　Oracle 安装中安装选项

(4) 点击“下一步”，确定安装的系统类型。在实验中我们假设数据库安装在服务器中，因此选择安装“服务器类”(图1-39)。

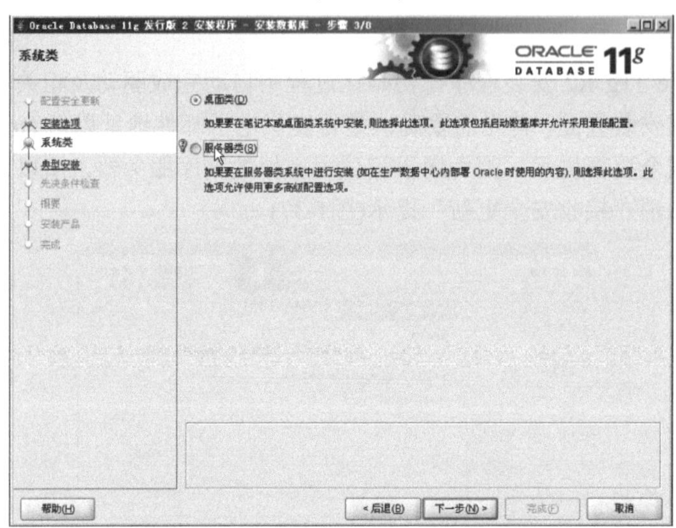

图 1-39　Oracle 安装中系统安装类型选择

(5) 点击“下一步”，选择要执行的数据库安装类型。在后期的实验中，主要在本机模拟服务器的运行，所以并不需要在非集群状态下的数据库使用，选择“单实例数据库安装”(图1-40)。

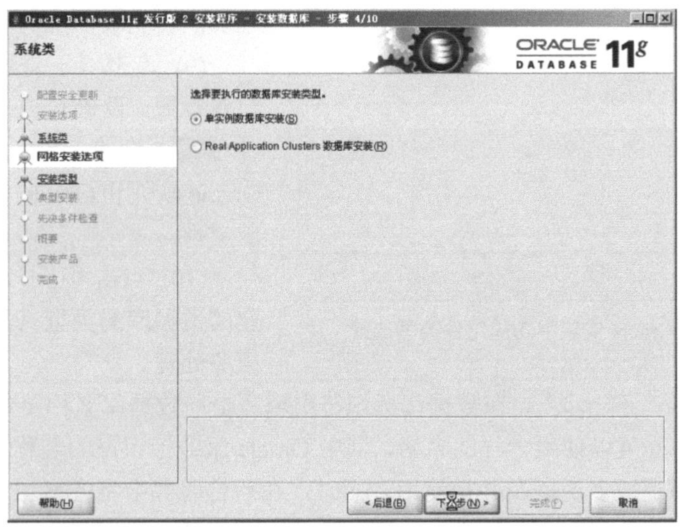

图 1-40　Oracle 安装中系统实例类型安装

(6) 点击“下一步”，选择安装类型。选择高级安装，为各账户设置口令及相关选择(图1-41)。

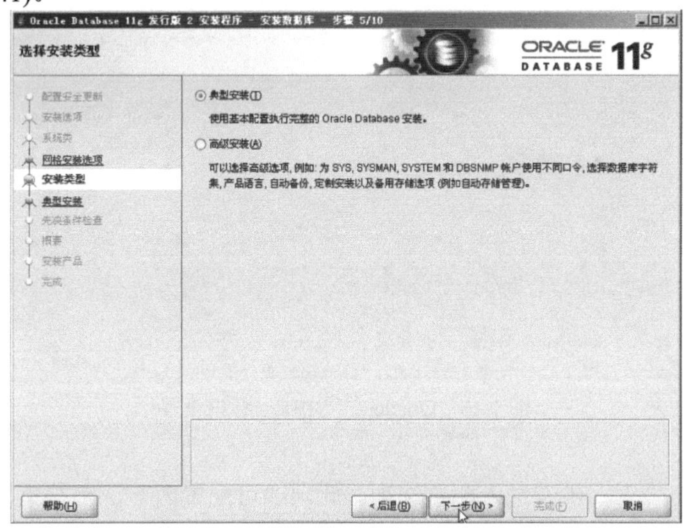

图 1-41　Oracle 安装中安装类型选择

(7) 点击“下一步”选择产品语言，一般默认简体中文及英文。

(8) 点击“下一步”选择数据库版本，根据开发方式及运行环境选择 “企业版”

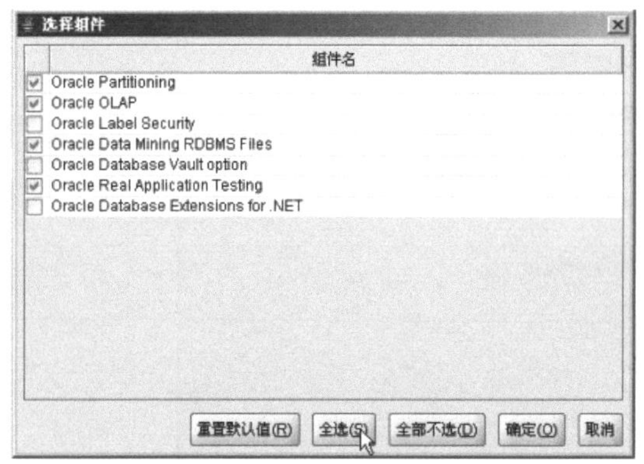

图 1-42　Oracle 安装中功能组件类型选择

安装，同时也可以选择"选择组件"选择符合自己开发用途及环境的 Oracle 功能级件(图 1-42)。

(9) 点击"下一步"进入安装位置设置，设置 Oracle 基目录及软件位置，两个目录分别用于安装 Oracle 软件和 Oracle 相关软件及配置文件。

(10) 点击"下一步"选择要创建的数据库的类型。选择一般用途/事务处理。

(11) 点击"下一步"，在数据库标识符中填写全局数据库名称及 Oracle 服务标识符。两个名称可以使用一样的名字，其中 Oracle 服务标识符的名称需记住，以后将在实际使用中被多次提及并被使用。同时，在后台服务中将会增加以此为名称的后台服务。因此，建议用户使用较为容易记的 SID 名称，如 orcl(图1-43)。

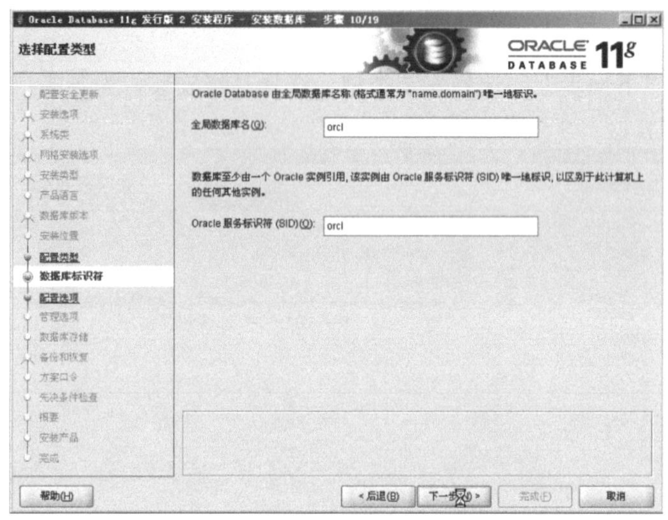

图 1-43　Oracle 安装中唯一标识设置

(12) 点击"下一步"进入配置选项。此项中可配置内存、字符集、安全性、示例方案(图 1-44)。一般情况下默认安装，如当前机器为专用数据库服务器，则需对启动内存等进行调整。

(13) 点击"下一步"，进入管理选项。此项默认选择"使用 Database Control"。

(14) 点击"下一步"，在数据库存储中选择数据库文件存放位置。一般选择默认位置。

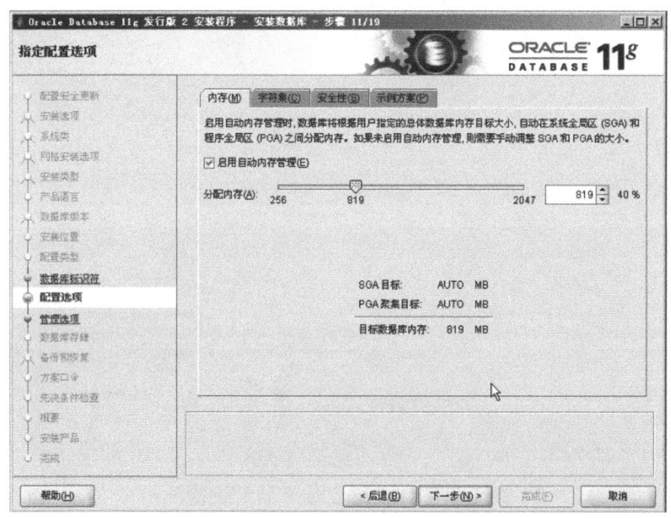

图 1-44　Oracle 安装中内存、字符集、安全性、示例方案设置

(15) 点击“下一步”，在备份和恢复项中指定数据库的自定义备份功能，对于较重要的数据可在此选择启动自动备份，一般默认不启用自动备份。

(16) 点击“下一步”，在方案口令中设置 Oracle 不同用户的口令(图1-45)。

图 1-45　Oracle 安装中管理口令设置

(17) 完成口令设置后点击“下一步”，系统进行先决条件检查，确保系统设置的正确性。

(18) 完成检查，进入概要一览，可以校对曾做出的设置，然后点击“完成”，Oracle 进入安装状态(图1-46)。

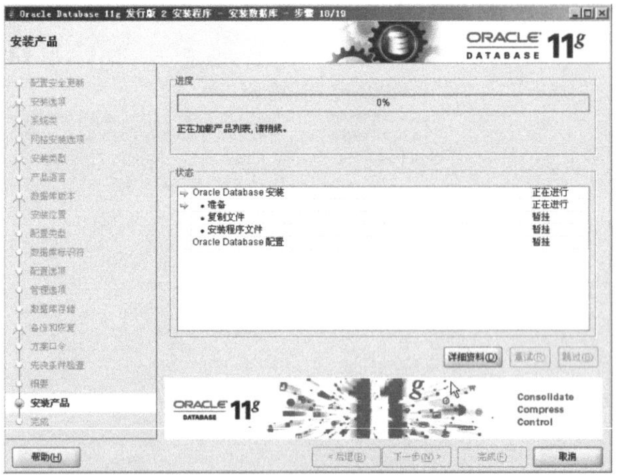

图 1-46　Oracle 安装产品配置检测

(19) Oracle 安装程序将完成后续的配置过程。

2) Oracle Client 的安装及配置过程

(1) 将 Oracle Client 的安装盘放入光驱，双击光盘根目录下 SETUP.exe。启动安装程序，经过初始化后进入系统安装主界面。

(2) 选择安装类型，在此处根据对数据库操作及使用情况选择安装不同控制端(图1-47)，当前安装位置与 Database 在同一机器上，因此选择“管理员”安装类型。

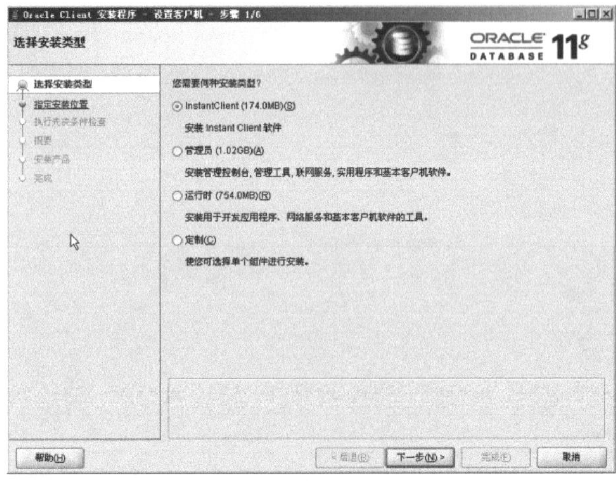

图 1-47　Oracle Client 安装类型选择

(3) 点击“下一步”选择产品语言，一般默认为简体中文及英文，同时能够添加及删除相关语言选择。

(4) 点击“下一步”，在指定安装位置中客户端可以与数据库安装在同一目录中，也可以单独安装(图1-48)。

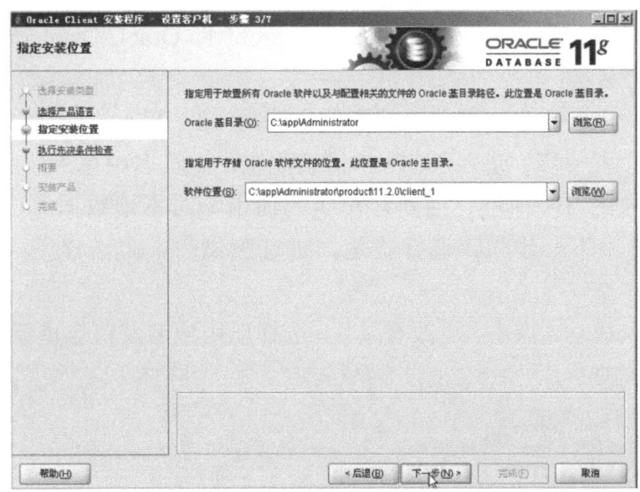

图 1-48　Oracle Client 安装位置选择

(5) 点击“下一步”，程序进行先决条件检查。检查完成会自动显示安装概要，如果无需更改选项，点击“完成”执行程序安装过程。

(6) 安装完成，点击“关闭”，此后将自动弹出“网络服务名”配置窗口，对其进行配置或在后续使用时另行配置皆可。

(7) 点击 “开始”菜单，选择“所有程序”→“Oracle-OraClient11g_home1”→“配置和移植工具”→“Net Configuration Assistant”。

(8) 打开 Oracle Net Configuration Assistant 界面，选择“本地网络服务名配置”，点击“下一步”。

(9) 在“服务名配置”工作中，选择“添加”，添加新的网络服务名(图1-49)。

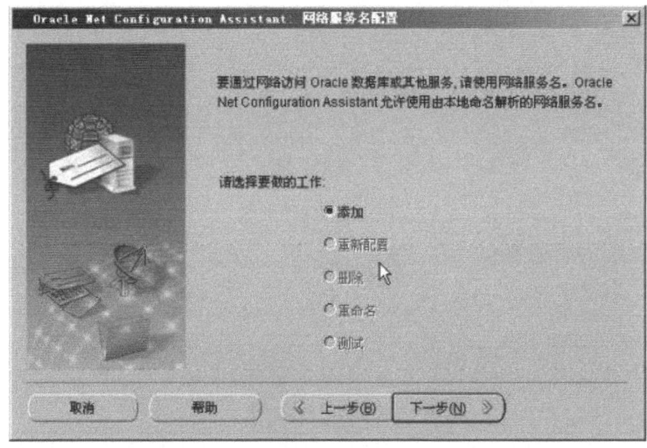

图 1-49　网络服务名称配置界面

(10) 点击“下一步”，在服务名中填入 orcl，即 Oracle Database 安装过程中填写的网络标识符名称。

(11) 点击“下一步”，网络协议配置中选择“TCP”。

(12) 点击“下一步”进入 TCP/IP 协议配置，主机名中填入新服务名所针对的数据库服务对象的 IP 地址。当前客户端的使用针对本地数据库，则主机名填入 127.0.0.1。点击“下一步”，选择“是，进行测试”，点击“下一步”进行连接测试。

(13) 测试未成功，点击“更改登录”，选择新用户名及口令重新登录(图1-50)。

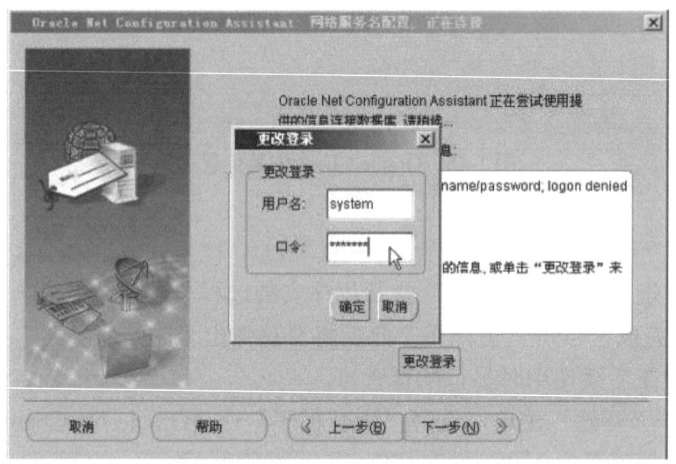

图 1-50　网络服务名称连接测试

(14) 连接成功，点击“下一步”为当前网络服务名输入新名称(图1-51)。

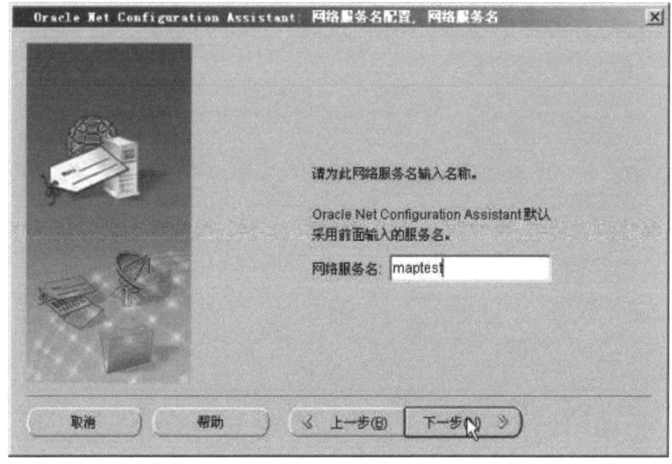

图 1-51　网络服务名称名称修正

(15) 完成配置后退出当前配置。

3) Oracle 用户和角色配置简介

(1) 用户的概念。用户即 User，也就是访问 Oracle 数据库的“人”。在 Oracle 中，可以对用户的各种安全参数进行控制，以维护数据库的安全性，这些概念包括模式(Schema)、权限、角色、存储设置、空间限额、存取资源限制、数据库审计等。每个用户都有一个口令，使用正确的用户/口令才能登录到数据库进行数据存取。

Oracle 在安装时已经构建完成数个关系到数据库正常运行的用户，这些用户中包含常见的 SYSTEM、SYSDBA 等。这些用户在 Oracle 中有较高的权限，其操作权限覆盖数据库运行过程中的各个方面。

(2) 创建用户。创建用户的详细语法在后续章节中介绍，这里介绍典型的语法。语法如下：

```
create user —创建用户
identified by password —用户口令
default tablespace —默认表空间
temporary tablespace —临时表空间
—举例：
create user us1 identified by abc123
default tablespace user01
temporary tablespace temp
```

(3) 修改用户。修改用户的语法是与创建用户的语法类似的，主要是 CREATE USER 变成 ALTER USER，具体使用方法参照“创建用户”的语句执行。

(4) 删除用户。删除用户，是将用户及用户所创建的 Schema 对象从数据库中删除，语法如下：

```
SQL>drop user us1;
```

若用户 us1 含有 Schema 对象，无上述语句将执行失败，须加入关键字 CASCADE 才能删除，意思是将其关联对象一起删除，语法如下：

```
SQL>drop user us1 cascade;
```

2. ArcSDE 的安装及配置

1) ArcSDE 的安装

(1) 将 ArcSDE 安装盘装入光驱，软件自启动弹出 ArcSDE 安装列表(图1-52)。

(2) 根据现有 Oracle 版本选择 ArcSDE for Oracle 11g “32 位安装”，打开安装界面(图1-53)。

(3) 点击“下一步”接受许可协议，点击“下一步”确定目标文件夹。

(4) 持续确定操作，完成系统安装。

(5) 安装完成后，点击“完成”退出安装程序(图1-54)。

图 1-52　ArcSDE 安装标准选择

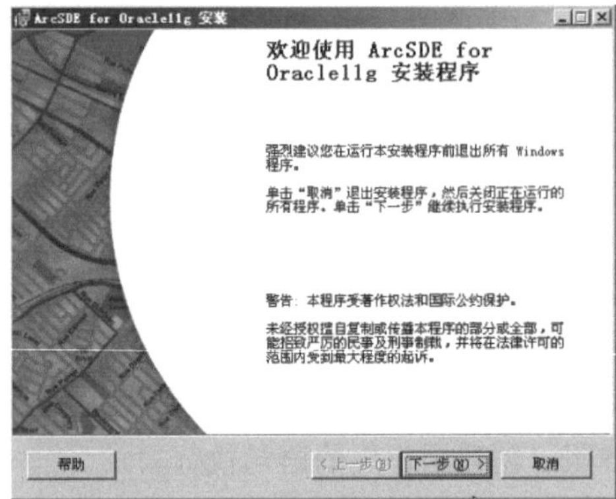

图 1-53　ArcSDE of Oracle 安装界面

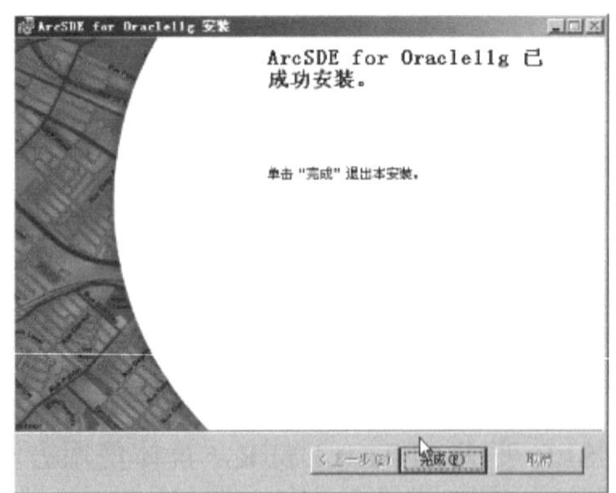

图 1-54　ArcSDE of Oracle 安装完成

2) ArcSDE 服务配置

(1) 弹出的“ArcSDE for Oracle 11g 安装后设置”界面如图 1-55 所示。

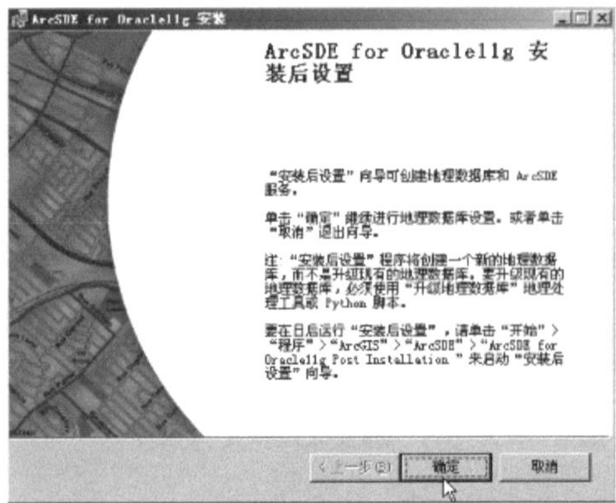

图 1-55　进入 ArcSDE for Oracle11g 安装后设置界面

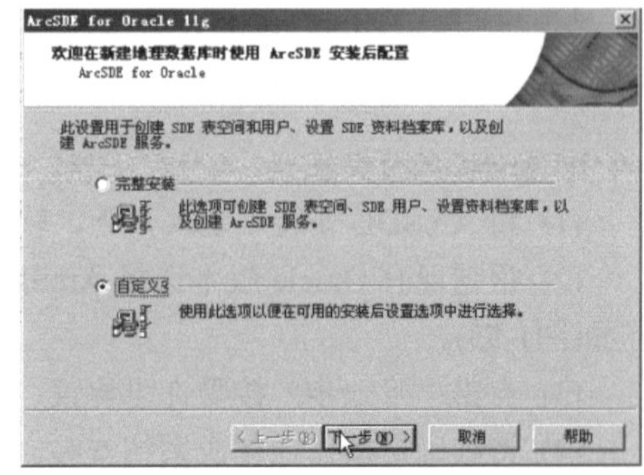

图 1-56　选择配置方式

(2) 点击“确定”，打开设置用于创建 SDE 表空间和用户、设置资料档案库，以及创建 ArcSDE 服务，选择配置方式，在此选择自定义(图1-56)。

(3) 点击“下一步”，选择 ArcSDE 设置向导选择(图 1-57)。根据使用情况选择设置内容，一般默认全选。

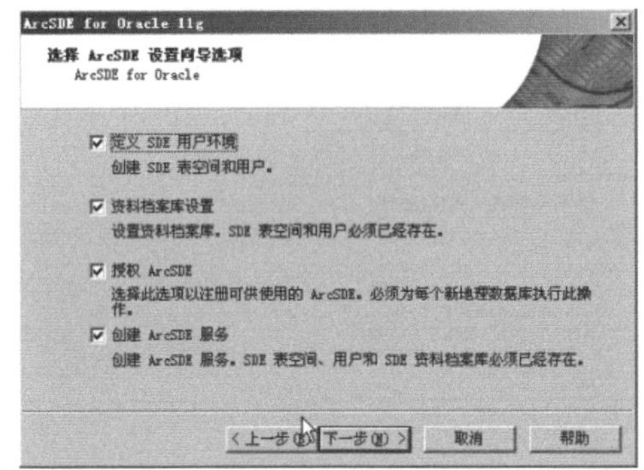

图 1-57　在设置向导中选择 SDE 连接中需手工设置的项目

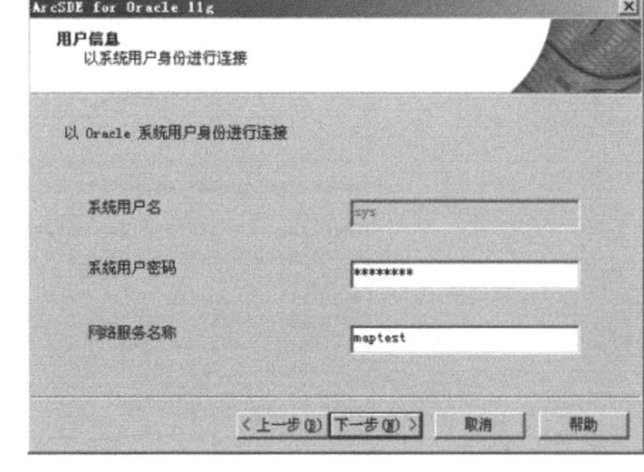

图 1-58　使用 Oracle 账户密码及服务器名登录 Oracle

(4) 选择“下一步”设置用户信息填写系统用户密码，此密码为 Oracle 11g 安装时设置的所设系统账户密码。网络服务名称为“Net Configuration Assistant”过程中添加的服务名称 (图1-58)。

(5) 点击“下一步”设置 SDE 表空间和用户名(图1-59)。

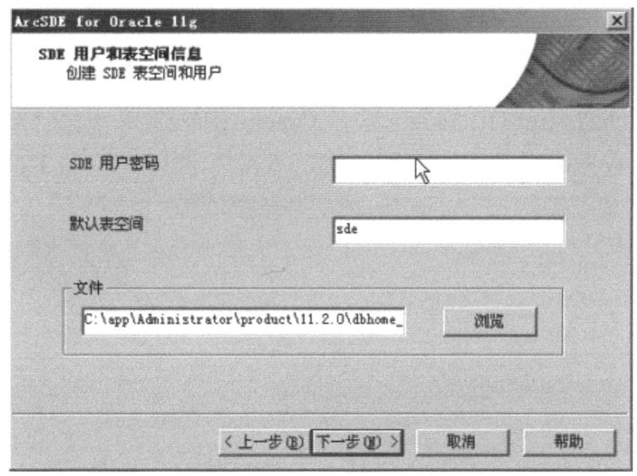

图 1-59　新建 SDE 用户并设置其默认表空间及文件位置

(6) 设置完成用户密码及数据库文件存放位置，点击“下一步”执行表空间创建，如创建成功则系统弹出“已成功创建 SDE 表空间”及“已成功创建 SDE 用户”对话框。点击“确定”，进入配置文件选项。

(7) 配置文件都为默认设置，点击“下一步”打开资料档案库设置。

(8) 资料档案库设置全为默认设置，点击“下一步”执行创建资料档案库。完成后系统弹出“ArcSDE 资料档案库已成功完成，是否要查看状态”，点击“确定”查看日志文档(图 1-60)。

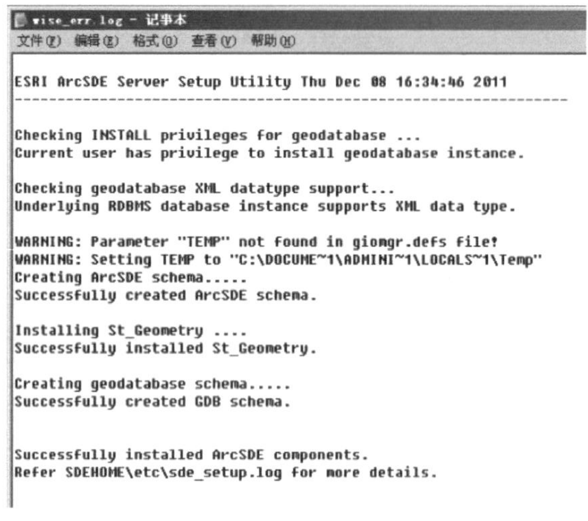

wise_err.log - 记事本
文件(F) 编辑(E) 格式(O) 查看(V) 帮助(H)

```
ESRI ArcSDE Server Setup Utility Thu Dec 08 16:34:46 2011
-----------------------------------------------------------------


Checking INSTALL privileges for geodatabase ...
Current user has privilege to install geodatabase instance.

Checking geodatabase XML datatype support...
Underlying RDBMS database instance supports XML data type.

WARNING: Parameter "TEMP" not found in giomgr.defs file!
WARNING: Setting TEMP to "C:\DOCUME~1\ADMINI~1\LOCALS~1\Temp"
Creating ArcSDE schema.....
Successfully created ArcSDE schema.

Installing St_Geometry ....
Successfully installed St_Geometry.

Creating geodatabase schema.....
Successfully created GDB schema.


Successfully installed ArcSDE components.
Refer SDEHOME\etc\sde_setup.log for more details.
```

图 1-60　ArcSDE 资料档案库日志文档内容

(9) 关注 ArcSDE schema、ST_Geometry 及 geodatabase schema 的创建是否成功，如果任意一项不成功，则资料库档案显示创建失败，关闭日志文档，为 ArcSDE 授权，点击“下一步”。

(10) 如果已经存有授权文件，则使用授权文件完成授权。点击“下一步”，并完成授权过程，创建 ArcSDE 服务。输入 Oracle SID 名称，此名称为 Oracle 创建过程中用户填写的数据库标识符。填写完成，点击“下一步”(图 1-61)。

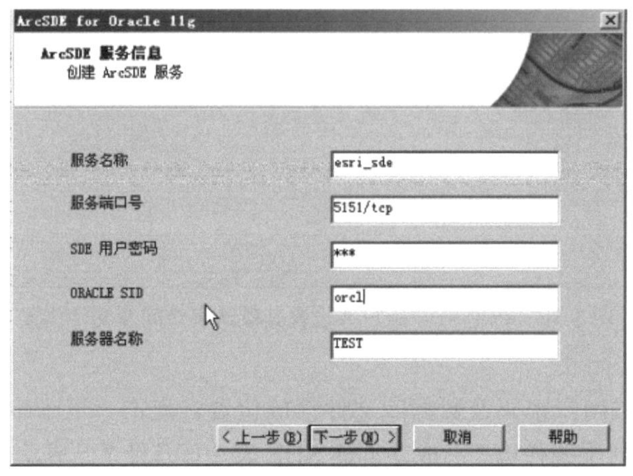

图 1-61　创建 ArcSDE 服务对话框

(11) 系统提示“是否要启动此服务 esri_sde”(图 1-62)。

(12) 完成服务启动，并完成全部 ArcSDE 安装过程及设置过程。

3) ArcSDE 的安装验证

ArcSDE 安装及配置完成后，可以通过以下方法验证其是否安装完成且设置正确。

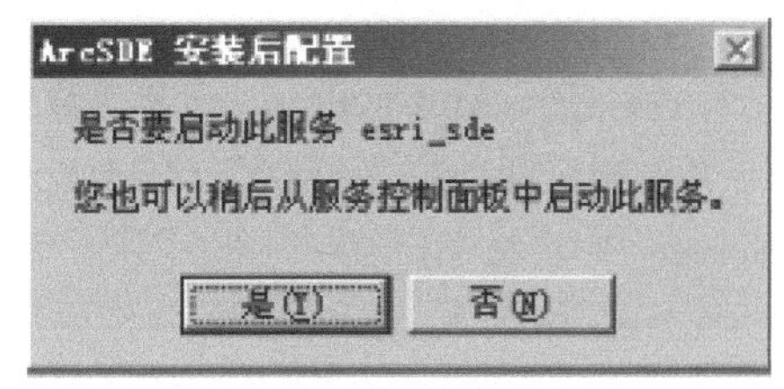

图 1-62　重启新建的服务对话框

(1) 点击“开始”→“运行”，在打开中输入“services.msc”，打开系统服务(图 1-63)。

图 1-63　在“运行”中执行 services.msc 命令进入 Windows 服务对话框

(2) 在服务列表中，查看 ArcSDE 服务，其中包括新创建的数据服务 esri_sde (图 1-64)。

ArcGIS License Manager		已启动	自动	本地系统
ArcGIS Server Object Manager	Adm...	已启动	自动	.\Arc...
ArcGIS SOC Monitor	Mon...	已启动	自动	.\Arc...
ArcSde Service(esri_sde)		已启动	自动	本地系统
ASP.NET 状态服务	为 ...		手动	网络服务
Automatic Updates	允...	已启动	自动	本地系统
Background Intelligent Tr...	在...		手动	本地系统

图 1-64　在 Windows 服务已启动的 SDE 服务

至此，ArcSDE 的配置完成。ArcSDE 的服务名称取决于我们在新建时所授予的服务名。这个名称是可以改变的，根据实际需求在新建服务时可以取不同的名字。如果当前服务不需要，则可以在 Windows 的服务列表项中将其停用，或可以用 SDEMON 命令使其停止使用。

如果需要删除该服务也可使用 SDEMON 命令进行删除。在此将这个作为一个问题留下，以供大家自行测试。

4) ArcSDE 连接

(1) 打开 ArcCatalog，打开“数据库连接”(Database Connections)扩展结点，双击“添加空间数据库连接”(Add Spatial Database Connection)，添加新空间数据库 Server 中填入 ArcSDE 服务器的 IP 地址；Service 中填入数据库的连接端口号；Username 中填入 ArcSDE 用户名称；Password 中填入 ArcSDE 用户密码。最后点击“Test Connection”测试当前的填入信息是否可以连接 ArcSDE 数据库。如果连接成功，则点击“OK”建立 ArcSDE 连接(图 1-65)。

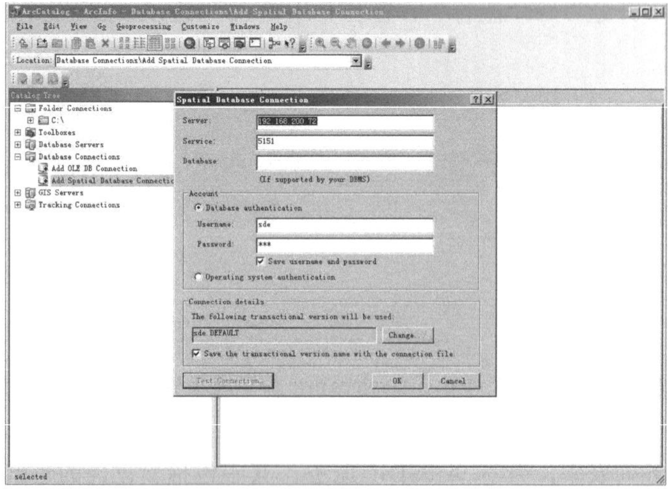

图 1-65　ArcCatalog 中连接 ArcSDE 数据的配置情况

(2) 在新的空间数据连接中建立图层，并使用 ArcMap 为新的图层添加数据(图 1-66)。

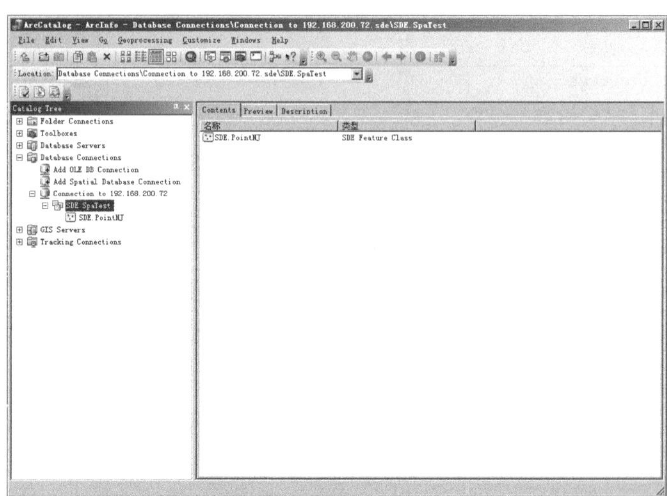

图 1-66　ArcSDE 中数据展示

(3) 使用 SQL*Plus，查看新添加的数据的数据结构，其中的 SHAPE 为数据的空间字段(图 1-67)。

SQL> describe pointnj
名称
是否为空? 类型
OBJECTID
NOT NULL NUMBER(38)
SHAPE
ST_GEOMETRY

图 1-67　SQL*Plus 中检测 ArcSDE 数据的数据结构

实验 1.3　工具软件的安装和使用

一、实验目的

了解和掌握 Oracle 工具软件的安装和使用。

二、实验平台

(1) 操作系统：Windows Server 2003；
(2) 数据库管理系统：Oracle 11g R2。

三、实验内容和要求

(1) Oracle SQL Developer 安装与使用；
(2) GeoRaptor 安装与使用；
(3) Oracle Enterprise Manager 的使用；
(4) SQL*Plus 的使用；
(5) 掌握 Oracle 自带工具软件的安装及使用；
(6) 掌握空间数据的操作方法。

四、实验前置

1. 软件准备

1) SQL Developer 软件准备

为完成本次练习，随 Oracle 数据库安装的 SQL Developer 已经不能被有效使用。可以到 Oracle 的中文官方网站上下载最新的绿色压缩包，新版的 SQL Developer 网址是 http://www.Oracle.com/technetwork/cn/developer-tools/sql-developer/ downloads/index.html，在随书光盘中也有该安装包。

2) GeoRaptor 软件准备

为完成本次练习，需要网上下载 GeoRaptor，现有的版本号为 2.1.5.0013，下载网址为 http://sourceforge.net/projects/georaptor/files/latest/download，在随书光盘中也有该安装包。

下载完成后将其解压缩，便可以在解压出的文件夹内找到名字为“org.GeoRaptor-install.jar”的工具包。在后面的操作中，需要把这个工具包加到 SQL Developer 中。

2. 数据准备

在随书光盘的 Data 目录下，包含有一个 MAP_LARGE.DMP 数据库文件，请将其备出。本次实验需导入该 DMP 文件给 SDE 用户,导入格式如图 1-68 所示。

```
C:\>imp sde/sde@orcl file=C:\dmp\map_large.dmp fromuser=spatial touser=sde
```

图 1-68　导入 MAP_LARGE.DMP 数据

五、实验流程

本章实验主要集中在 Oracle 自身提供的数据库操作与管理平台，包括 SQL*Plus、Oracle SQL Developer 和 Oracle Enterprise Manager 等。

1. SQL*Plus 命令与格式

在 SQL*Plus 中执行的语句我们称为 SQL*Plus 命令，Oracle 11g 中 SQL*Plus 命令共 55 个，这些命令可以使用 HELP INDEX 命令进行查询。通过使用“HELP 命令”的方式进行查询，可以获得相关命令的命令解释，了解命令的主体用途及其使用格式。

命令解释一般分为三个部分：命令名、命令说明、命令格式。通过命令解释提供的信息，我们可以了解与该命令相近的其他命令，以及它的详细用途和语法格式。

通过后续章节的实验，我们可以更好地理解命令解释的作用。

下面是一些简单的 SQL*Plus 命令。

(1) @命令：等同于 START 命令，用于运行一个 SQL 脚本文件。命令调用当前目录下的，或指定完全路径，或可以通过 SQLPATH 环境变量搜寻到的脚本文件。该命令使用时一般要指定执行文件的全路径，否则从缺省路径(可用 SQLPATH 变量指定)下读取指定的文件。SQL*Plus 执行 SQL 命令时必须用“;”结尾，否则不能执行。

(2) @@命令：等同于 START 命令，指定运行同一目录下 SQL 脚本文件。用在 SQL 脚本文件中，用来说明用@@执行的 SQL 脚本文件与@@定向的文件在同一目录下，而不用指定要执行 SQL 脚本文件的全路径，也不是从 SQLPATH 环境变量指定的路径中寻找 SQL 脚本文件，该命令一般用在脚本文件中。

(3) /命令：执行缓冲中的 SQL 语句。

(4) ACCEPT 命令：读取输入数据，并存储于临时区域。

(5) CLEAR 命令：清除命令。使用 CLEAR 命令需指定清除内容，如 CLEAR BUFFER 清除当前缓冲区信息；CLEAR SCREEN 清除屏幕显示等。

(6) CONNECT 命令：通信连接命令。在本章的后半部分是对以上命令的一个简单操作。在此只是介绍一些基础的 SQL*Plus 命令的使用方法。在以后的实验中，大家将会接触到更多的 SQL*Plus 命令。但作为非数据库管理员而言，在实际操作中，SQL*Plus 命令常用到的并不是很多。对于大多数的应用者而言，掌握及积累常用的 SQL*Plus 命令就足够了。

2. SQL*Plus 的使用

(1) 通过使用 HELP INDEX 命令查看现有 SQL*Plus 的命令内容(图 1-69)。

```
SQL> help index

Enter Help [topic] for help.

 @             COPY         PAUSE                     SHUTDOWN
 @@            DEFINE       PRINT                     SPOOL
 /             DEL          PROMPT                    SQLPLUS
 ACCEPT        DESCRIBE     QUIT                      START
 APPEND        DISCONNECT   RECOVER                   STARTUP
 ARCHIVE LOG   EDIT         REMARK                    STORE
 ATTRIBUTE     EXECUTE      REPFOOTER                 TIMING
 BREAK         EXIT         REPHEADER                 TTITLE
 BTITLE        GET          RESERVED WORDS (SQL)      UNDEFINE
 CHANGE        HELP         RESERVED WORDS (PL/SQL)   VARIABLE
 CLEAR         HOST         RUN                       WHENEVER OSERROR
 COLUMN        INPUT        SAVE                      WHENEVER SQLERROR
 COMPUTE       LIST         SET                       XQUERY
 CONNECT       PASSWORD     SHOW
```

图 1-69　INDEX 参数结果列表

(2) 使用 HELP 命令，查看 QUIT 命令及格式(图 1-70)。

```
SQL> help quit

 QUIT (Identical to EXIT)
 ----

 Commits or rolls back all pending changes, logs out of Oracle,
 terminates SQL*Plus and returns control to the operating system.

 {QUIT|EXIT} [SUCCESS|FAILURE|WARNING|n|variable|:BindVariable]
   [COMMIT|ROLLBACK]
```

图 1-70　QUIT 命令

在命令解释中，通过“QUIT <Identical to EXIT>”的说明，我们了解到 QUIT 的作用近似于 EXIT 命令，也可用于账户注销操作。

而在命令说明中“Commits or rolls back all pending changes, logs out of Oracle, terminates SQL*Plus and returns control to the operating system”表明 QUIT 命令可以

终止 SQL*Plus 并撤销对当前系统所作的所有未保存的操作。

下方是命令的具体格式：

```
{QUIT|EXIT}[SUCCESS|FAILURE|WARNING|n|variable|:BindVariable][COMMIT|ROLLBACK]
```

“{}”中为命令，“[]”中为当前命令的可用参数。

(3) 使用@命令读取*.SQL 文件。例如，在 C 盘根目录下有名为 TEST.SQL 的 SQL 脚本文件，执行 SELECT * FROM STATES 命令。执行结果如图 1-71 所示。

```
SQL> @c:\test.sql

  STATE_ID OWNER
---------- ------------------------------------------------------------
CREATION_TIME  CLOSING_TIME   PARENT_STATE_ID LINEAGE_NAME
-------------- -------------- --------------- -----------
         0 SDE
06-1月 -12     06-1月 -12                   0           0
```

图 1-71　执行 SQL 文件命令

(4) 使用@@命令读取*.SQL 文件。例如，在 C 盘 EXP 文件夹下有两个文件，一个是 MAIN.SQL，另一个是 SUB.SQL。

```
main 中的 SQL 命令是：@@sub.sql;
sub.sql 中的内容是：select * from states;
```

在 SQL*Plus 中执行如下命令，则显示结果图(图 1-72)。

```
SQL> @c:\exp\main.sql

  STATE_ID OWNER
---------- ------------------------------------------------------------
CREATION_TIME  CLOSING_TIME   PARENT_STATE_ID LINEAGE_NAME
-------------- -------------- --------------- -----------
         0 SDE
06-1月 -12     06-1月 -12                   0           0
```

图 1-72　执行 SQL 文本嵌套命令

(5) 使用 ACCEPT 查询数据。假设空间数据 POINTNJ 中有 5 条数据，ID 编号为 1~5，现在想查询其中的一条数据，可以使用以下方法来查询，如图 1-73 所示。

首先，通过 ACCEPT 命令，生成一个名为 IDnumber，类型为数值的临时变量；

其次，编写命令的相关的查询命令，编写完成后，以 SAVE 命令将这条执行语句保存为 FIND 文件；

最后，再用 START 命令执行保存的 FIND 文件。

从代码的执行过程，能很容易地了解 ACCEPT 命令所起到的作用。

(6) 使用 CONNECT 命令，连接不同账户。假如当前用户连接数据库使用的是 SDE 用户，当切换为 SYS 用户时，无需退出当前数据连接，更改连接即可，操作过程如图 1-74 所示。

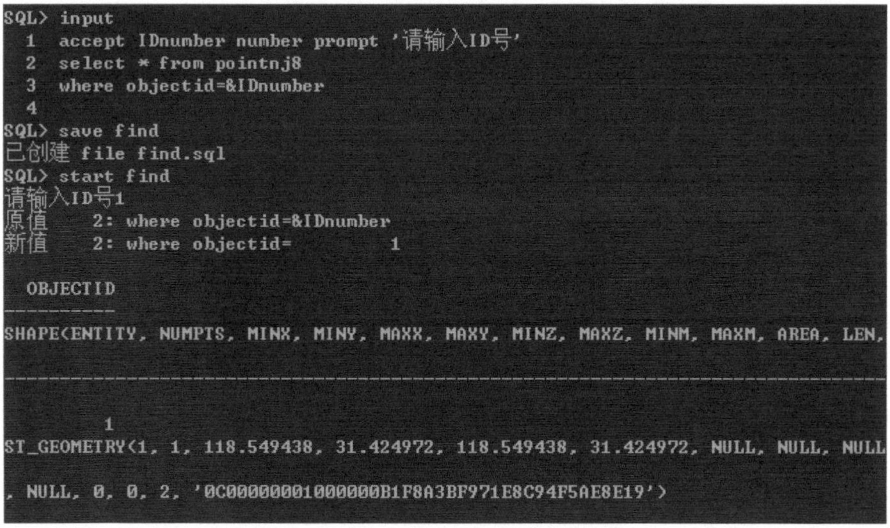

```
SQL> input
  1  accept IDnumber number prompt '请输入ID号'
  2  select * from pointnj8
  3  where objectid=&IDnumber
  4
SQL> save find
已创建 file find.sql
SQL> start find
请输入ID号1
原值    2: where objectid=&IDnumber
新值    2: where objectid=         1

  OBJECTID
----------
SHAPE(ENTITY, NUMPTS, MINX, MINY, MAXX, MAXY, MINZ, MAXZ, MINM, MAXM, AREA, LEN,
--------------------------------------------------------------------------------

         1
ST_GEOMETRY(1, 1, 118.549438, 31.424972, 118.549438, 31.424972, NULL, NULL, NULL
, NULL, 0, 0, 2, '0C00000001000000B1F8A3BF971E8C94F5AE8E19')
```

图 1-73　使用 ACCEPT 命令查询数据

```
SQL> connect sde
输入口令:
已连接。
SQL> connect sys
输入口令:
已连接。
SQL> _
```

图 1-74　使用 CONNECT 命令连接切换用户连接

3. SQL Developer

Oracle 在安装过程中会同时提供大量的便捷管理工具，其中包括 SQL*Plus、Oracle Enterprise Manager 等，也包括将介绍的 SQL Developer。Oracle SQL Developer 是免费的图形化数据库开发工具，利用 SQL Developer，我们可以浏览数据库对象，运行 SQL 语句和 SQL 脚本以及编辑和调试 PL/SQL 语句，还可以运行所提供的任何数量的报表以及创建和保存自己的报表。SQL Developer 可以提高工作效率并简化数据库开发任务。

在使用 Oracle SQL Developer 时，如果是第一次使用，可能需要指定 Java.exe 文件。指定目录在 C:\app\Administrator\product\11.2.0\dbhome_1\jdk\bin 下。同时，不同的 SQL Developer 根据 Oracle 版本的不同位置也会不一样，一般存储于 Oracle Database 安装路径下 JDK 的 BIN 目录中。

完成文件指定后，Oracle SQL Developer 将重新启动(图 1-75)。

图 1-75　Oracle SQL Developer 初始化界面

4. 用 SQL Developer 连接数据库

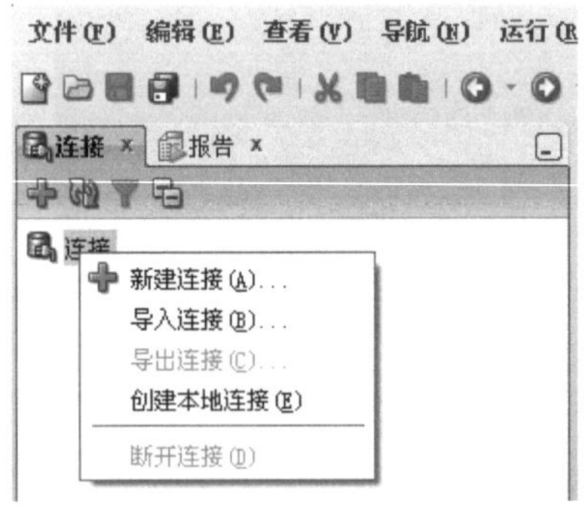

图 1-76　新建数据库连接

使用 Oracle SQL Developer 管理数据库对象首先要创建数据库连接，执行以下五个步骤。

(1) 在“连接”选项卡中，右键单击“连接”并选择“新建连接”(图 1-76)。

(2) 弹出“新建/选择数据库连接”对话框，这里可以创建 ArcSDE 的连接，在连接名中填入连接名称，在用户名及口令中填入 ArcSDE 连接的账户名及登录密码。SID 中填入 Oracle 的服务标识(图 1-77)。

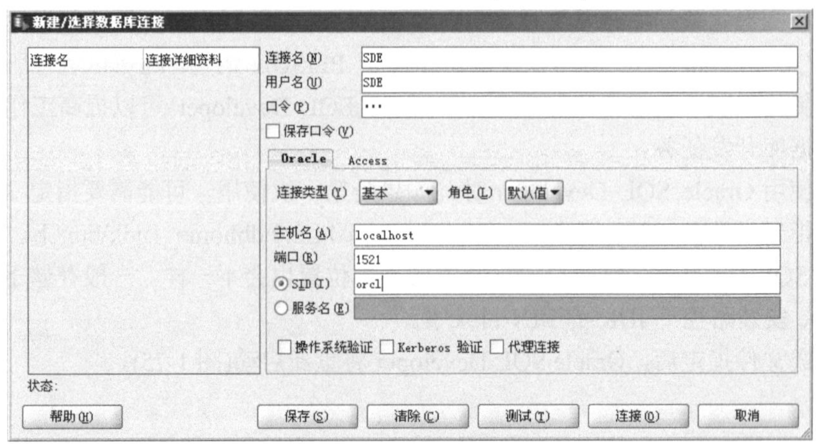

图 1-77　数据库连接配置界面

(3) 测试数据连接，当标示状态为“成功”时，点击“连接”按钮，连接数据库。这时展开新建的连接可以查看其包含的所有表及关联项，同时界面自动展开针对当前连接的 SQL Worksheet(图 1-78)。

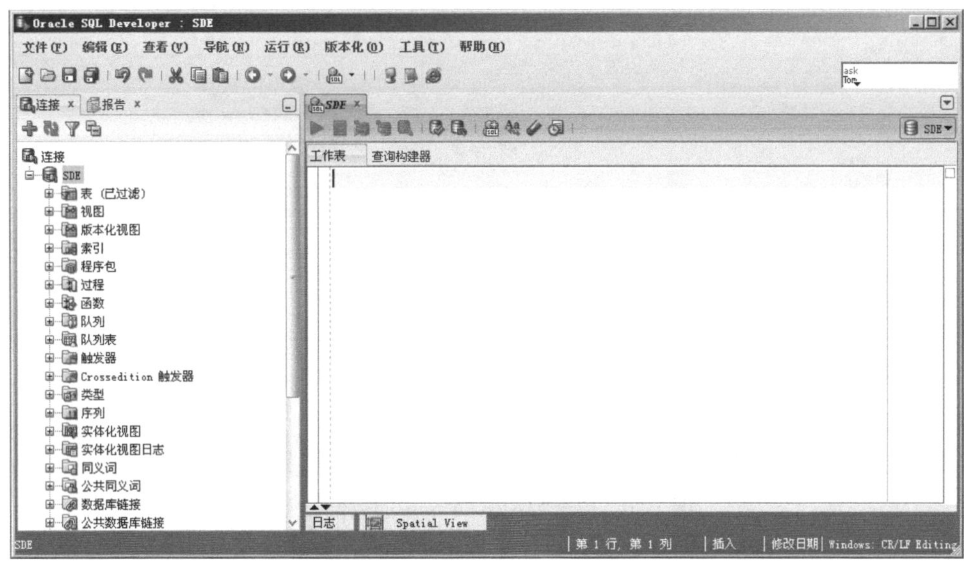

图 1-78　正常状态下 SQL Developer 的工作界面

(4) 展开表，找到其下面的 MARKET。使用左键单击表，此时工作区自动增加 MARKET 标签。在默认的标签中最先看到的是 MARKET 的列信息(图 1-79)。

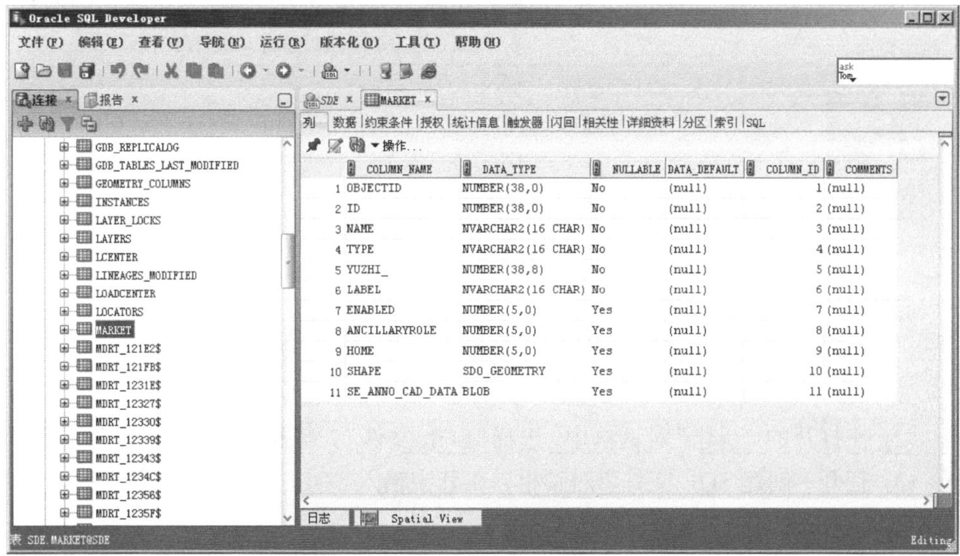

	COLUMN_NAME	DATA_TYPE	NULLABLE	DATA_DEFAULT	COLUMN_ID	COMMENTS
1	OBJECTID	NUMBER(38,0)	No	(null)	1	(null)
2	ID	NUMBER(38,0)	No	(null)	2	(null)
3	NAME	NVARCHAR2(16 CHAR)	No	(null)	3	(null)
4	TYPE	NVARCHAR2(16 CHAR)	No	(null)	4	(null)
5	YUZHI_	NUMBER(38,8)	No	(null)	5	(null)
6	LABEL	NVARCHAR2(16 CHAR)	No	(null)	6	(null)
7	ENABLED	NUMBER(5,0)	Yes	(null)	7	(null)
8	ANCILLARYROLE	NUMBER(5,0)	Yes	(null)	8	(null)
9	HOME	NUMBER(5,0)	Yes	(null)	9	(null)
10	SHAPE	SDO_GEOMETRY	Yes	(null)	10	(null)
11	SE_ANNO_CAD_DATA	BLOB	Yes	(null)	11	(null)

图 1-79　检查 MARKET 表的数据结构

(5) 点击“数据”标签，查看 MARKET 表中的数据信息(图 1-80)。

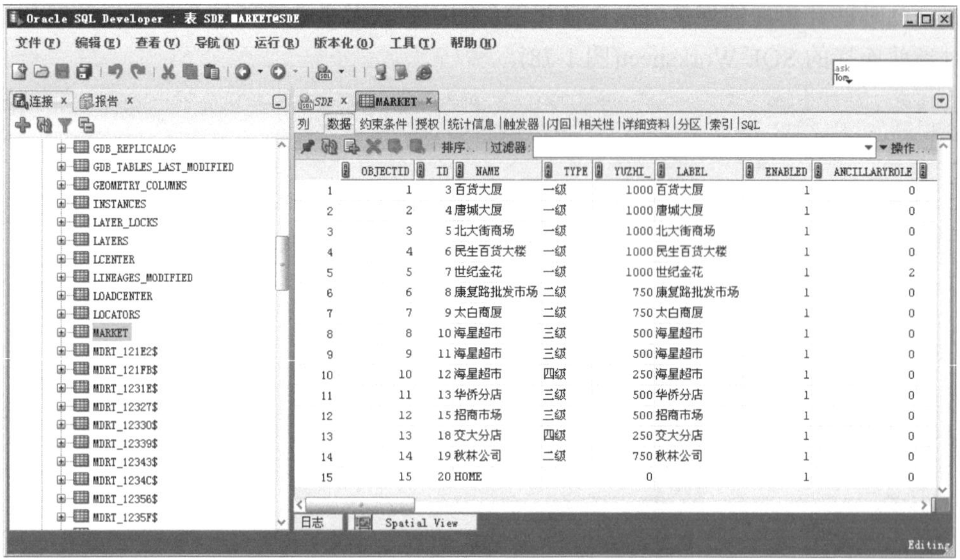

图 1-80　检查 MARKET 表中的数据信息

5. 使用 SQL Developer 查询数据

(1) 打开 SQL Developer，点击菜单栏中“文件”→“新建”(图 1-81)。

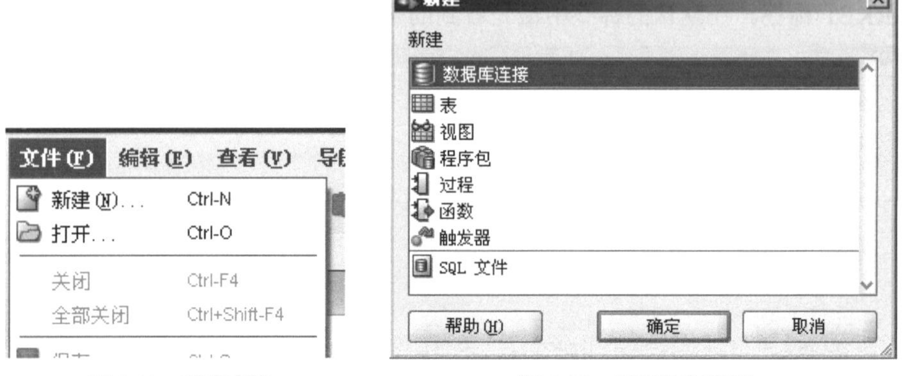

图 1-81　新建查询　　　　图 1-82　新建查询类型

(2) 在打开的“新建”对话框中，选择“SQL 文件”，点击“确定”按钮(图 1-82)。

(3) 打开“创建 SQL 文件”对话框，在其中输入 SQL 文件名及保存路径，并点击“确定”按钮创建 SQL 文件(图 1-83)。

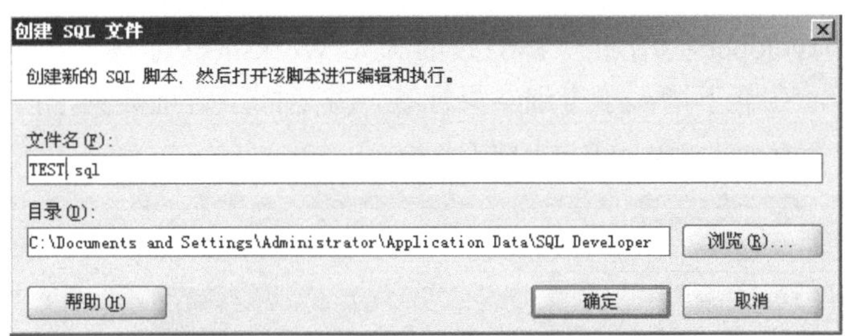

图 1-83 确认创建的 SQL 名称及保存位置

(4) 随后在右侧工作区建立TEST.sql标签，在标签中建立SQL查询语句(图1-84)。测试语句如下：

```
rem sys_user table find test;
select username from dba_users;
```

这句语句的作用是查询系统管理员下的系统用户表，返回用户账户信息。随后我们按 F5 键或点击“运行”按钮，执行该条语句。

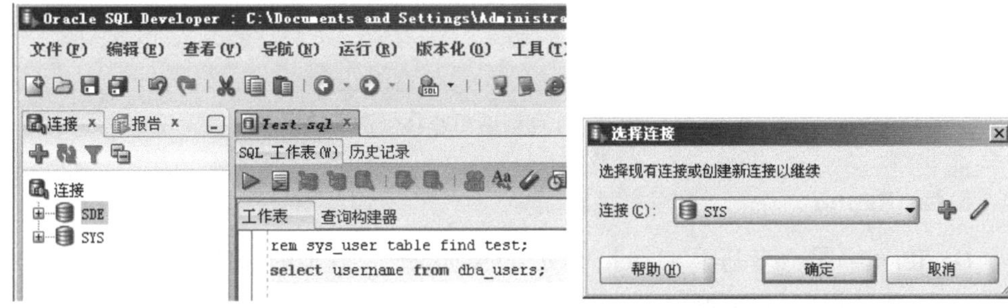

图 1-84　输入查询语句　　　　图 1-85　数据库连接选择

(5) 因为在启动 SQL Developer 时，我们并没有启动任何一个数据库连接，因此运行 SQL 语句时，SQL Developer 会弹出提示框询问连接的数据库(图 1-85)。

(6) 在这里因为要查询的是系统表，归属于 SYS 用户下，所以可以选择连接 SYS 用户，点击“确定”按钮，并在登录对话框中填入用户名及口令登录系统(图 1-86)。

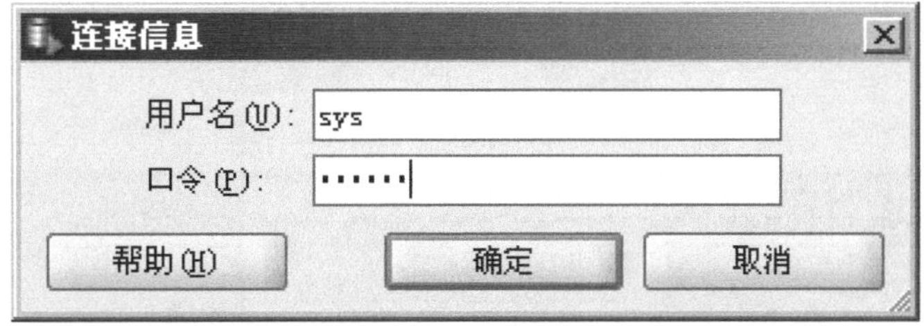

图 1-86　连接 SYS 用户并输入用户密码

(7) SQL Developer 会增加一个 SYS 的 SQL Worksheet 标签，但不用管它，返回 TEST.sql 标签，在其下增加了查询结果标签，并返回了查询数据(图 1-87)。

```
select username from dba_users; —查询系统用户名称
```

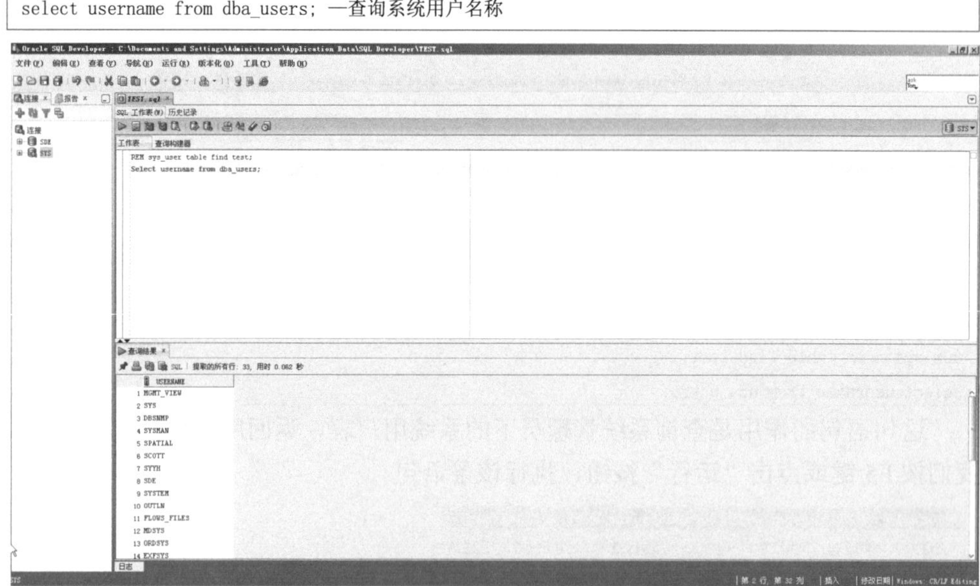

图 1-87　重新执行查询语句并获得查询结果

6. GeoRaptor

GeoRaptor 是一套基于 Oracle SQL Developer 工具上的插件。通过其给 SQL Developer 的数据库附加功能扩展，使管理员或开发人员可能通过 SQL Developer 参与 Oracle Spatial 数据的制作。

1) GeoRaptor 的安装

打开 Oracle SQL Developer，将 GeoRaptor 工具加入到 SQL Developer 中。

(1) 打开 SQL Developer，点击“帮助”→“检查更新”(图1-88)。通过 SQL Developer 的自身工具检查最新版本或新插件是 SQL Developer 使用中常用的重要环节。同时，该功能也支持本地 Java 插件包的添加。

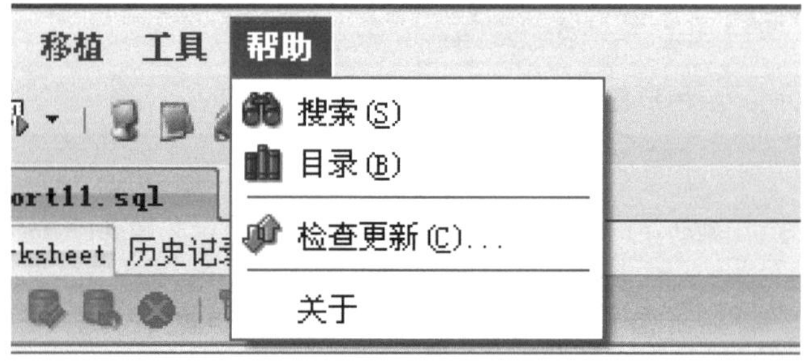

图 1-88　点击“帮助”菜单

(2) 在“检查更新”的对话框中，点击路径点中的“源”(图 1-89)。

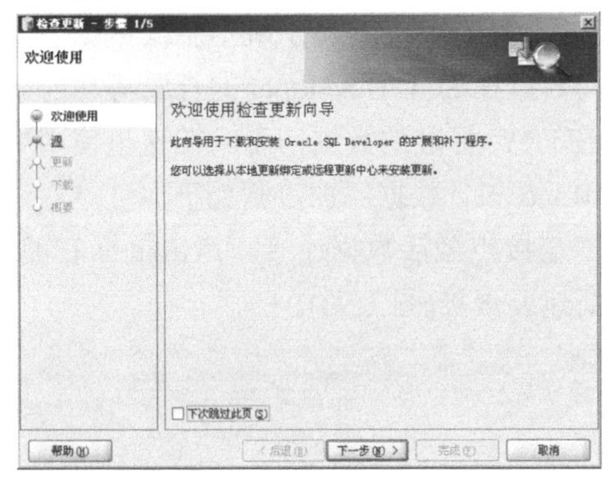

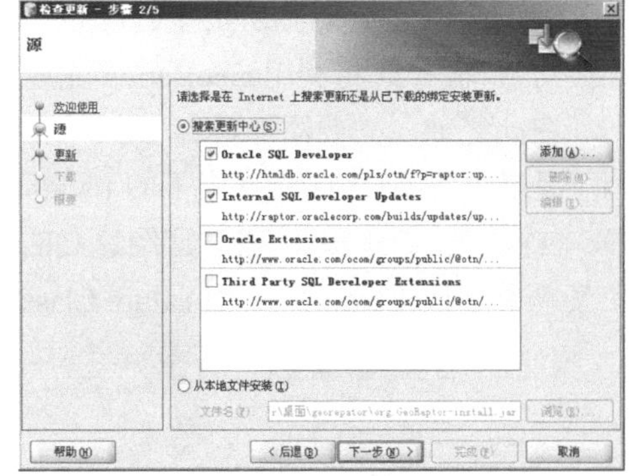

图 1-89　弹出“检查更新”对话框　　　图 1-90　检索当前可供更新的内容

(3) 在“源”状态下，可以看到右侧信息项中包含两个区域(图 1-90)，一个是搜索更新中心，其列表中包含最新的 SQL Developer 更新及其有效插件信息。如果需要的话可以通过该更新中心进行软件更新。另一个是从本地文件安装，一般情况下，如果自己有下载的 Java 插件包，通过该功能将插件包加载。

(4) 选择“从本地文件安装”，点击“浏览”按钮。在文件选择的对话框中，将文件类型选择为“所有文件(*.*)”，然后进入相对应的 GeoRaptor 文件目录，选择插件包(图 1-91)。

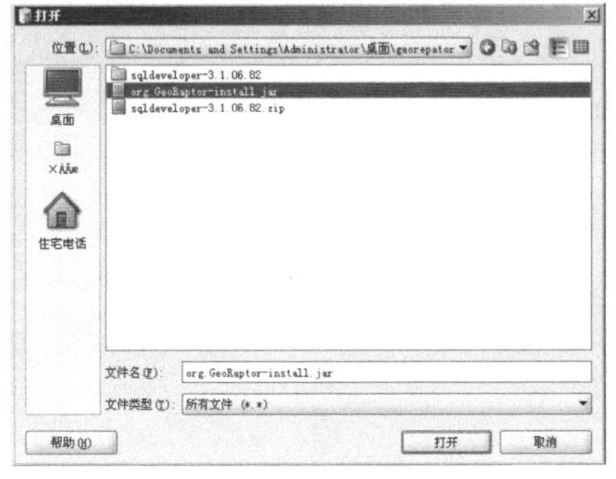

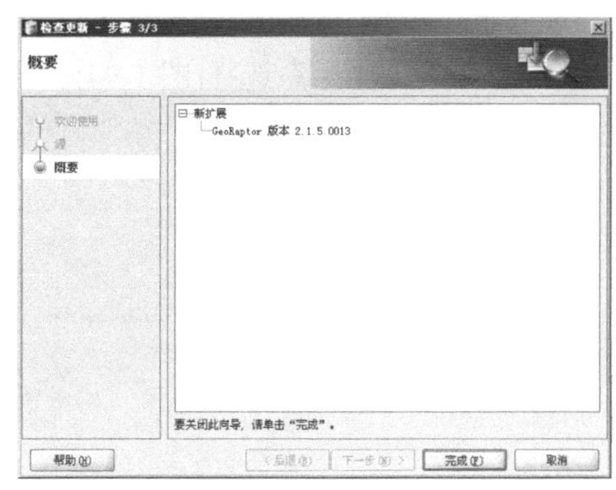

图 1-91　点击“添加”，打开对话框寻找新的组件　　　图 1-92　加载新的组件，并交由 SQL Developer 确认

(5) 加载完成后，点击“打开”按钮，将文件加载。点击“下一步”，进入“概要”界面(图 1-92)。在其右侧界面“新扩展”点下，可以看到 GeoRaptor 已被选定且可以看到其版本号。在确认无误后，点击“完成”完成插件加载。

(6) 看到提示“重启 SQL Developer”后，重启 SQL Developer 完成插件加载功能。

2) 导入空间数据

通过上一节中关于 SQL Developer 的使用介绍，已经初步了解了空间数据表的连接与查询。在此将利用 GeoRaptor 完成空间数据在 SQL Developer 的查看等功能。

在此之前，先要添加符合 SDO_GEOMETRY 标准的数据信息。在这里使用的例子是随书光盘 Data 文件夹下的 Landbase\Road_cl。数据添加步骤如下。

(1) 打开 Catalog，双击已经建立的数据连接点激活数据连接。点击鼠标右键，在菜单中选择“New”→“Feature Class”新建要素类(图 1-93)。

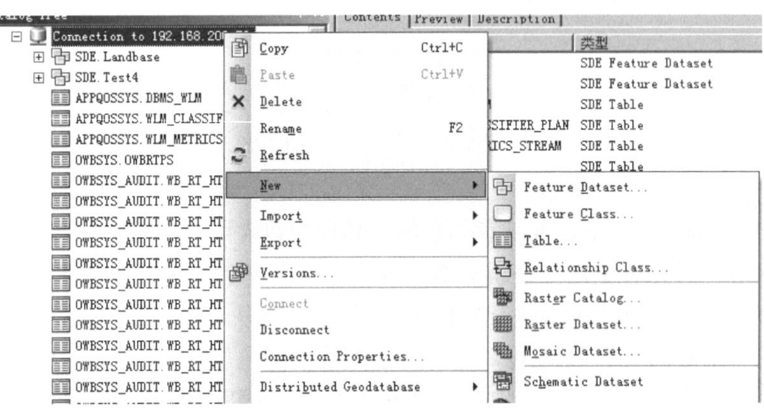

图 1-93　打开 SDE 数据库连接

(2) 在“New Feature Class”对话框中，填写 Name 选项并选择数据类型，点击“下一步”进入坐标系选择(图 1-94)。

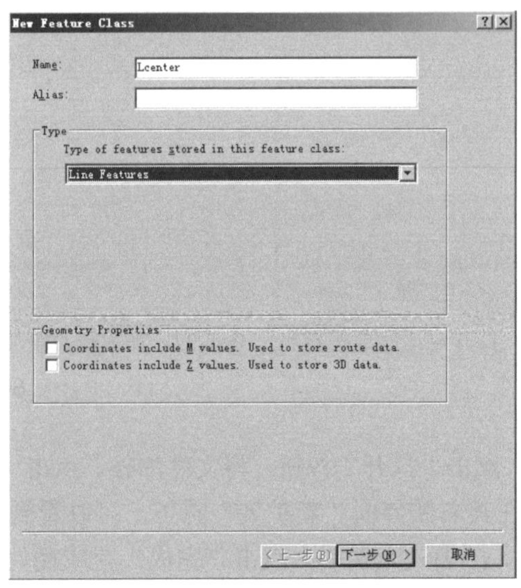

图 1-94　在 SDE 数据库中新建线层要素类

(3) 坐标系选择中，因为原数据已经有坐标系统存在。因此直接点击“Import”按钮，获取原数据的坐标系(图 1-95)。

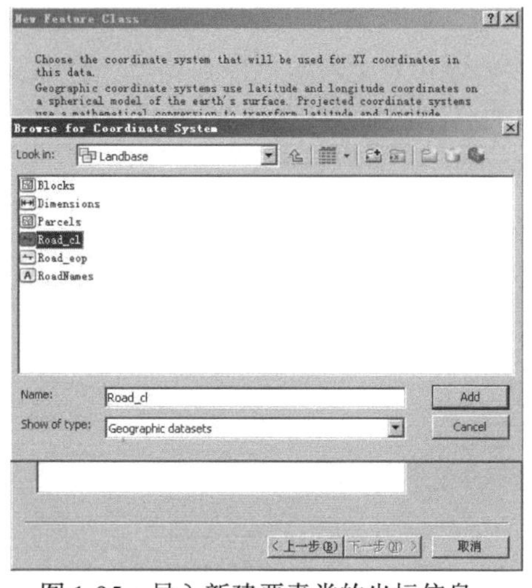

图 1-95　导入新建要素类的坐标信息

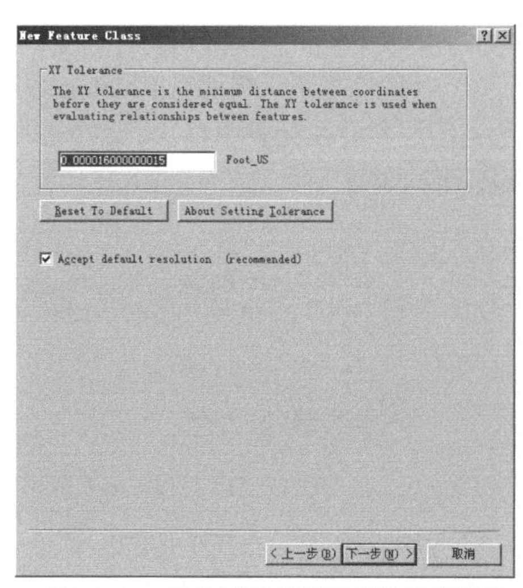

图 1-96　确定要素类图层的数据误差值

(4) 获取坐标系后，点击“下一步”确认数据容差。数据容差值是坐标系默认的，因此不需要再做更改(图 1-96)。

(5) 点击“下一步”确认数据库的存储配置。这是关键点，选择“Use configuration keyword”，手动选择数据库的存储类型，在其下的下拉菜单中，选择“SDO_GEOMETRY”(图1-97)。SDO_GEOMETRY是Oracle支持的空间数据存储方式。如果不选择此项，数据表的存储会缺少空间类型，GeoRaptor也不能正确显示空间数据图形。虽然在后期使用中可以重新指定空间属性，但建议提前确定空间属性。

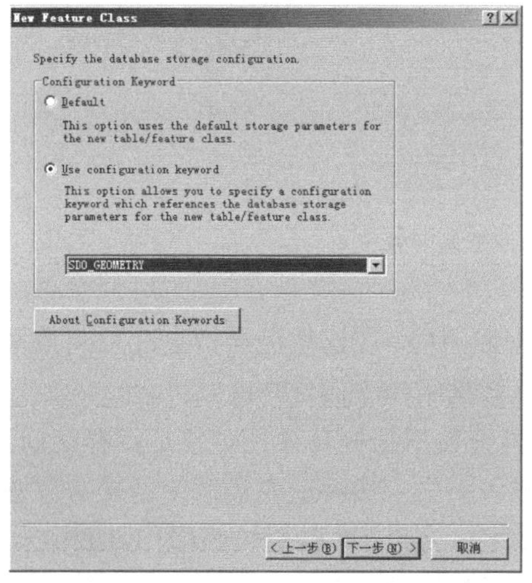

图 1-97　确定空间数据存储类型

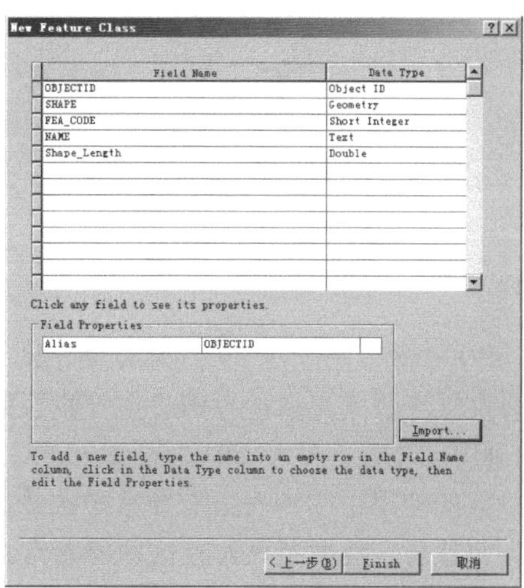

图 1-98　获取新建要素类的数据结构

(6) 点击“下一步”，为新创建的数据添加数据结构。在这里仍与坐标系设定一样，点击“Import”按钮，导入原数据结构，并点击“Finish”完成数据新建(图 1-98)。

(7) 新建完成后，需要在 Catalog 数据库的连接点上右键刷新数据库。否则新建的数据图层不会在列表中显示。新建图层加入后，在其上右键选择“Load”→“Load Data”(图 1-99)。

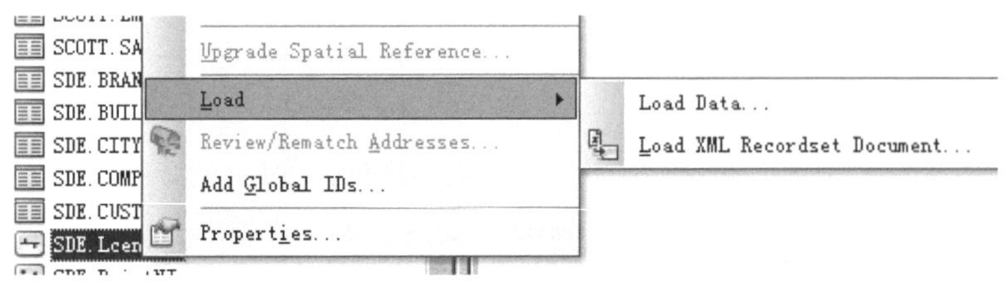

图 1-99　从原数据中获取新要素类的数据

(8) 点击“下一步”，点击“Input data”右侧的文件夹图标选择数据源，然后点击“Add”将数据加入“List of source data to load”列表中(图 1-100)。

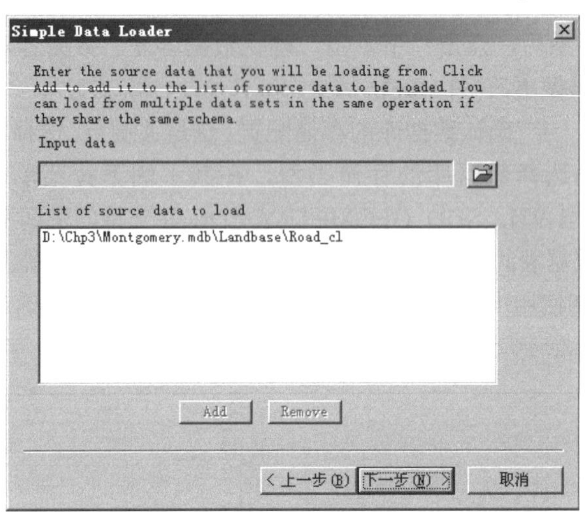

图 1-100　确认获取数据的类型

(9) 点击“下一步”，选择目标空间数据或图层。在这里已经指定过空间数据，所以此处不需要更改，点击“下一步”确认数据结构(图 1-101)。

(10) 数据结构列表中，需要一一对应检查数据结构及导入对象是否存在问题。在以往的使用中因为表结构异常导致数据导入丢失，最终造成数据使用异常普遍存在，尤其是多数据源导入时这种问题常有发生，因此必须认真检查(图 1-102)。如果左右数据列名称不一致可点击右侧栏位打开下拉菜单，在菜单中选择正确的导入列。

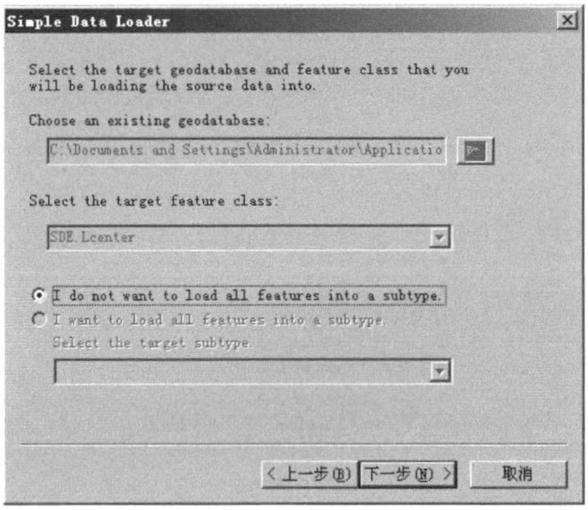

图 1-101　导入数据信息确认

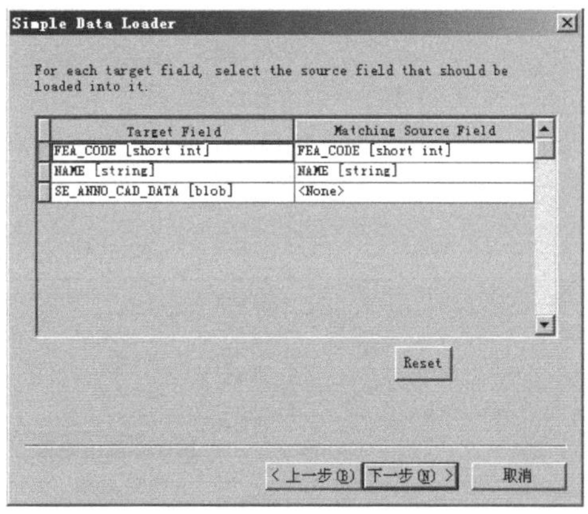

图 1-102　导入数据列匹配确认

(11) 完成数据表结构确认后，点击“下一步”，并最终完成数据导入。

完成数据加载后，打开 SQL Developer 并连接到 ArcSDE 数据库。在库中找到新建的空间数据图层，并查看其“数据”。对照未安装 GeoRaptor 之前的数据，很明显发现在空间数据列中，相关的空间数据项已经用彩色字标识并进行了格式区分(图 1-103)。GeoRaptor 主要功能如下。

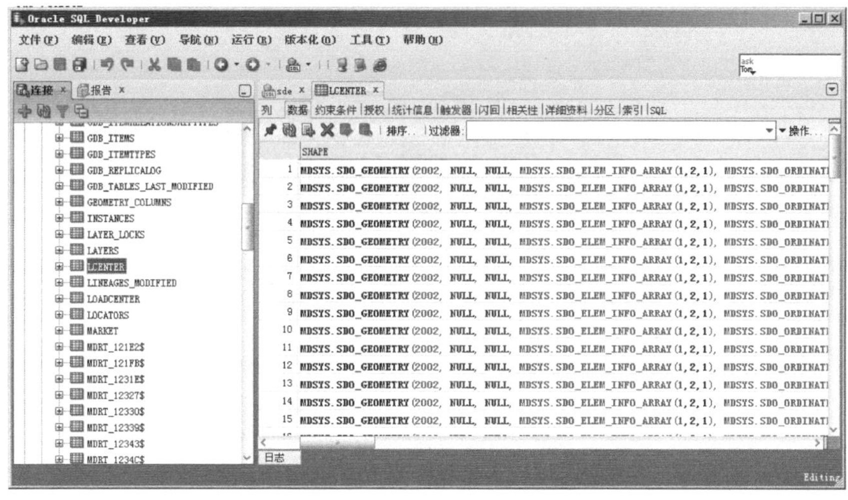

图 1-103　SQL Developer 对空间数据列的表现方式

(1) 显示空间数据图形。选择新建的空间数据图层，并在其上点击右键，在菜单中选择“GeoRaptor”→“Add to spatial view”(图 1-104)。

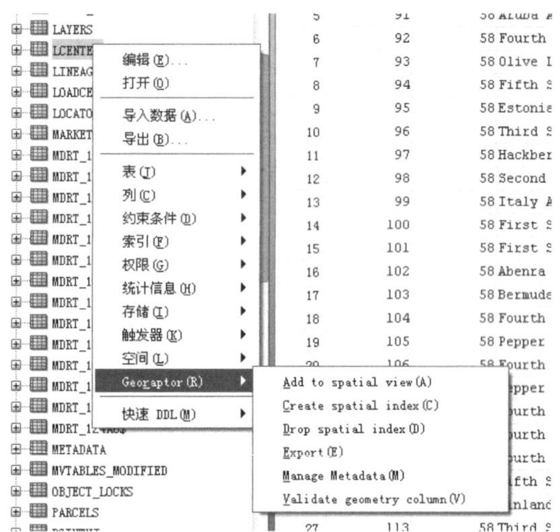

图 1-104　右键图层，展开 GeoRaptor 选项

在原先的数据列表区中加入了新的功能框，名称为“Spatial View”，这个就是 GeoRaptor 图形的显示界面(图 1-105)。

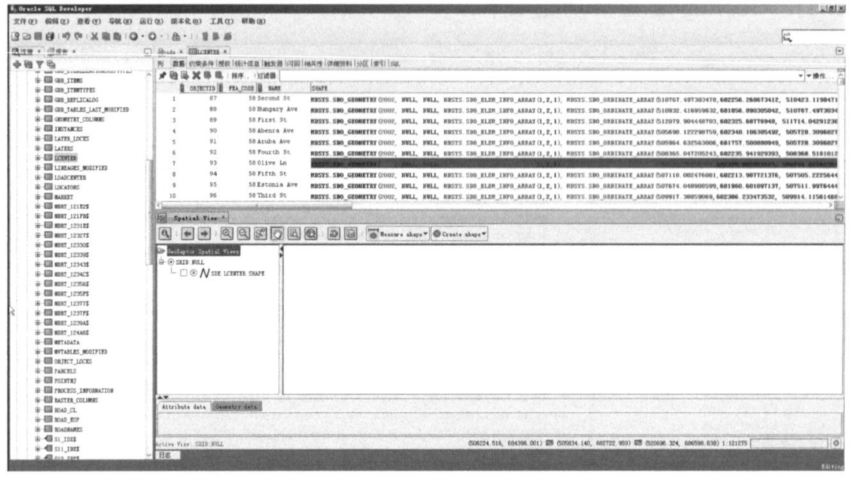

图 1-105　界面中右下侧为新展开的 Spatial View 功能框

在 GeoRaptor Spatial Views 的列表中有一条 SRID 为“NULL”的数据，因为新添加的数据并未指定 SRID 值，故此值为“NULL”。如果有不同的 SRID 值，则在当前的数据列表中会分为多列，以免因为 SRID 值不同造成数据显示错误。同时，如果 SRID 无值，GeoRaptor Spatial Views 也会按照不同的坐标系自动归类。

勾选“SDE.LCENTER.SHAPE”数据，表示显示此条数据。如果当前列表中有多条数据信息，多选之后数据将会同时将其显示出来(图 1-106)。

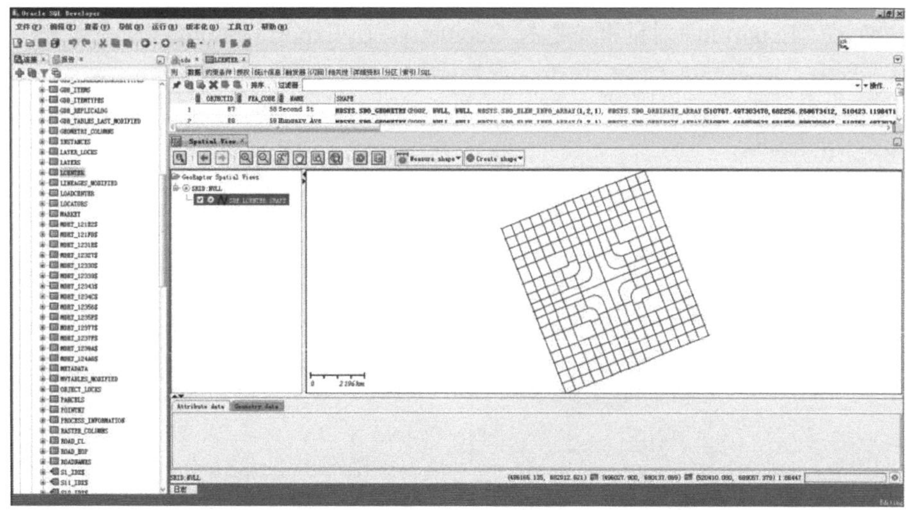

图 1-106　空间图形在 Spatial View 中的展现

(2) 空间索引。通过 GeoRaptor 也可以实现对空间数据索引的新建与修改。在新建的空间数据上右键选择“GeoRaptor”→“Create spatial index”或“Drop spatial index”(图 1-107)可以实现对空间数据索引的新建与修改。需要注意的是，当前空间数据有索引时，新加索引是无效的。同时如果当前数据的空间索引丢失，则 GeoRaptor 的显示功能也是无效的。

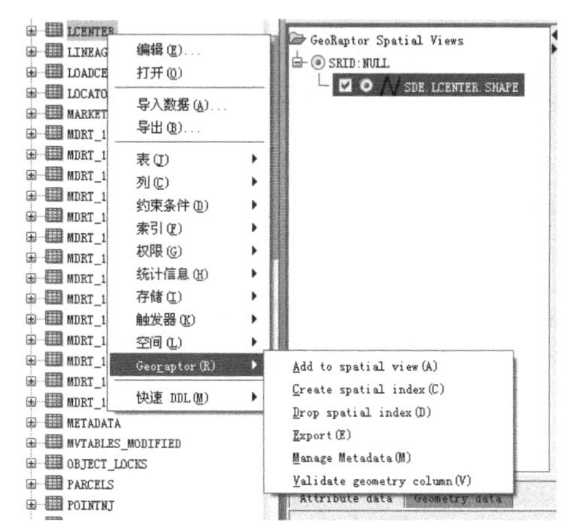

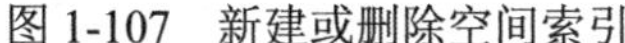
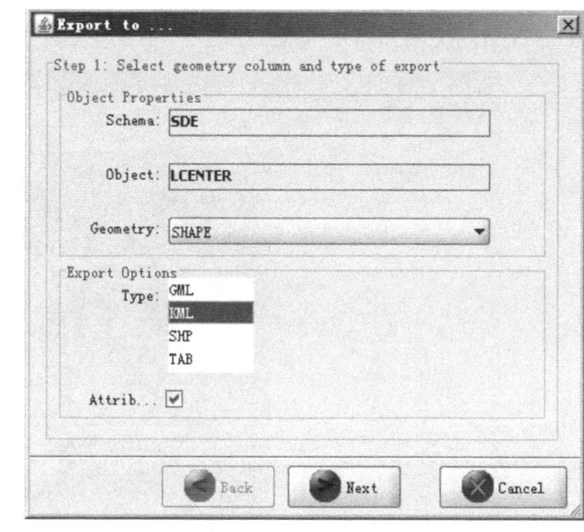

图 1-107　新建或删除空间索引　　图 1-108　空间数据导出方式及文件格式选择

(3) 空间数据导出。在 GeoRaptor 的菜单中包含“Export”选项，它提供了使用者将当前数据导出的功能，可以支持的类型包括 GML、KML、SHP、TAB(图 1-108)。

在此，我们选用例子中的 US_CITIES 作为标准，演示导出过程。

(4) 在“Export to”对话框中选择 Geometry，在 Export Options 中选择导出 KML 文件，点击“Next”进入输出属性选择框(图 1-109)。

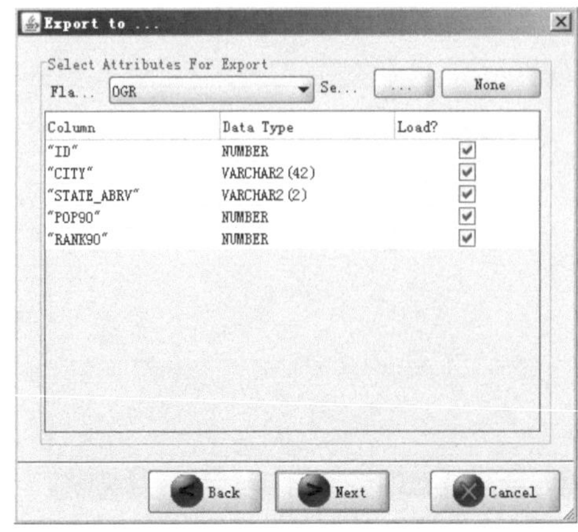

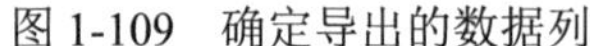

图 1-109　确定导出的数据列

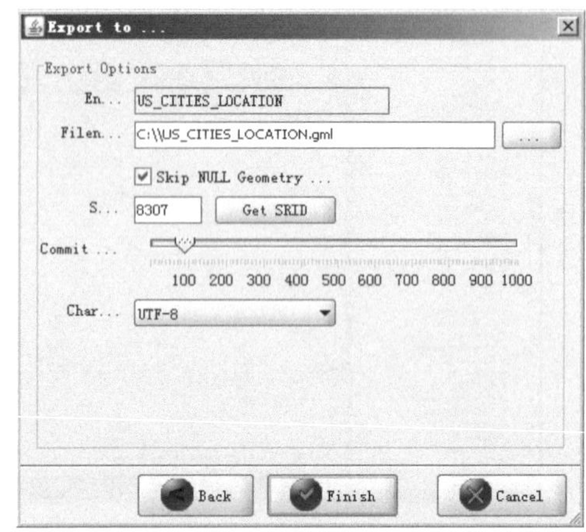

图 1-110　确定导出位置、坐标类型、编码格式

(5) 在属性选项中选择默认，点击“Next”进入导出类型选项。因为 US_CITIES 自身已经包含 SRID：8307，所以为导出提供了方便。不同类型的坐标数据在输出时需要指定其对应 SRID 的值。我们导出的文件将加载到 Google Earth 中使用，Google Earth 使用的是 WGS 84 坐标系，对应 SRID 的值也为 8307(图 1-110)。

(6) 点击“Finish”导出数据后，打开 Google Earth 选择“文件”→“打开”，将导出的数据加载入地图之中即可以看到数据信息(图 1-111)。

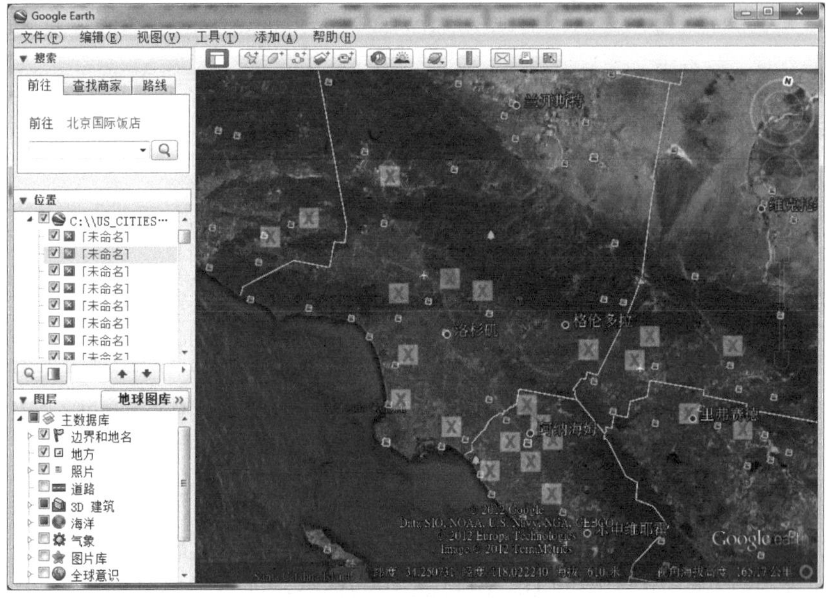

图 1-111　将导出的 KML 文件加入到 Google 地图中

3) 使用 GeoRaptor 查看空间数据

(1) 打开 SQL Developer，连接 ArcSDE 数据库，然后执行最基本的查询方式，查看数据表是数据信息(图 1-112)。

```
select * from us_cities
```

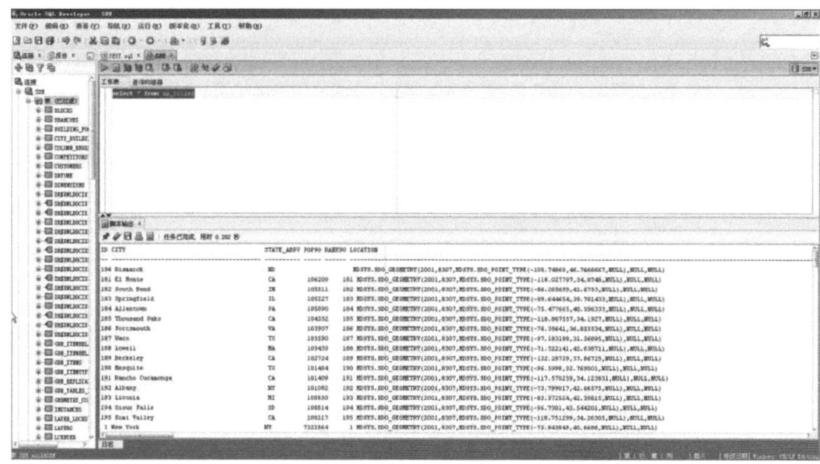

图 1-112　执行对 US_CITIES 表的查询语句

(2) 通过返回的数据可以看到，其数据类型为 SDO_POINT_TYPE，即数据为点状数据。语句的目的是新建一张数据表，并用这张表保存基于 US_CITIES 得到的空间缓冲数据(图 1-113)。语句内容如下：

```
create table cities as
select city, sdo_geom.sdo_buffer(location,0.25,0.5,'arc_tolerance=0.005 unit=kilometer) geom from us_cities;
```

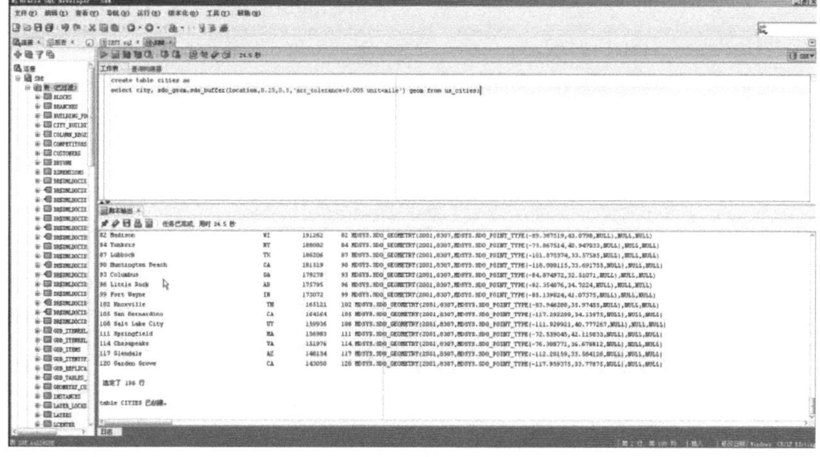

图 1-113　执行新建表操作并导入初始值

(3) 执行完成后，在“脚本输出”标签中可以看到，新表已经创建完毕。刷新SDE的数据库并找到“CITIES”表。在“CITIES”表中出现新生成的数据列，并看到它已经得到了新数据结构(图 1-114)。

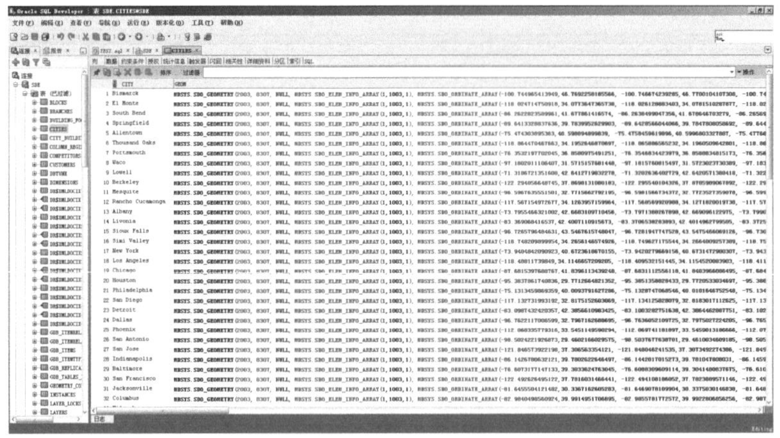

图 1-114　查看新建表的数据

(4) 这时在“CITIES”表上，右击“GeoRaptor”→“Add to Spatial View”查看空间数据的表现样式。数据可能提示错误信息，那是因为该表并未创建空间索引(图 1-115)。

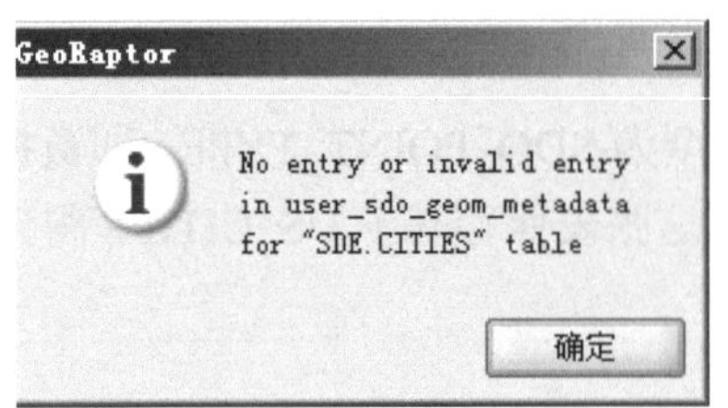

图 1-115　弹出的未创建空间数据的提示

(5) 右击“GeoRaptor”→“Manage Metadata”，在弹出对话框中，点击“Calculate MBR”按钮，重新定义空间信息，点击“Update”(图 1-116)。

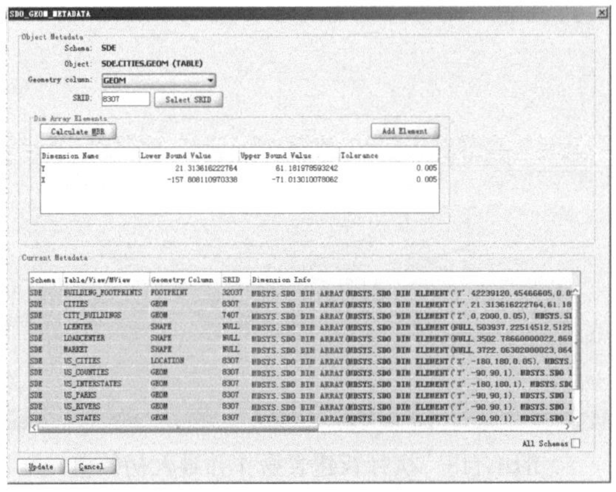

图 1-116　为该表创建新的空间数据

(6) 更新成功，重新右击“GeoRaptor”→“Add to Spatial View”，全图查看空间数据的表现样式。此时，原有的点已有缓冲区(图 1-117)。

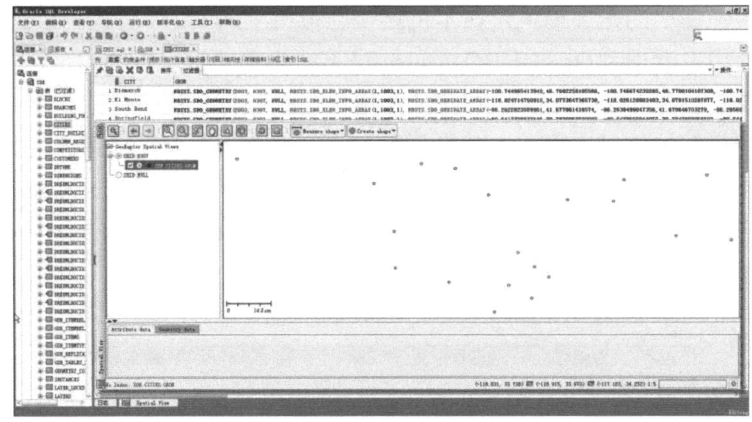

图 1-117　使用 GeoRaptor 查看空间分布

7. Oracle Enterprise Manager

Oracle 企业管理器 (Oracle Enterprise Manager，OEM)是一个基于 Java 的框架系统，该系统集成了多个组件，为用户提供了一个功能强大的图形用户界面。Oracle Enterprise Manager 将中心 Console、多个代理、公共服务以及工具合为一体，提供了一个集成的综合性系统管理平台。

使用 Oracle Enterprise Manager Console 可以执行以下任务：①管理、诊断和调整多个远程系统；②在多个节点上，按不同的时间间隔调度作业；③监视整个网络范围内的服务和事件；④管理管理员，实现 Oracle Enterprise Manager 管理员间的信息共享；⑤将远程系统分组组织，便于管理和监视；⑥管理 Oracle Parallel Server；⑦从任何一个授权位置上通过 Management Server 管理数据库网络；⑧管理集成使用的 Oracle 和第三方工具。

Oracle Enterprise Manager 的标准组件包括：①Console 和相关服务，为管理和监控网络环境下各种服务的 Oracle Enterprise Manager 组件提供框架；②DBA Management Pack 提供 DBA Studio 和 SQL*Plus Worksheet，以帮助用户执行大部分的常规数据库管理任务；③DBA Studio 将例程管理、安全管理、方案管理和存储管理等多个数据库工具和主体视图详细资料并入一个应用程序中；④Oracle Intelligent Agent 和 Management Server，为 Console 提供管理和监视整个网络服务的通信链接；⑤联机帮助，可为 Oracle Enterprise Manager 的组件提供相关帮助。

Oracle Enterprise Manager 启动的后台服务为 OracleDBConsoleorcl，如果不需要，可以不启用。如果当前服务并未启动，可以在 Windows 的“服务”管理中手动使 OracleDBConsoleorcl 启动。一般情况下，默认安装后该服务是自动启动的，默认端口为 1158，可以通过远程桌面的 IE 浏览器来访问 Oracle Enterprise Manager。网址默认为 http://localhost:1158/em。

在实验中使用的是虚拟机，在本机连接虚拟机中的 OEM 也相当于远程访问。

部分使用者会遇到 OracleDBConsoleorcl 不能启动的情况，不能有效访问 OEM。问题集中表现在针对 Oracle 服务器的 IP 地址更改或计算机名更改。解决的方法可以参考网上相关的修复流程，本书将不做介绍。部分浏览器会提示该网页安全证书过期，在此可以忽略，点击“继续浏览此网站”继续访问 Oracle Enterprise Manager。

在用户名中输入已有账户名称，并输入口令，登录 Oracle Enterprise Manager。为后续操作方便，可以使用 SYS 用户登录(图 1-118)。

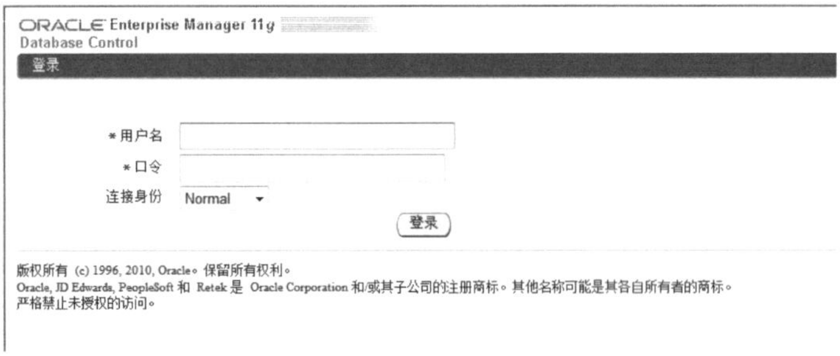

ORACLE Enterprise Manager 11g
Database Control
登录

＊用户名
＊口令
连接身份 Normal
登录

版权所有 (c) 1996, 2010, Oracle。保留所有权利。
Oracle, JD Edwards, PeopleSoft 和 Retek 是 Oracle Corporation 和/或其子公司的注册商标。其他名称可能是其各自所有者的商标。
严格禁止未授权的访问。

图 1-118　OEM 登录界面

在完成登录后，进入系统管理界面。在该界面中，我们可以看到当前 Oracle 的整体运行情况。其中包括系统 CPU 的运行情况、活动会话数、SQL 响应时间、诊断概要、安全概要、高可用性等(图 1-119)。

这些监测数据得益于 Oracle 系统在机器上运行的对系统监测服务的执行。在对 Oracle 系统服务做介绍时，将会对此做出说明。

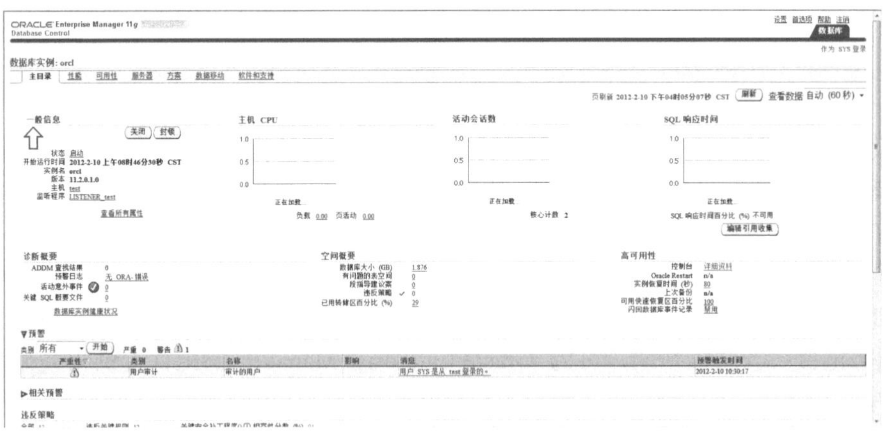

图 1-119　OEM 界面中监测数据类型与展现

8. 使用 OEM 用户创建

(1) 在管理界面中，点击“服务器”标签，进入服务器管理界面(图 1-120)。

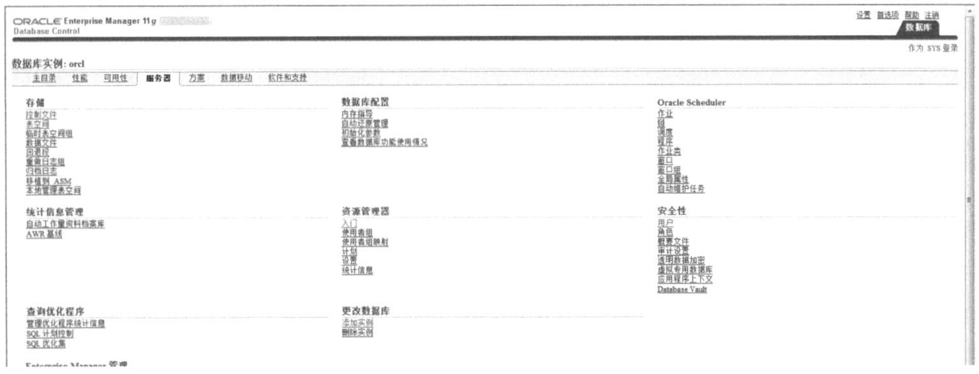

图 1-120　打开 OEM 服务器界面

(2) 在“安全性”列表中，选择“用户”，进入用户界面(图 1-121)。在用户界面中 Oracle 为使用者提供了用户信息列表查询及用户信息修改等功能。

ORACLE Enterprise Manager 11g
Database Control

数据库实例: orcl >
用户

对象类型 用户

搜索
输入对象名以过滤结果集内显示的数据。
对象名　开始
默认情况下，搜索将返回以您输入的字符串开头的所有大写的匹配结果。要进行精确匹配或大小写匹配，请用英文双引号将搜索字符串括起来。在英文双引号括起来的字符串中，可以使用通配符 (%)。

选择模式 单选　　创建
编辑 查看 删除 操作 类似创建 开始　　上一步 1-25 / 34 后 9 条记录

选择	用户名	帐户状态	失效日期	默认表空间	临时表空间	概要文件	创建时间	用户类型
◉	ANONYMOUS	EXPIRED & LOCKED	2010-4-2 下午02时19分33秒	SYSAUX	TEMP	DEFAULT	2010-4-2 下午01时36分53秒	LOCAL
○	APEX_030200	EXPIRED & LOCKED	2010-4-2 下午02时19分33秒	SYSAUX	TEMP	DEFAULT	2010-4-2 下午01时57分16秒	LOCAL
○	APEX_PUBLIC_USER	EXPIRED & LOCKED	2010-4-2 下午02时19分33秒	USERS	TEMP	DEFAULT	2010-4-2 下午01时57分16秒	LOCAL
○	APPQOSSYS	EXPIRED & LOCKED	2010-4-2 下午01时27分34秒	SYSAUX	TEMP	DEFAULT	2010-4-2 下午01时27分34秒	LOCAL
○	CTXSYS	EXPIRED & LOCKED	2012-1-6 上午11时20分24秒	SYSAUX	TEMP	DEFAULT	2010-4-2 下午01时36分06秒	LOCAL
○	DBSNMP	OPEN	2012-8-8 下午04时34分16秒	SYSAUX	TEMP	MONITORING_PROFILE	2010-4-2 下午01时27分32秒	LOCAL
○	DIP	EXPIRED & LOCKED	2010-4-2 下午01时20分19秒	USERS	TEMP	DEFAULT	2010-4-2 下午01时20分19秒	LOCAL
○	EXFSYS	EXPIRED & LOCKED	2010-4-2 下午01时35分51秒	SYSAUX	TEMP	DEFAULT	2010-4-2 下午01时35分51秒	LOCAL
○	FLOWS_FILES	EXPIRED & LOCKED	2010-4-2 下午02时19分33秒	SYSAUX	TEMP	DEFAULT	2010-4-2 下午01时57分16秒	LOCAL
○	MDDATA	EXPIRED & LOCKED	2010-4-2 下午02时19分33秒	USERS	TEMP	DEFAULT	2010-4-2 下午01时44分48秒	LOCAL
○	MDSYS	EXPIRED & LOCKED	2010-4-2 下午01时38分42秒	SYSAUX	TEMP	DEFAULT	2010-4-2 下午01时38分42秒	LOCAL
○	MGMT_VIEW	OPEN	2012-7-4 上午11时21分38秒	SYSTEM	TEMP	DEFAULT	2010-4-2 下午01时55分04秒	LOCAL
○	OLAPSYS	EXPIRED & LOCKED	2010-4-2 下午01时43分55秒	SYSAUX	TEMP	DEFAULT	2010-4-2 下午01时43分55秒	LOCAL
○	ORACLE_OCM	EXPIRED & LOCKED	2010-4-2 下午01时21分20秒	USERS	TEMP	DEFAULT	2010-4-2 下午01时21分20秒	LOCAL
○	ORDDATA	EXPIRED & LOCKED	2010-4-2 下午01时38分41秒	SYSAUX	TEMP	DEFAULT	2010-4-2 下午01时38分41秒	LOCAL
○	ORDPLUGINS	EXPIRED & LOCKED	2010-4-2 下午01时38分41秒	SYSAUX	TEMP	DEFAULT	2010-4-2 下午01时38分41秒	LOCAL
○	ORDSYS	EXPIRED & LOCKED	2010-4-2 下午01时38分41秒	SYSAUX	TEMP	DEFAULT	2010-4-2 下午01时38分41秒	LOCAL
○	OUTLN	EXPIRED & LOCKED	2010-4-2 下午02时19分33秒	SYSTEM	TEMP	DEFAULT	2010-4-2 下午01时18分45秒	LOCAL
○	OWBSYS	EXPIRED & LOCKED	2010-4-2 下午02时19分33秒	SYSAUX	TEMP	DEFAULT	2010-4-2 下午02时19分23秒	LOCAL

图 1-121　进入 OEM 的用户管理界面

(3) 在“一般信息”标签中点击“创建”按钮，在名称、口令、默认表空间、临时表空间中输入相关的信息。如图 1-122 所示，尝试创建一个名为 os_test 的用户，口令为 OSTEST。

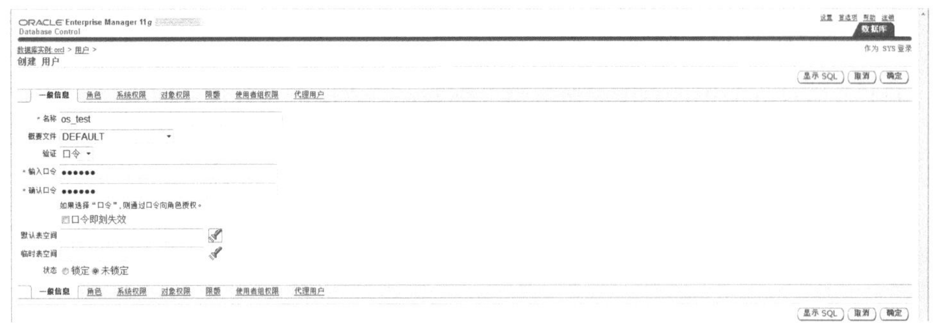

图 1-122　在“一般信息”中填写用户基本信息

(4) 点击“默认表空间”右侧搜索图标“”，打开默认表空间列表。在这个表中列出了所有存在的默认表空间，选择其中的“USERS”，并点击“选择”按钮(图 1-123)。

图 1-123　指定用户表空间

图 1-124　指定用户临时表空间

(5) 在“临时表空间”右侧搜索图标“”，打开表空间列表，选择其中的“TEMP”，并点击“选择”按钮(图 1-124)。

(6) 点击“角色”标签。当前在 os_test 的角色中只有 CONNECT(图 1-125)。如果需要另加角色的话，需要点击“编辑列表”，如增加“DBA”权限。

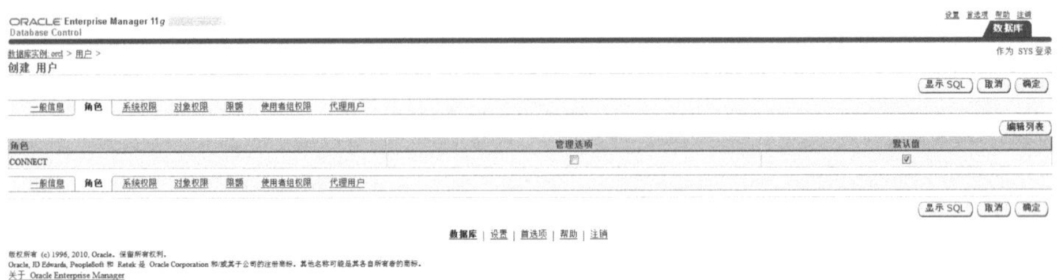

图 1-125　在角色界面中查看用户当前角色

(7) 在列表中选择“DBA”并点击“>移动”按钮将其添加到“所选角色”列表中(图 1-126)。

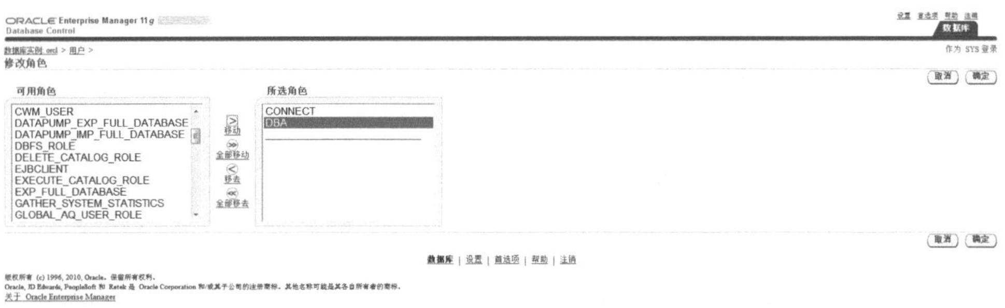

图 1-126　为新用户添加新的角色

(8) 选择“确定”按钮再返回，在角色列表中就出现了新加的 DBA 角色(图 1-127)。

ORACLE Enterprise Manager 11g
Database Control

数据库实例: orcl > 用户 >
创建 用户

显示 SQL　取消　确定

一般信息　角色　系统权限　对象权限　限额　使用者组权限　代理用户

编辑列表

角色	管理选项	默认值
CONNECT	☐	☑
DBA	☐	☑

一般信息　角色　系统权限　对象权限　限额　使用者组权限　代理用户

显示 SQL　取消　确定

数据库 | 设置 | 首选项 | 帮助 | 注销

关于 Oracle Enterprise Manager

图 1-127　添加用户角色后查看角色信息

(9) 接着再返回“一般信息”标签，选择“确定”按钮后，发现新的 os_test 加入了用户列表之中(图 1-128)。

ORDSYS	EXPIRED & LOCKED	2010-4-2 下午01时38分41秒	SYSAUX	TEMP	DEFAULT	2010-4-2 下午01时38分41秒	LOCAL
OS_TEST	OPEN	2012-9-14 下午11时12分06秒	USERS	TEMP	DEFAULT	2012-3-18 下午11时12分06秒	LOCAL
OUTLN	EXPIRED & LOCKED	2010-4-2 下午02时19分33秒	SYSTEM	TEMP	DEFAULT	2010-4-2 下午01时18分45秒	LOCAL

图 1-128　添加用户完成后，重新查看用户列表

第 2 章　空间数据库查询基础

实验 2.1　数据库查询语言

一、实验目的

掌握 Select 语句的基本用法，理解不同查询连接方式在不同场合下的应用。

二、实验平台

(1) 操作系统：Windows Server 2003；
(2) 数据库管理系统：Oracle 11g R2。

三、实验内容和要求

(1) Select 语句的使用；
(2) Oracle 自带 Imp 命令、Exp 命令的使用；
(3) 能够根据不同的查询要求，选择正确的查询方式进行查询；
(4) 能够熟练使用 Imp 命令与 Exp 命令导入/导出数据。

四、Imp 与 Exp 的介绍和使用

Imp 与 Exp 是 Oracle 数据库的导入/导出命令。

Imp 格式如下：

```
imp[ username[/password[@service]]] argument_list
```

Exp 格式如下：

```
exp[ username[/password[@service]]] argument_list
```

这两种函数都可以通过 help=y 获取帮助，格式如 imp help=y。

在平常的使用中，对于导入/导出的众多函数，主要使用以下几个。

1. Imp 常用选项

(1) FROMUSER 和 TOUSER，使用它们实现将数据从一个 SCHEMA 中导入到另外一个 SCHEMA 中。例如，假设做 exp 时导出的为 test 对象，想把对象导入用户：

```
imp userid=test1/test1 file=expdat.dmp fromuser=test1 touser=test1
```

(2) IGNORE、GRANTS 和 INDEXES，其中 IGNORE 参数将忽略表的存在，继

续导入，这个对于需要调整表的存储参数时很有用，可以先根据实际情况用合理的存储参数建好表，然后直接导入数据。而 GRANTS 和 INDEXES 表示是否导入授权和索引，如果想使用新的存储参数重建索引，或者为了加快导入速度，可以考虑将 INDEXES 设为 N，而 GRANTS 一般都是 Y。例如，

```
imp userid=test1/test1 file=expdat.dmp fromuser=test1 touser=test1 indexes=N
```

2. Exp 常用选项

(1) FULL，这个用于导出整个数据库，在 ROWS=N 一起使用时，可以导出整个数据库的结构。例如，

```
exp userid=test/test file=./db_str.dmp log=./db_str.log full=y rows=n compress=y direct=y
```

(2) OWNER 和 TABLE，这两个选项用于定义 Exp 的对象。OWNER 定义导出指定用户的对象；TABLE 定义导出 table 名称。

```
exp userid=test/test file=./db_str.dmp log=./db_str.log owner=duanl
exp userid=test/test file=./db_str.dmp log=./db_str.log table=nc_data,fi_arap
```

(3) BUFFER 和 FEEDBACK，在导出比较多的数据时，考虑设置这两个参数。

```
exp userid=test/test file=yw97_2003.dmp log=yw97_2003_3.log feedback=10000 buffer=100000000
tables=W04,OK_YT
```

(4) FILE 和 LOG，这两个参数分别指定备份的 DMP 名称和 LOG 名称，包括文件名和目录。

(5) COMPRESS 参数不压缩导出数据的内容。用来控制导出对象的 STORAGE 语句如何产生。默认值为 Y，使用默认值，对象的存储语句的 INIT EXTENT 等于当前导出对象的 EXTENT 的总和。推荐使用 COMPRESS＝N。

(6) FILESIZE 选项在 Oracle 8i 中可用。如果导出的 DMP 文件过大，最好使用 FILESIZE 参数，限制文件大小不要超过 2G。例如，

```
exp userid=duanl/duanl file=f1,f2,f3,f4,f5 filesize=2g owner=scott
```

这样将创建 f1.dmp, f2.dmp 等一系列文件，每个大小都为 2G，如果导出的总量小于 10G，Exp 将不创建 f5.bmp。

五、实验前置

(1) 数据准备。本次实验主要基于 Oracle 数据库 SCOTT 用户下的表展开。而在数据库一开始安装完成后，SCOTT 用户一般属于锁定状态，首先使用 SYS 账户对 SCOTT 账户进行解锁(图 2-1)。

```
SQL> alter user scott account unlock;

用户已更改。
```

图 2-1　对 SCOTT 账户进行解锁

然后，使用EXIT命令退至控制台状态下导出SCOTT账户下的表和所有数据(图2-2)。一般情况下，我们不需要导出其索引、约束条件及权限等内容。

```
C:\>exp scott/tiger@orcl file=c:\scott_table.dmp owner=scott
```

图2-2　导入SCOTT用户下的数据

(2) 使用SYS创建一个新的用户，新建密码、表空间、临时表空间等信息(图2-3)。

```
SQL> create user scuser identified by scuser
  2  default tablespace users
  3  temporary tablespace temp
  4  profile default
  5  ;

用户已创建。
```

图2-3　创建新用户，并指定密码、表空间、临时表空间

(3) 在SYS用户下授予新用户权限及自定义表空间权限(图2-4)。

```
SQL> grant connect,resource to scuser;

授权成功。

SQL> grant create any table to scuser;

授权成功。

SQL> grant alter any table to scuser;

授权成功。

SQL> grant drop any table to scuser;

授权成功。

SQL> alter user scuser quota unlimited on users;

用户已更改。
```

图2-4　为新用户授予角色及权限

在实验中给予用户CONNECT和RESOURCE的角色（图2-4为新用户授予角色及权限），为便于用户操作，同时授予更多的表操作权限。最后解除了自定义表空间对用户的限制。

(4) 账户解锁。当相关的操作都完成后，使用解锁命令对用户解锁(图2-5)。需要注意的是，这里是在分步完成所有账户新建任务后实施解锁，实际上解锁命令也可以在账户新建时执行。

```
SQL> alter user scuser account unlock
  2  ;
```

图2-5　解锁新用户

(5) 导入实验数据给SCUSER用户(图2-6)。

```
C:\>imp scuser/scuser@orcl file=c:\scott_table.dmp fromuser=scott tosuer=scuser
```

图 2-6　将导出的 SCOTT 用户数据导入新用户

六、实验流程

(1) 利用一般查询功能，实现将部门号为 30 的雇员全部查出来(图 2-7)。

```
SQL> select * from emp where deptno=30;

     EMPNO ENAME      JOB              MGR HIREDATE              SAL       COMM
---------- ---------- --------- ---------- -------------- ---------- ----------
    DEPTNO
----------
      7499 ALLEN      SALESMAN        7698 20-2月 -81           1900        300
        30

      7521 WARD       SALESMAN        7698 22-2月 -81           1900        500
        30
```

图 2-7　利用一般查询功能将部门号为 30 的雇员全部查出

(2) 使用 WHERE 条件语句，找出佣金高于薪金 60%的雇员(图 2-8)。

```
SQL> select * from emp where comm>sal*0.6;

     EMPNO ENAME      JOB              MGR HIREDATE              SAL       COMM
---------- ---------- --------- ---------- -------------- ---------- ----------
    DEPTNO
----------
      7654 MARTIN     SALESMAN        7698 28-9月 -81           1500       1400
        30
```

图 2-8　使用 WHERE 条件语句，找出佣金高于薪金 60%的雇员

(3) 使用多表组合查询，列出所有办事员的姓名、编号和部门(图 2-9)。

```
SQL> select ename,empno,dname from emp e inner join dept d on e.deptno = d.deptn
o where job=upper('clerk');

ENAME           EMPNO DNAME
---------- ---------- --------------
MILLER           7934 ACCOUNTING
ADAMS            7876 RESEARCH
JAMES            7900 SALES
```

图 2-9　使用多表组合查询，列出所有办事员的姓名、编号和部门

注意：在这个实验中使用了内连接的方法。而内连接也可以表述为图 2-10 所示，而两者的答案是一样的。

```
SQL> select ename,empno,dname from emp e ,dept d where e.deptno = d.deptno and
job=upper('clerk');

ENAME           EMPNO DNAME
---------- ---------- --------------
MILLER           7934 ACCOUNTING
ADAMS            7876 RESEARCH
JAMES            7900 SALES
```

图 2-10　不同的内连接方式实现图 2-9 中的实验

(4) 使用关系运算符，找出部门 10 中所有经理和部门 20 中所有办事员的详细资料(图 2-11)。

```
SQL> select * from emp where (deptno=10 and job=upper('manager')) or (deptno=20
and job=upper('clerk '));

     EMPNO ENAME      JOB              MGR HIREDATE              SAL       COMM
---------- ---------- --------- ---------- -------------- ---------- ----------
    DEPTNO
----------
      7782 CLARK      MANAGER         7839 09-6月 -81           2450
        10
```

图 2-11　使用关系运算符，找出部门 10 中所有经理和部门 20 中所有办事员的详细资料

(5) 使用关系运算符，找出部门 10 中所有经理、部门 20 中所有办事员和既不是经理又不是办事员但其薪金≥2000 元的所有雇员的详细资料(图 2-12)。

```
SQL> select * from emp where (deptno=10 and job=upper('manager')) or (deptno=20
and job=upper('clerk')) or (job<>upper('manager') and job<>upper('clerk') and sa
l>=2000);

     EMPNO ENAME      JOB              MGR HIREDATE              SAL       COMM
---------- ---------- --------- ---------- -------------- ---------- ----------
    DEPTNO
----------
      7782 CLARK      MANAGER         7839 09-6月 -81           2450
        10

      7788 SCOTT      ANALYST         7566 19-4月 -87           3000
        20

      7839 KING       PRESIDENT            17-11月-81           5000
```

图 2-12　查找部门 10 中所有经理、部门 20 中所有办事员和既不是经理又不是办事员但其薪金≥2000 元的所有雇员的详细资料

在此例中，使用了较多的关系运算符和查询条件，但在理清脉络的情况下能轻松实现。

(6) 使用 NVL 函数找出不收取佣金或收取的佣金＜100 元的雇员(图 2-13)。

```
SQL> select * from emp where nvl(comm,0)<100;

     EMPNO ENAME      JOB              MGR HIREDATE              SAL       COMM
---------- ---------- --------- ---------- -------------- ---------- ----------
    DEPTNO
----------
      7589 JIM        SALESMAN                                  1500


      7688 TOM        SALESMAN                                  1500
```

图 2-13　查询不收取佣金或收取的佣金＜100 元的雇员

NVL 函数功能：如果 string1 为 NULL，则 NVL 函数返回 replace_with 的值，否则返回 string1 的值，如果两个参数都为 NULL，则返回 NULL。

(7) 使用 LIKE 函数，显示不带有 R 的雇员姓名(图 2-14)。

```
SQL> select ename from emp where ename not like '%R%';

ENAME
----------
JIM
TOM
ALLEN
JONES
BLAKE
SCOTT
KING
ADAMS
JAMES
TOMASHI
JIMS

已选择11行。
```

图 2-14　显示不带有 R 的雇员姓名

(8) 结合日期函数，找出早在 25 年之前已受雇的雇员(图 2-15)。

```
SQL> select * from emp where months_between(sysdate,hiredate)/12>25;

     EMPNO ENAME      JOB              MGR HIREDATE              SAL       COMM
---------- ---------- --------- ---------- -------------- ---------- ----------
    DEPTNO
----------
      7499 ALLEN      SALESMAN        7698 20-2月 -81           1500        300
        30

      7521 WARD       SALESMAN        7698 22-2月 -81           1500        500
        30
```

图 2-15　结合日期函数，找出早于 25 年之前受雇的雇员

(9) 使用 ORDER BY 语句显示所有雇员的姓名、工作和薪金，按工作的降序顺序排序，而工作相同时按薪金升序排序(图 2-16)。

```
SQL> select ename,job,sal from emp order by job desc ,sal asc;

ENAME      JOB              SAL
---------- --------- ----------
JIM        SALESMAN        1500
JIMS       SALESMAN        1500
ALLEN      SALESMAN        1500
WARD       SALESMAN        1500
TOM        SALESMAN        1500
TOMASHI    SALESMAN        1500
TURNER     SALESMAN        1500
MARTIN     SALESMAN        1500
KING       PRESIDENT       5000
CLARK      MANAGER         2450
BLAKE      MANAGER         2850

ENAME      JOB              SAL
---------- --------- ----------
JONES      MANAGER         2975
JAMES      CLERK            950
```

图 2-16　雇员的姓名、工作和薪金，按工作的降序顺序排序，而工作相同时按薪金升序

(10) 使用 DISTINCT 函数，查找至少有一个雇员的所有部门(图 2-17)。

```
SQL> select distinct dname from dept where deptno in (select distinct deptno fro
m emp);

DNAME
--------------
ACCOUNTING
RESEARCH
SALES
```

图 2-17　查找至少有一个雇员的所有部门

(11) 使用嵌套查询语句，列出薪金比 JIM 多的所有雇员(图 2-18)。

```
SQL> select ename,sal from emp where sal>(select sal from emp where ename=upper(
'jim'));

ENAME             SAL
---------- ----------
JONES            2975
BLAKE            2850
CLARK            2450
SCOTT            3000
KING             5000
FORD             3000

已选择6行。
```

图 2-18　列出薪金比 JIM 多的所有雇员

(12) 使用左连方式，列出部门名称和这些部门的雇员，同时列出那些没有雇员的部门(图 2-19)。

```
SQL> select dname,ename from dept d left join emp e on d.deptno=e.deptno;

DNAME          ENAME
-------------- ----------
ACCOUNTING     CLARK
ACCOUNTING     MILLER
ACCOUNTING     KING
RESEARCH       JONES
RESEARCH       SCOTT
RESEARCH       FORD
RESEARCH       ADAMS
SALES          ALLEN
SALES          TURNER
SALES          JAMES
SALES          WARD

DNAME          ENAME
-------------- ----------
SALES          MARTIN
SALES          BLAKE
OPERATIONS

已选择14行。
```

图 2-19　列出部门名称和这些部门的雇员，同时列出那些没有雇员的部门

(13) 使用右连接方式，列出所有雇员的姓名及其直接上级的姓名(图 2-20)。

```
SQL> select e.ename,m.ename from emp e,emp m where e.mgr=m.empno(+);

ENAME      ENAME
---------- ----------
FORD       JONES
SCOTT      JONES
JAMES      BLAKE
TURNER     BLAKE
MARTIN     BLAKE
WARD       BLAKE
ALLEN      BLAKE
MILLER     CLARK
ADAMS      SCOTT
CLARK      KING
BLAKE      KING

ENAME      ENAME
---------- ----------
JONES      KING
JIMS
TOMASHI
KING
TOM
JIM

已选择17行。
```

图 2-20　列出所有雇员的姓名及其直接上级的姓名

(14) 使用 GROUP BY 语句，列出各种工作类别的最低薪金，显示最低薪金>1500 元的记录(图 2-21)。

```
SQL> select job,min(sal) from emp group by job having min(sal)>1500;

JOB         MIN(SAL)
--------- ----------
PRESIDENT       5000
MANAGER         2450
ANALYST         3000
```

图 2-21　列出各种工作类别的最低薪金，显示最低薪金>1500 元的记录

(15) 列出每个部门的信息以及该部门中雇员的数量(图 2-22)。

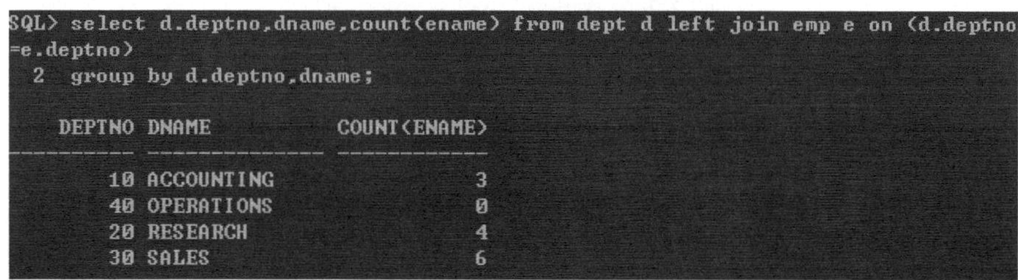

```
SQL> select d.deptno,dname,count(ename) from dept d left join emp e on (d.deptno
=e.deptno)
  2  group by d.deptno,dname;

    DEPTNO DNAME          COUNT(ENAME)
---------- -------------- ------------
        10 ACCOUNTING                3
        40 OPERATIONS                0
        20 RESEARCH                  4
        30 SALES                     6
```

图 2-22　列出每个部门的信息以及该部门中雇员的数量

(16) 使用自连接，列出从事同一种工作但属于不同部门的雇员的不同组合(图 2-23)。

```
SQL> select tba.ename,tbb.ename,tba.job,tbb.job,tba.deptno,tba.deptno
  2  from emp tba,emp tbb
  3  where tba.job=tbb.job and tba.deptno<>tbb.deptno;

ENAME      ENAME      JOB       JOB           DEPTNO     DEPTNO
---------- ---------- --------- --------- ---------- ----------
CLARK      JONES      MANAGER   MANAGER           10         10
BLAKE      JONES      MANAGER   MANAGER           30         30
CLARK      BLAKE      MANAGER   MANAGER           10         10
JONES      BLAKE      MANAGER   MANAGER           20         20
BLAKE      CLARK      MANAGER   MANAGER           30         30
JONES      CLARK      MANAGER   MANAGER           20         20
MILLER     ADAMS      CLERK     CLERK             10         10
JAMES      ADAMS      CLERK     CLERK             30         30
MILLER     JAMES      CLERK     CLERK             10         10
ADAMS      JAMES      CLERK     CLERK             20         20
JAMES      MILLER     CLERK     CLERK             30         30

ENAME      ENAME      JOB       JOB           DEPTNO     DEPTNO
---------- ---------- --------- --------- ---------- ----------
ADAMS      MILLER     CLERK     CLERK             20         20

已选择12行。
```

图 2-23　列出从事同一种工作但属于不同部门的雇员的不同组合

自连接实际上是使用一张表充当两张不同的表，然后由这“两张表”进行的一种关联查询方式。

(17) 使用交叉连接，找出每个员工所属的部门(图 2-24)。

```
SQL> select emp.ename,dept.dname
  2  from emp cross join dept;

ENAME      DNAME
---------- --------------
JIM        ACCOUNTING
TOM        ACCOUNTING
ALLEN      ACCOUNTING
WARD       ACCOUNTING
JONES      ACCOUNTING
MARTIN     ACCOUNTING
BLAKE      ACCOUNTING
CLARK      ACCOUNTING
SCOTT      ACCOUNTING
KING       ACCOUNTING
```

图 2-24　找出每个员工所属的部门

通过交叉连接可以看到，此例中交叉的结果将正确与不正确的数据都返回了，而数据的长度等于两表的乘积 14×4，共 56 条。

实验 2.2　空间概念和数据模型

一、实验目的

(1) 掌握 Oracle Spatial 与 ESRI GeoDatabase 的空间数据存储格式；

(2) 了解 SDE 系统表含义。

二、实验平台

(1) 操作系统：Windows Server 2003；

(2) 数据库管理系统：Oracle 11g R2；

(3) 地理信息系统：ESRI ArcSDE 10；

(4) 数据内容：USA.GDB。

三、实验内容和要求

(1) 创建空间数据表，分别查看 ESRI GeoDatabase 与 Oracle Spatial 的存储方式；

(2) 熟悉空间数据 ESRI GeoDatabase 与 Oracle Spatial 的存储结构；

(3) 了解不同几何对象的存储格式。

四、SDE 元数据表及系统表功能

在 ArcGIS 软件中描述项目的信息称为元数据，在为 Oracle 新建的 SDE 用户表中同样拥有一组用于描述空间信息的表，称为元数据表。元数据表的主要作用是定义及描述列/表类型、空间索引(ST_Spatial_Index 域索引)和空间参考信息。

元数据表主要有以下 11 个表构成。

```
VERSION 表：记录 ArcSDE 服务器的版本号
LAYERS 表：记录数据库中的各个层，每个记录对应一个层
GEOMETRY_COLUMNS 表：管理几何或矢量特征列
RASTER_COLUMNS 表：管理栅格列
TABLE_REGISTRY 表：管理所有已注册的表
Spatial_REFERENCES 表：记录数据库的坐标系、伪原点、ID 码等
STATES 表：记录状态
VERSIONS 表：记录数据版本
MVTABLES_MODIFIED 表：记录数据多版本信息
SDE_LOGFILE 表：管理 ArcSDE 的 logfiles
SDE_LOGFILE_DATA 表：管理 ArcSDE 的 logfiles
```

以上的数据表，将在下面的 ArcSDE 系统表中介绍。

ArcSDE 系统表包含以下几类：数据集列表(Datasets)、同步复制表(Distributed Geodatabases)、数据归档表(Geodatabase Archives)、XML 存储表(ArcSDE XML)、锁定信息表(Locking)、日志文件表(Log Files)、版本系列表(Versioning)、系统表(System Administration)、空间类型表及视图(Spatial Type Tables and Views)(图 2-25)。

1. 数据集列表

(1) DBTUNE：用于存储 ArcSDE 数据对象(如要素类)的配置关键字。

(2) COLUMN_REGISTRY：管理所有注册列。这里需要注意的是，如果利用 SQL 来更改列的相关设定，COLUMN_REGISTRY 表中的记录将不会更新。这可能导致

图 2-25　数据集列表

之后的任何数据导出失败。

(3) RASTER_COLUMNS：包含数据库中存储的栅格列的列表。该表用于引用波段表、块表和辅助表中的栅格数据。

(4) TABLE_REGISTRY：用于管理所有注册的表。这些值包括 ID、表名、所有者和描述。

(5) GDB_ITEMS：指在 ArcGIS 系统中使用的、可建立索引和进行搜索的任何对象，包括表、属性域、拓扑和网络。该表中包含有关存储在地理数据库中的所有项的信息。

(6) GDB_ITEMTYPES：用于存储有关 GDB_ITEMS 表中每个项的对象类型的信息。

(7) GDB_ITEMRELCATIONSHIPS：用于存储有关 GDB_ITEMS 表中各对象之间关联方法的信息。例如，此表会对要素数据集和复本进行跟踪。

(8) GDB_ITEMRELCATIONSHIPTYPES：包含有关 GDB_ITEMS 表中各对象之间存在的关系类型的数据。

(9) LAYERS ：用于记录与数据库中各要素类相关的数据。该信息帮助构建和维护空间索引、确保正确的形状类型、维护数据完整性以及存储坐标数据的空间参考。

数据库中的每个空间列对应该表中的一行。应用程序使用图层属性来查找可用的空间数据源。ArcSDE 使用这些图层属性来约束和验证空间列内容、索引几何值，以及正确创建和管理关联的 DBMS 表。

(10) GEOMETRY_COLUMNS：为符合 OpenGIS SQL 规范的每列类型几何都在数据库中存储一行。ArcSDE 将此表视为只限写入，因此仅在添加或删除 OpenGIS SQL 数据格式的图层时，才可通过 ArcSDE 访问此表。该表由 OpenGIS SQL 规范定义，还可以在其他应用程序中用不由 ArcSDE 托管的几何列更新该表。以符合 OpenGIS 标准的格式新建几何列时，完全限定的表名、列名和空间参考 ID (SRID) 会添加到 GEOMETRY_COLUMNS 表中。

(11) SPATIAL_REFERENCES：表中包含坐标系和从浮点型到整型的转换值。存储前，内部功能会利用空间参考系的参数将几何的每个浮点型坐标都转换和调整为 64 位正整数。进行检索时，这些坐标将恢复为其初始外部浮点型形式。

(12) LAYER_STATS：LAYER_STATS 表用于管理版本化和非版本化要素类的统计数据。这些统计数据在更新地理数据库统计数据时生成。某些地理处理工具使用统计数据来评估是否使用切片处理。

(13) OBJECT_IDS：追踪地理数据库中的对象类型。

2. 同步复制表

GDB_REPLICALOG：每次复本导出或导入更改时，有关此操作的信息都会存储在 GDB_REPLICALOG 表中，同步复制表如图 2-26 所示。

3. 数据归档表

SDE_ARCHIVES：用于存储地理数据库中存档的元数据，数据归档表如图 2-27 所示。

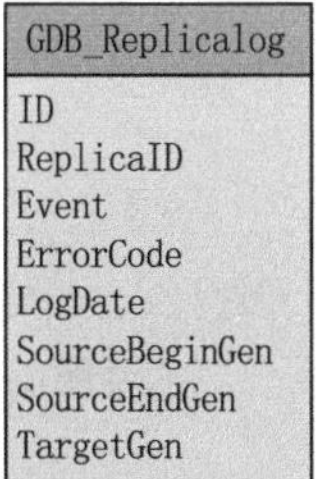

图 2-26　同步复制表

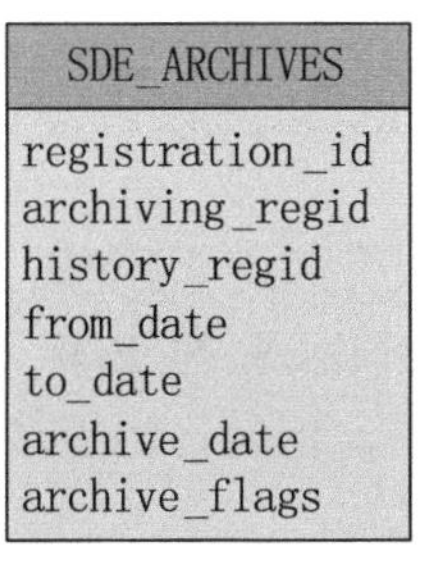

图 2-27　数据归档表

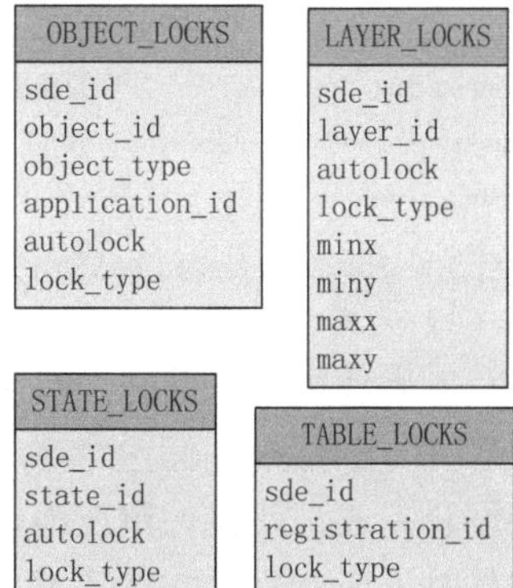

图 2-28　锁定信息表

4. 锁定信息表

(1) OBJECT_LOCKS：用于记录地理数据库对象上的锁；

(2) LAYER_LOCKS：用于记录要素类的锁；

(3) STATE_LOCKS：用于维护版本的状态锁；

(4) TABLE_LOCKS：用于维护 ArcSDE 注册的表上的锁。

锁定信息表记录相关的锁信息(图层锁、表锁、状态锁、对象锁)，如图 2-28 所示。

5. 日志文件表

首次安装 ArcSDE 并在 Oracle 中创建地理数据库时，默认的日志文件配置将使用共享的 ArcSDE 日志文件。共享日志文件将由以相同用户身份连接的所有会话共用。因此，如果有多个用户与同一个用户账号相连接，则所有这些会话均会从同一个日志文件数据表(图 2-29)中插入和删除记录。日志文件将于首次使用 ArcGIS 软件创建包含 100 条或多于 100 条记录的选择集时创建。在此只简单的了解相关的知识，不作深入的研究。

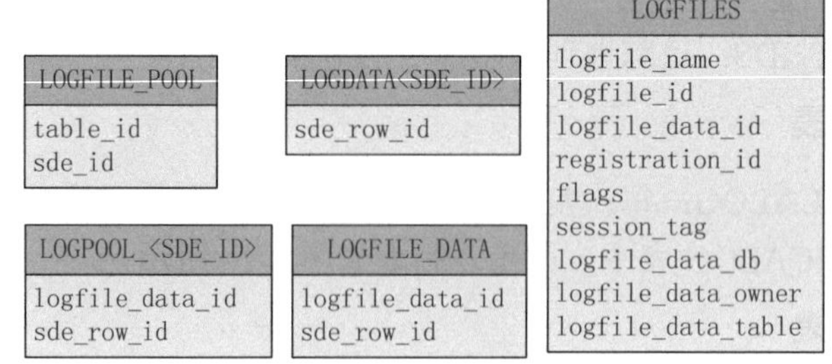

图 2-29　日志文件表

总体来说，日志文件包含四个基本内容：

```
Shared log file tables：共享的日志文件表
Session-based log file tables：基于会话的日志文件表
Stand-alone log file tables：独立日志文件表
Pools of log file tables：日志文件表池
```

1) 共享的日志文件表

如果使用默认的共享日志文件，则将在该 DBMS 用户的方案中为每个 DBMS 用户 ID 创建并存储两个表 SDE_LOGFILES 和 SDE_LOGFILE_DATA。这些表一经创建完成，就将保留在地理数据库中。但是，当连接中的应用程序删除所有日志文件时，所有日志文件条目也将被删除。

2) 基于会话的日志文件表

如果将日志文件配置更改为使用基于会话的日志文件，则地理数据库中会显示

SDE_LOGFILES 表、SDE_LOGFILE_DATA 表和 SDE_SESSION<SDE_ID> 表。哪位用户的会话使得这些表得以创建，这些表就将在哪位用户的方案中创建。尽管 SDE_LOGFILE_DATA 表创建完成，但没有在其中填充任何数据。SDE_LOGFILES 表和 SDE_LOGFILE_DATA 表将保留在地理数据库中，但连接中的应用程序断开连接时，SDE_LOGFILES 表将被截断。当连接中的应用程序不再需要日志文件记录时(对于 ArcMap，意味着不再有选择集)，SDE_SESSION<SDE_ID> 表将被截断，且当会话断开连接时，将丢弃该表。

3) 独立日志文件表

如果使用独立的日志文件，则对于超出会话所设定的选择阈值的每个选择集，会为每个图层都创建一个新的 SDE_LOGDATA_<SDE_ID>_<#> 表。同时还会为每个会话都创建 SDE_LOGFILES 表和 SDE_LOGFILE_DATA 表，但 SDE_LOGFILE_DATA 表不会填充数据。这两个表都在引起表创建的用户方案中创建。

当连接中的会话不再需要日志文件时，SDE_LOGDATA_<SDE_ID>_<#> 表将被截断，且当会话断开连接时，将丢弃这些表。当连接中的应用程序断开连接时，SDE_LOGFILES 表将被截断。

4) 日志文件表池

在创建地理数据库后，将在 ArcSDE 管理员的方案中创建并存储 SDE_LOGFILE_POOL 表。如果使用一个文件池，并且该文件池由 ArcSDE 管理员拥有的独立或基于会话的日志文件组成，则将使用此表，另外还会在地理数据库中创建 SDE_LOGPOOL_<TABLE_ID>表。所创建的 SDE_LOGPOOL_<TABLE_ID> 表的数量取决于在 SDE_SERVER_CONFIG 表中指定的 LOGFILEPOOLSIZE 值。在下面的示例中，LOGFILEPOOLSIZE被设置为 10，因此将创建 10 个 SDE_LOGPOOL_<TABLE_ID> 表(ID在1 ~10)。

所有针对日志文件池创建的表都在 ArcSDE 管理员方案中创建。

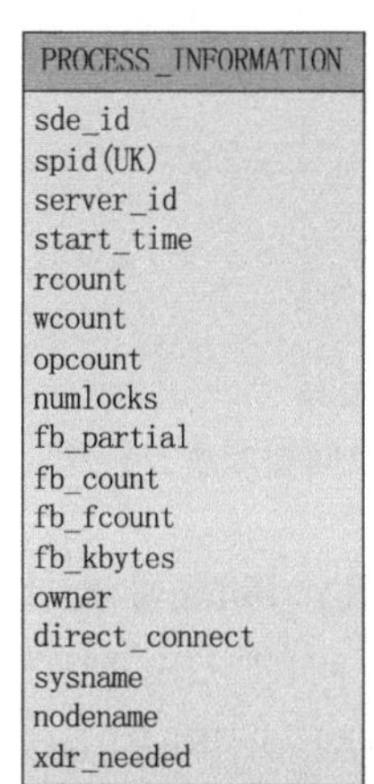

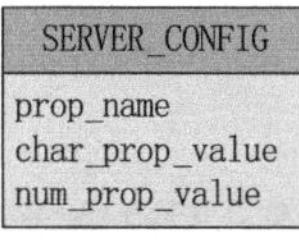

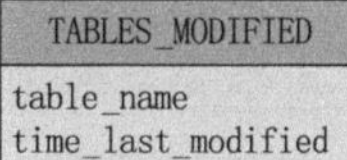

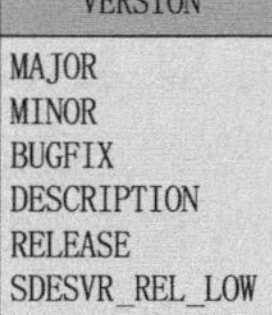

图 2-30　系统表

6. 系统表

系统表(图 2-30)包括以下五个部分。

(1) SERVER_CONFIG：用于存储 ArcSDE 服务器配置参数。这些参数可定义 ArcSDE 软件使用内存的方式。

(2) VERSION：用于维护与数据库配合使用的 ArcSDE 的版本信息。该表包含 ArcSDE 最近一个安装版本的具体版本标识。此表与其他的 ArcSDE 系统表一样，在安装新版本的 ArcSDE 之后会进行更新。

(3) TABLES_MODIFIED：用于记录对系统表做出更改的时间。该信息用于避免对无改动的表的不必要读取。

(4) INSTANCES：用于追踪存储在用户(非 SDE 用户)方案中的地理数据库。此表存储在 SDE 主地理数据库中。

(5) PROCESS_INFORMATION：用于收集 ArcSDE 会话统计数据，例如会话处于活动状态时读取的记录数量和写入的记录数量。

7. 空间类型表及视图

空间类型表及视图(图 2-31)包括以下四部分。

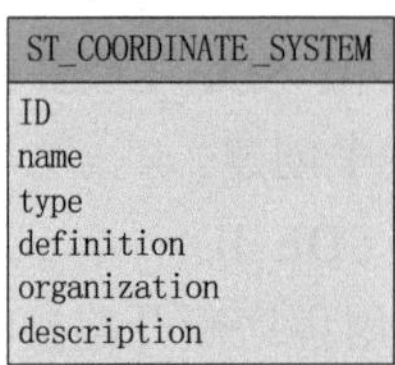

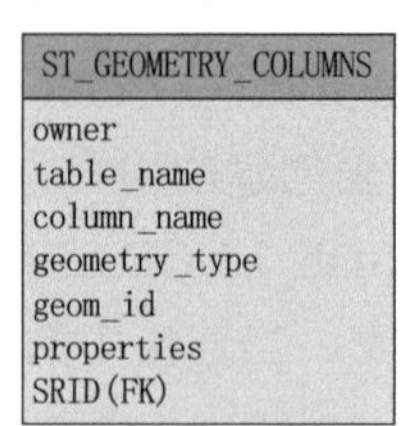

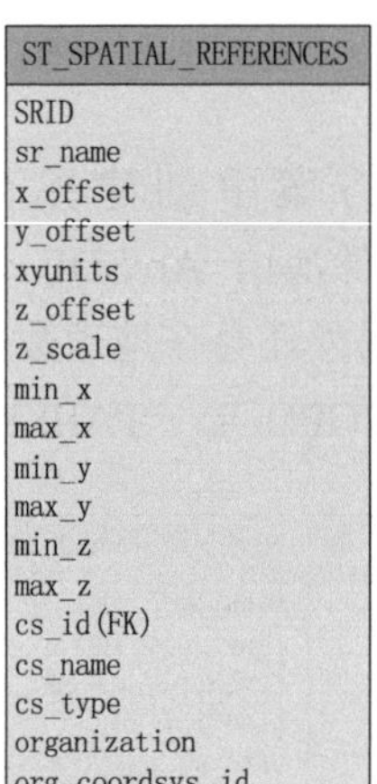

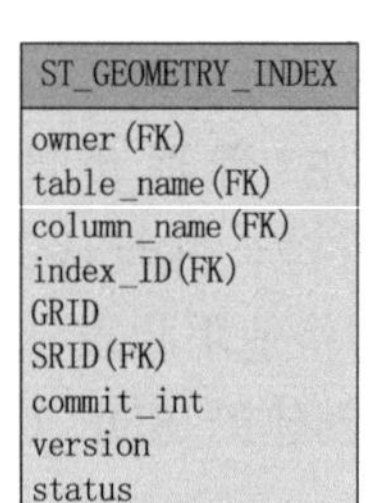

图 2-31　空间类型表及视图

(1) ST_COORDINATE_SYSTEM：包含注册到“空间类型”的所有坐标系。当安装 ArcSDE 时更新此表，并在必要时对其进行升级。也可使用 ST_CSRegister 函数将此表更新到包含用户定义坐标系。同时，其与 ST_SPATIAL_REFERENCES 表一起来描述可用于 ST_Geometry 类型的坐标系和投影。

(2) ST_GEOMETRY_COLUMNS：包含所创建或添加到表对象或表视图的各 ST_Geometry 列的方案、几何类型和空间参考信息。通过使用存储过程注册/取消注册表或视图，可将 ST_Geometry 列信息插入到此表中。在创建空间索引之前，必须先将表/列元数据注册到此表。创建包含 ST_Geometry 列的表时不会插入 ST_Geometry 元数据。在表中创建空间索引时，将在 ST_GEOMETRY_COLUMNS 表和 ST_GEOMETRY_INDEX 表中插入条目。此表用于执行选择操作和 DML 元数据操作。存储过程用于向 ST_GEOMETRY_ COLUMNS 表中插入条目或从其删除条目。

(3) ST_SPATIAL_REFERENCES：包含所有可用于 ST_Geometry 类型的空间参考。必须正确地引用空间参考，以便对空间对象进行单独分析或组合分析。也就是说，空间表必须具有空间参考和坐标系。存储前，内部功能会利用空间参考系的参数将几何的每个浮点型坐标都转换和调整为 64 位正整数。进行检索时，这些坐标将恢复为其初始外部浮点型形式。该表与 ST_COORDINATE_SYSTEMS 表一起来描述可用于 ST_GEOMETRY 类型的坐标系和投影。此表方案中包含坐标系

(x,y,z) 和测量 (m) 的比例和偏移。由于存储和性能上的原因，使用该信息将十进制值转换为整型值以及将负值转换为正值。

(4) ST_GEOMETRY_INDEX：包含 ST_GEOMETRY 列的空间索引信息。ST_GEOMETRY 类型的空间索引在 CREATE INDEX 语句中称为域索引。

8. 版本系列表

版本系统表(图 2-32)包括以下六部分。

(1) COMPRESS_LOG：用于追踪对地理数据库执行的所有压缩操作。

(2) VERSIONS：包含与版本化地理数据库有关的信息。每个版本均由名称、所有者、描述以及关联数据库的状态共同标识。此表定义数据库包含不同版本，并为用户提供一份可用版本的列表。应用程序会使用这些版本访问特定的数据库状态。版本名称和 ID 是唯一的。当 ArcSDE 首次创建 VERSIONS 表时，会将一个默认版本插入到该表中。此默认版本的名称为 DEFAULT，由 ArcSDE 管理员所有并被授予 PUBLIC 访问权限。初始 state_id 设为 0，并且描述字符串会读取“实例默认版本”。由于默认版本已被授予 PUBLIC 访问权限，因此任何用户都可以更改默认状态。

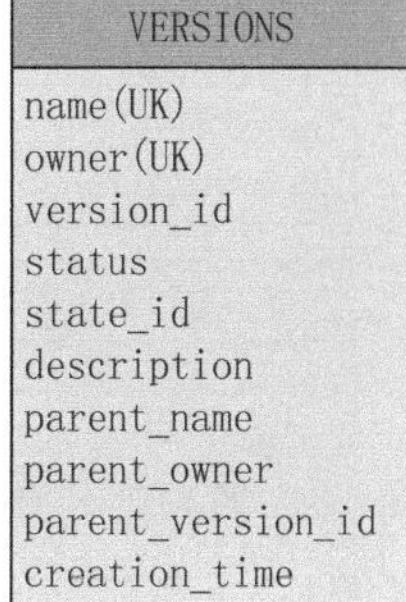

图 2-32　版本系列表

(3) STATES：包含状态元数据。它指示一段时间内创建的状态，还有每个状态的创建时间、关闭时间、父状态以及所有者。每创建一个状态，都会指定状态 ID 并且会在该表中添加一条记录。

(4) STATE_LINEAGES：用于存储各状态的谱系，会为每个版本创建一个新的谱系名称。每当添加一个状态时，都会添加谱系名称和状态 ID。当添加的状态是新版本时，还会添加父状态的祖先状态谱系(包括该谱系名称)。要返回某个版本的正确视图,通过查询其状态谱系可识别每次对该版本进行更改时所记录的所有状态。通过此状态列表，可确定正确表示版本的表行。

(5) LINEAGES_MODIFIED：包含状态谱系 ID 及其最近一次修改的时间戳。

(6) MVTABLES_MODIFIED：用于维护在数据库的各种状态下修改的所有表的列表。该信息用于帮助快速确定在数据库的版本或状态之间是否存在冲突。该表用于保存一份按照状态修改的所有表的记录，通过该信息，应用程序可在协调数据库的版本及状态之间的潜在冲突时，确定需要检查哪些表的更改情况。每次在某个状态下修改要素类或表时，都会在 MVTABLES_MODIFIED 表中创建一个新条目。对两个版本进行协调时，此过程的第一个步骤是识别这两个版本引用的状态，当前编辑版本的状态和目标版本的状态。根据这些状态，通过追踪这两个版本的状态谱系可识别公共祖先状态。

9. XML 存储表

存储表(图 2-33)包括以下三部分：

(1) SDE_XML_COLUMNS：每当向业务表中添加一个 ArcSDE XML 列，就会向 XML 列的表中添加一行记录。该表在每个 ArcSDE 地理数据库中都会出现一次。

(2) SDE_XML_INDEX_TAGS：ArcSDE XML 列可以选择性地使用 XPath 索引，可以对每个文档中的特定 XML 元素或属性的内容进行搜索。有关每个 XPath 索引中包含或排除哪些元素和属性都在此表中进行定义。该表在每个 ArcSDE 数据库中都会出现一次，该表为与 ArcSDE XML 列的 XPath 索引所关联的每个 XPath 都提供一行空间。

(3) SDE_XML_INDEXES：在每个 ArcSDE 数据库中都会出现一次。该表为具有 XPath 索引的每个 ArcSDE XML 列都提供了一行空间。

通过以上的分析，已经大致了解了 SDE 系统表的相关内容。应该注意的是，SDE 内部各部分表之间存在关联关系，因此需要另行参考 ESRI 针对 Oracle 提供的 ArcSDE 技术手册。

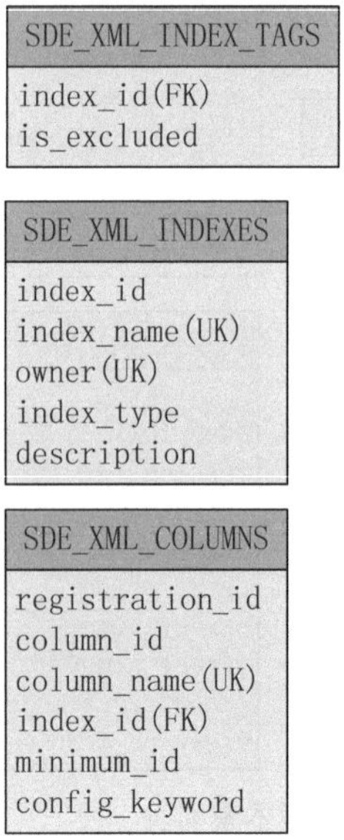

SDE_XML_INDEX_TAGS
index_id(FK)
is_excluded

SDE_XML_INDEXES
index_id
index_name(UK)
owner(UK)
index_type
description

SDE_XML_COLUMNS
registration_id
column_id
column_name(UK)
index_id(FK)
minimum_id
config_keyword

图 2-33　XML 存储表

五、SDE 几何类型及存储方式介绍

用户定义数据类型(User Defined Types，UDT)是程序员为满足应用程序的需要而定义的数据存储对象。由于这些数据类型是由程序员定义的，因此 UDT 由数据库管理系统(Data Base Management System，DBMS)读取，然后使用 DBMS 原有的数据类型存储在数据库中。

ArcSDE 地理数据库使用几种不同的 UDT，其中部分由 ESRI 定义，其他则由 ESRI 之外的公司或组织定义。ArcSDE 地理数据库使用的所有 UDT 都可存储空间数据(矢量数据或栅格数据)，支持的 UDT 如下：

```
ST_Geometry
ST_Raster
```

```
PostGIS Geometry
SDO_GeometrY (Oracle)
SDO_GeoRaster (Oracle)
Microsoft SQL Server Geometry
Microsoft SQL Server Geography
```

其中，ST_Geometry 是针对几何类型数据的存储方式，ST_Raster 是针对栅格数据的存储方式。同时，ArcSDE 还支持一种压缩二进制的存储方式。ST_Raster 及压缩的二进制存储方式在本书练习中基本不涉及其相关操作，在此只对 ST_Geometry 的相关信息做介绍。

ST_Geometry 数据类型是由 ESRI 定义的一种用户定义数据类型 (UDT)，其主要使用该数据类型定义存储空间数据的列。ST_Geometry 本身是抽象的、无法实例化的超类，但其子类可以实例化。实例化的数据类型是可定义为表列的数据类型，并且其类型值插入表列之中。虽然可以将列定义为类型 ST_Geometry，但是无法将 ST_Geometry 值插入此列，因为无法对 ST_Geometry 进行实例化，相反可以插入子类值。

图 2-34 说明了 ST_Geometry 数据类型及其子类的等级。请注意 ST_Curve、ST_Surface、ST_MultiCurve 和 ST_MultiSurface 都被定义为无法实例化的类型，没有为这些类型定义构造器。

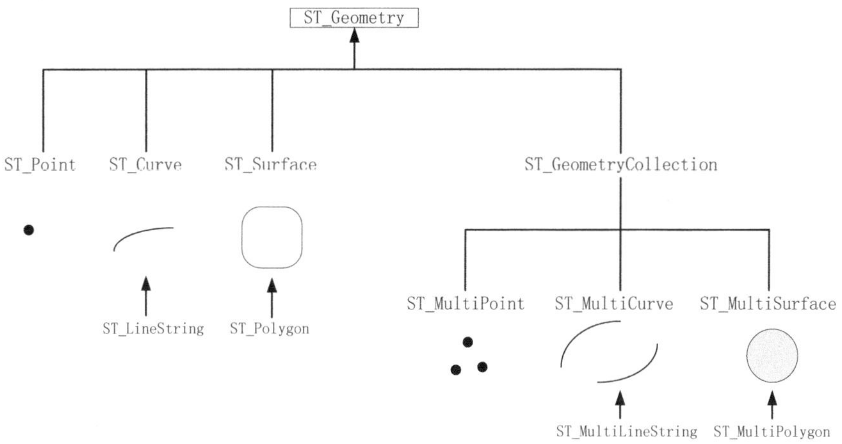

图 2-34　ST_Geometry 数据类型及其子类的等级

ST_Geometry 的子类分为两类：基础几何子类和同类集合子类。基础几何包括 ST_Point、ST_LineString 和 ST_Polygon，而同类集合包括 ST_MultiPoint、ST_MultiLineString 和 ST_MultiPolygon。与名称的含义一致，同类集合是基础几何的集合。除了共享基础几何属性之外，同类集合还具有某些自身的属性。

每个子类存储其名称所指的几何类型。例如，ST_MultiPoint 存储多点。每个子类都有可以返回子类信息的特定函数。表2-1列出了子类型、子类型的描述以及可用于获取子类信息的示例函数。

表 2-1　ST_Geometry 子类存储其名称及类型

子 类 型	描　述	子类型所用的函数
ST_Point	• 坐标空间中占据单个位置的零维几何 • 有单个 x,y 坐标值，始终简单，并且有 NULL 边界 • 用于定义油井、地标和高程之类的要素	• ST_X，以双精度数返回某一点的 x 坐标值 • ST_Y，以双精度数返回某一点的 y 坐标值 • ST_Z，以双精度数返回某一点的 z 坐标值 • ST_M，以双精度数返回某一点的 m 坐标值
ST_LineString	• 一维对象，作为一串定义线性插值路径的点来存储 • ST_LineString 具有长度 • 如果 ST_LineString 不与其内部相交，则 ST_LineString 很简单 • 闭合的 ST_LineString 的端点(边界)占据空间中的相同点 • 如果 ST_LineString 是闭合的并且是简单的，那么它是一个环 • 端点通常形成 ST_LineString 的边界，除非 ST_LineString 是闭合的(在这种情况下边界为空) • ST_LineString 的内部是位于端点间的连接路径，ST_LineString 闭合的情况除外，这种情况下内部是连续的 • ST_LineString 通常用于定义线状要素，如道路、河流和电力线	• ST_StartPoint，返回线串(LineString)的第一点 • ST_EndPoint，返回线串的最后一点 • ST_PointN，将线串和索引带到第 n 个点并返回该点 • ST_Length，以双精度数返回线串的长度 • ST_NumPoints，以整数返回线串序列中点的数量 • ST_IsRing，如果线串是环，则返回 1 (TRUE)，否则返回 0 (FALSE) • ST_IsClosed，如果线串闭合，则返回 1 (TRUE)，否则返回 0 (FALSE)
ST_Polygon	• 作为点序列存储的二维表面，定义该表面的外部边界环以及零或零以上的内部环 • ST_Polygon 具有面积并且始终是简单的 • 外部环和任意内部环确定了 ST_Polygon 的边界，环之间的封闭空间确定了 ST_Polygon 的内部	• ST_Area，以双精度数返回面的面积 • ST_ExteriorRing，以线串返回面的外部环 • ST_NumInteriorRing，返回面包含的内部环数 • ST_InteriorRingN，获取面和索引并以线串返回第 n 个内部环 • ST_Centroid，返回面的包络矩形的中心点 • ST_PointOnSurface，返回一定在面表面上的一点

续表

子 类 型	描　　述	子类型所用的函数
ST_Polygon	· ST_Polygon 的环可以在切点相交，但绝不可以交叉 · 定义土地的宗地、水体和其他有空间范围的要素	
ST_MultiPoint	· ST_Point 的集合 · 有 0 维 · 如果 ST_MultiPoint 的元素占据的坐标空间互不相同，则 ST_MultiPoint 就是简单的 · ST_MultiPoint 的边界为空 · 定义航空广播模式和疾病爆发事件之类的事情	
ST_MultiLineString	· ST_LineStrings 的集合 · ST_MultiLineStrings 具有长度 · 如果 ST_MultiLineString 只在 ST_LineString 元素的端点相交，则它是简单的 · 如果 ST_LineString 元素的内部相交，则 ST_MultiLineString 是非简单的 · ST_MultiLineString 的边界是 ST_LineString 元素的非相交端点 · 如果 ST_MultiLineString 的所有 ST_LineString 元素均为闭合的，则它也为闭合的 · 如果 ST_MultiLineString 的所有元素的所有端点都相交，则它的边界为空 · 用于定义河流或道路网络之类的实体	· ST_Length，以双精度数返回多线串(MultiLineString) 所有 ST_LineString 元素的累积长度 · ST_IsClosed，如果多线串闭合，则返回 1 (TRUE)，否则返回 0 (FALSE)
ST_MultiPolygon	· 面的集合 · ST_MultiPolygons 具有面积 · ST_MultiPolygon 的边界是其元素外部环和内部环的累积长度 · ST_MultiPolygon 的内部被定义为其 ST_Polygon 元素的累积内部 ST_MultiPolygon 的元素的边界只能在切点相交 · 定义森林地层或土地的不毗连宗地(例如太平洋岛链)之类的要素	· ST_Area，以双精度数返回多面 (MultiPolygon) 面元素的累积 ST_Area · ST_Centroid，返回多面包络矩形的中心点 · ST_PointOnSurface，返回必位于某一多面面元素表面上的一点

这其中每个子类都继承 ST_Geometry 的属性，但超类还有其本身的属性。适用于 ST_Geometry 数据类型的函数可接受任何子类数据类型。不过，有些函数定义在子类级别，且仅接受特定的子类。例如，ST_GeometryN 函数仅将 ST_MultiLineString、ST_MultiPoint 或 ST_MultiPolygon 子类型值作为输入。

要搜索 ST_Geometry 的子类，可使用 ST_GeometryType 函数。ST_GeometryType 函数获取 ST_Geometry 并返回字符串形式的实例化子类。要查找包含在同类集合中基础几何元素的数量，可使用 ST_NumGeometries 函数，该函数获取同类集合并返回其包含的基础几何元素的数量。

在 ArcGIS 9.3 及更高版本中，默认情况下，新的 Oracle ArcSDE 地理数据库将使用 ST_Geometry 空间类型进行几何存储。该数据库遵循用户定义数据类型 (UDT) 的 SQL 3 规范，用于创建可存储空间数据(如地标、街道或土地宗地的位置)的列。

表 2-2 是有关 ST_Geometry 在 Oracle 中的描述。

表 2-2 ST_Geometry 在 Oracle 中的描述

名 称	类 型	表 示 信 息
ENTITY	NUMBER(38)	存储在空间列中的几何要素类型(线串、多线串、多点、多面、点或面)，其值为从 st_geom_util 存储过程获得的位掩码
NUMPTS	NUMBER(38)	定义几何的点数，对于多部分 (MultiPart) 几何，还包括各个部分之间的分隔符，每个分隔符对应一个点
MINX	FLOAT(64)	几何体的空间包络矩形
MINY	FLOAT(64)	几何体的空间包络矩形
MAXX	FLOAT(64)	几何体的空间包络矩形
MAXY	FLOAT(64)	几何体的空间包络矩形
MINZ	FLOAT(64)	几何体的空间包络矩形
MAXZ	FLOAT(64)	几何体的空间包络矩形
MINM	FLOAT(64)	几何体的空间包络矩形
MAXM	FLOAT(64)	几何体的空间包络矩形
AREA	FLOAT(64)	几何体的面积
LEN	FLOAT(64)	几何体的周长
SRID	NUMBER(38)	包含几何体的标识符，该标识符将此几何体与在 ST_Spatial_References 表中的相关空间参考(坐标系)记录进行关联
POINTS	BLOB	包含定义几何的点坐标的字节流

与其他对象类型一样，ST_Geometry 数据类型包含一个构造函数方法和多个函数。构造函数方法是一种可返回数据类型的新实例(对象)，并设置其属性值的函数。

六、ArcSDE 包简介

1. 环境配置

在 Oracle 中，ST_Geometry 和 ST_Raster 的 SQL 函数使用通过 Oracle 的外部过程代理(即 extproc)访问的共享库。要将 SQL 和 ST_Geometry 或 ST_Raster 配合使用或访问 GDB_ITEMS_VW 和 GDB_ITEMRELATIONSHIPS_VW 视图中的 ArcSDE XML 列，Oracle 必须能够访问这些库。因此 Oracle 服务器上必须存在这些库，并且必须配置 Oracle 侦听器才能通过 Oracle 的外部过程框架调用这些库中的函数。

配置侦听器的一个最重要方面是要告知 extproc 在哪里找到共享库。需要修改侦听器配置以指定共享库的位置以及重新启动 Oracle 侦听器进程，这样配置更改内容才能生效。

本书涉及两个标准的 Oracle 侦听器配置文件：tnsnames.ora 和 listener.ora。这两个文件通常位于 Oracle_HOME/net/admin。对于 Oracle 11g，这两个文件位于 Oracle_HOME/Administrator\product\11.2.0\dbhome_1\NETWORK 之中。在修改文件前，请备份这两个文件。

tnsnames.ora 文件包含已知数据库服务的目录。此文件可在本地数据库或远程服务器上定义服务。有一个条目专供本地数据库服务器通过进程间通信 (IPC) 将函数调用发送到 extproc 使用，此条目标注为 EXTPROC_CONNECTION_DATA。可更改此条目下的 Key 和 SID 值。

这些项目用于将该条目链接至 listener.ora 文件中的对应信息。该键的名称可以为任何缩写名称，但它在 listener.ora 文件和 tnsnames.ora 文件中的名称必须一致。这些值区分大小写，仅侦听器进程可使用这些值，用户或应用程序不可使用。

如果在 tnsnames.ora 和 listener.ora 文件中无以下对应的配置信息，请参照以下的配置内容进行修改。

```
tnsnames.ora 修改或添加内容如下：
EXTPROC_CONNECTION_DATA =
  (DESCRIPTION =
      (ADDRESS_LIST =
      (ADDRESS = (PROTOCOL = IPC)(Key = EXTPROC1))
      )
      (CONNECT_DATA =
      (SID = PLSExtProc)
      (PRESENTATION = RO)
      )
)
```

此段话中的 KEY 值是需要记住的，在后面更改 listener.ora 文件时，需与其中的值相对应。

```
listener.ora 修改或添加内容如下：
LISTENER =
  (DESCRIPTION_LIST =
    (DESCRIPTION =
      (ADDRESS = (PROTOCOL = IPC)(KEY = EXTPROC1))
      (ADDRESS = (PROTOCOL = TCP)(HOST = test)(PORT = 1521))
    )
  )
SID_LIST_LISTENER =
  (SID_LIST =
    (SID_DESC =
      (SID_NAME = PLSExtProc)
        (Oracle_HOME = C:\app\Administrator\product\11.2.0\dbhome_1)
        (PROGRAM = extproc)
        (ENVS="EXTPROC_DLLS=C:\Program
Files\ArcGIS\ArcSDE\ora11gexe\bin\st_shapelib.dll;C:\Program
Files\ArcGIS\ArcSDE\ora11gexe\bin\libst_raster_ora.dll")
      )
    )
```

其中，EXTPROC_DLLS 对应的 st_shapelib.dll 与 libst_raster_ora.dll 文件路径，请自行按照 ArcSDE 安装路径指定。

2. 空间表的建立与使用

(1) 创建了两个表(图 2-35)。一个表是 SENSITIVE_AREAS，其中存储有学校、医院和操场的相关数据，ST_Geometry 数据类型用于将敏感区域的位置存储在名为 ZONE 的列中。另一个表是 HAZARDOUS_SITES，其中将危险废弃场地的位置作为点，存储在名为 LOCATION 的 ST_Geometry 列中。

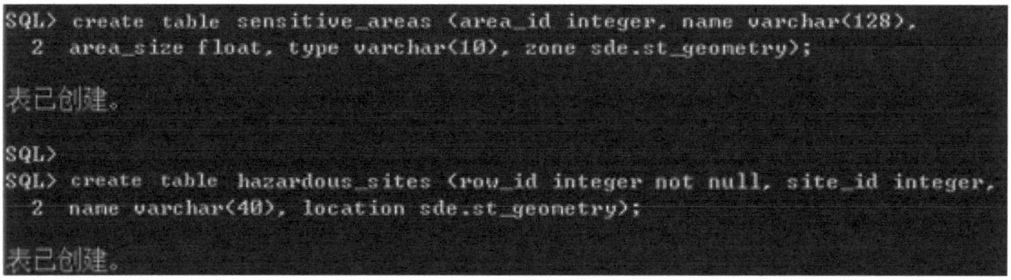

```
SQL> create table sensitive_areas (area_id integer, name varchar(128),
  2  area_size float, type varchar(10), zone sde.st_geometry);

表已创建。

SQL>
SQL> create table hazardous_sites (row_id integer not null, site_id integer,
  2  name varchar(40), location sde.st_geometry);

表已创建。
```

图 2-35 创建 SENSITIVE_AREAS 表与 HAZARDOUS_SITES 表

(2) 利用 INSERT 语句给这两张表分别插入一条数据。在这里将用到一些函数，以便从 Oracle 中将几何转换为 ST_Geometry 类型。数据的插入直接使用 INSERT 语句来进行，构造 ST_Geometry 的时候可以通过两种方法来完成：①使用 WKT 编码；②使用 WKB 编码。

这两种编码都是 OGC 规范的编码方式，分别通过 ST_PolyFromText()和 ST_PointFromWKB()以及一系列类似函数完成从 WKT 或 WKB 到 ST_Geometry 的转换。

两种编码的函数命令如下：

```
ST_GeomFromText：从任一几何类型的 WKT 表示中创建 ST_Geometry
ST_PointFromText：从点 WKT 表示中创建 ST_Point
ST_LineFromText：从线串 WKT 表示中创建 ST_LineString
ST_PolyFromText：从面 WKT 表示中创建 ST_Polygon
ST_MPointFromText：从多点 WKT 表示中创建 ST_MultiPoint
ST_MLineFromText：从多线串 WKT 表示中创建 ST_MultiLineString
ST_MPolyFromText：从多面 WKT 表示中创建 ST_MultiPolygon
ST_GeomFromWKB：从任一几何类型的 WKB 表示中创建 ST_Geometry
ST_PointFromWKB：从点 WKB 表示中创建 ST_Point
ST_LineFromWKB：从线串 WKB 表示中创建 ST_LineString
ST_PolyFromWKB：从面 WKB 表示中创建 ST_Polygon
ST_MPointFromWKB：从多点 WKB 表示中创建 ST_MultiPoint
ST_MLineFromWKB：从多线串 WKB 表示中创建 ST_MultiLineString
ST_MPolyFromWKB：从多面 WKB 表示中创建 ST_MultiPolygon
```

在这里需要注意，不论是 WKT 或 WKB 都不只支持简单的要素类插入，ArcSDE 也并非只支持二维坐标方式，因此函数在使用过程中格式是有相关标准的。函数资料可以在 ESRI 的官方网站中查到，此处不再多作详解。

图 2-36 和图 2-37 为对新建表的插入。

```
SQL> insert into sensitive_areas(area_id, name, area_size, type, zone)
  2  values(1, 'summerhill elementary school', 67920.64, 'school',
  3  sde.st_polyfromtext('polygon((52 28,58 28,58 23,52 23,52 28))',14));
```

图 2-36　向 SENSITIVE_AREAS 表插入新数据

```
SQL> insert into hazardous_sites(row_id, site_id, location)
  2  values(1, 102, 'w.h.kleenare chemical repository', sde.st_pointfromtext('po
int(52 24)',14));
```

图 2-37　向 HAZARDOUS_SITES 表插入新数据

在这两行插入语句中都包含一个空间参考值(SRID)14，它的 SRID 值来自于 SDE 用户下的 ST_Spatial_REFERENCES 表，关于其中空间参考的插入方式将在后续章节中详细介绍。

(3) 创建空间索引。创建空间索引的命令是 CREATE INDEX(图 2-38)。在创建空间索引值需要提供以下信息：名称、要定义索引的空间列的名称、格网大小。格网大小和 SRID 在 CREATE INDEX 语句的 PARAMETERS 子句中定义。使用 ALTER INDEX REBUILD 时，应保持 SRID 值不变。如果 SRID 的值不变，则还需要使用单独的表 UPDATE 语句更新所有要素的 SRID 值。要指定格网大小和 SRID，则使

```
SQL> create index sa_idx on sensitive_areas(zone)
  2  indextype is sde.st_spatial_index
  3  parameters('st_grids=1,3,0 st_srid=14');

索引已创建。

SQL> create index hs_idx on hazardous_sites(location)
  2  indextype is sde.st_spatial_index
  3  parameters('st_grids=1,0,0 st_srid=14');

索引已创建。
```

图 2-38　对 SENSITIVE_AREAS 表与 HAZARDOUS_SITES 表创建空间索引

用 ST_GRIDS 和 ST_SRID 关键字。

(4) 更新空间列中的值。SQL UPDATE 语句可更改空间列中的值，正如其可更改其他属性类型一样。通常，空间属性数据必须是从表中检索出的，在客户端应用程序中进行更改，然后再返回服务器。

图 2-39 中的 SQL 语句说明了如何从 HAZARDOUS_SITES 表的一行中为每个被支持的数据提取并更新空间数据。

```
SQL> update hazardous_sites
  2  set location=sde.st_pointfromtext('point(18 57)',14)
  3  where site_id=102;

已更新 1 行。
```

图 2-39　更新 HAZARDOUS_SITES 表空间列中的值

(5) 删除空间列中的值。SQL DELETE 语句可从指定的表或视图中删除数行数据。在这里使用的删除条件是 SENSITIVE_AREAS 的区域与 HAZARDOUS_ SITES 点的缓冲区(st_buffer)重叠(st_overlaps)的信息(图 2-40)。

```
SQL> delete from sensitive_areas where name=
  2  (select sa.name
  3  from sensitive_area sa, hazardous_sites hs
  4  where sde.st_overlaps(sa.zone, sde.st_buffer(hs.location,.01))=1);

已删除0行。
```

图 2-40　删除 SENSITIVE_AREAS 中区域与 HAZARDOUS_SITES 中点的缓冲区的重叠数据

(6) 将包含 ST_Geometry 列的表注册到 ArcSDE。可以使用 ArcSDE 管理命令 SDELAYER–OREGISTER 将空间表手动注册到 ArcSDE。注册到 ArcSDE 后，该空间表则称为图层。

注册的条件包含以下五条：①必须是表的所有者才能注册；②表中只能有一个

ST_Geometry 列；③没有其他用户自定义类型的列；④必须是简单的集合类型(Points、Lines、Polygons)；⑤Geometry 必须是有效的，否则读取时会产生不可预料的错误。

分别对 SENSITIVE_AREAS 与 HAZARDOUS_SITES 两张表进行注册，在此给出 HAZARDOUS_SITES 表的空间注册方式(图 2-41)，SENSITIVE_AREA 请参照 HAZARDOUS_SITES 表注册方式完成空间注册。空间注册时退出 SQL*Plus，并使用 SDELAYER 命令函数。SDELAYER 命令函数中各参数含义如下：①–o 选项表示正在执行的操作，在本例中为 REGISTER；②–l 选项用来指定要注册的表的名称(HAZARDOUS_SITES)和几何列的名称(LOCATION)；③–e 选项用于指示存储在该表中的几何类型，在本例中，点存储在该表中，因此通过–e 选项指定 p；④几何数据类型(ST_Geometry)通过–t 选项进行指定；⑤–C 选项用于指定要用作 ObjectID 的列的名称(RID)，以及指定由系统对列进行维护；⑥ArcSDE 系统表中的空间参考 ID (SRID)通过–R 选项进行指定。⑦–u 和–p 选项为表的所有者的用户名和密码。

在注册前需注意的是，如果不需要在 ArcCatalog 或 ArcMap 中对此图层进行管理，则以下步骤可以不执行。如果空间表已经指定过空间参考信息，则在进行注册时，需加入空间参考的参数值，否则不用添加。

```
C:\>sdelayer -o register -l hazardous_sites,location -e p -C row_id,sde -u sde -
p sde -t st_geometry -R 14;


ArcSDE 10.0  for Oracle11g Build 685 Fri May 14 12:05:43  2010
Layer    Administration Utility
----------------------------------------------------
Successfully Created Layer.
```

图 2-41　将 HAZARDOUS_SITES 表进行空间注册

打开 ArcCatalog，连接空间数据库。在空间数据列表中，查看 SENSITIVE_AREAS 与 HAZARDOUS_SITES 表的状态已经由数据表转变为图层数据(图 2-42)。

最后在两个图层上分别单击右键，选择“注册至地理数据库(Register with Geodatabase)”。

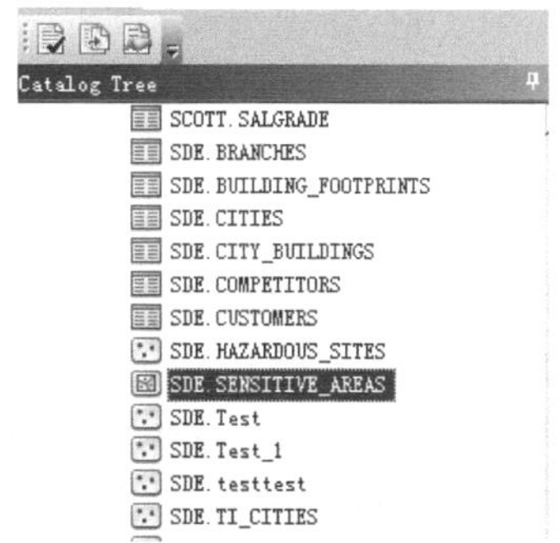

图 2-42　在 ArcCatalog 中查看 HAZARDOUS_SITES 表的状态

七、Oracle Spatial 介绍

Oracle Spatial 是 Oracle 公司推出的空间数据库组件，它通过 Oracle 数据库系统存储和管理空间数据，为 Oracle 新增了空间类型和多项空间查询功能。对于空间数据的处理，Oracle 实际上提供的两个主要组件为 Oracle Spatial 和 Oracle Locator。

Oracle Spatial 曾是 Oracle 数据库安装过程中的可选项，在 Oracle 10.1.0.2 版之后 Spatial 就已经随企业版和标准版自动安装在系统之中。在 Oracle 中除了提供 SDO_GEOMETRY 类型之外，Oracle Spatial 还可提供多项附加地理空间功能。

Oracle Locator 提供了 Oracle Spatial 功能的子集，它作为一项标准功能包括在 Oracle 数据库标准版和企业版中。除了其他功能以外，Oracle Locator 还为该内容提供了 Oracle Spatial 几何类型(称为 SDO_GEOMETRY)和 SQL API。

Oracle Spatial 和 ArcGIS 在对于地理信息系统的处理上有较多重复之处。对于熟悉使用 ArcGIS 的用户而言，使用 ArcGIS 的同时，可以将 Oracle Spatial 作为 ArcSDE 的一个补充和强化功能。而对于 Oracle 开发者和使用者来说，可以无需了解太多的 ArcGIS 使用方式，也可以完成空间信息的查询与处理，也极大地简化了操作关系。在很大程度上，如果将 ArcGIS 与 Oracle Spatial 联合起来使用，可以处理更多更为复杂的空间信息和操作，同时也可极大地方便空间数据的迁移和部署，为实际使用带来方便。

Oracle Spatial 可提供空间几何类型 (MDSYS.SDO_GEOMETRY)、空间元数据模式、索引建立方法、功能和实现规则，具体说明如下。

1) SDO_GEOMETRY

使用 Oracle 的可扩展对象关系型系统，可实现 Oracle Spatial 几何类型 SDO_GEORASTER。SDO_GEOMETRY 类型可存储几何信息，包括几何类型、空间参考 ID、插值类型(直线与曲线)及坐标值。ArcSDE 地理数据库中的 SDO_GEOMETRY 类型支持单个点、多部分 (multipart) 点、线和面几何。根据 OpenGIS 简单要素规范中的定义，可以将几何描述为在坐标之间进行线性插值。此外，还可以通过圆曲线或结合使用两种插值方法来构造几何。应用程序负责通过 Oracle 的对象关系 SQL 接口正确执行对 SDO_GEOMETRY 类型内容的插入、更新及提取。应用程序还要确保所有几何内容均符合 Oracle Spatial 文档中定义的规则。Oracle 可提供插入几何后执行的几何验证例程。此外，从 Oracle 11.1.0.7 开始，将在索引插入时验证几何。

2) 元数据模式

有关每个 SDO_GEOMETRY 列的信息都应记录到 Oracle Spatial 元数据模式中，但 Oracle Spatial 不会自动执行此操作(Oracle Spatial 元数据模式作为每个模式的 USER_SDO_GEOM_METADATA 视图显示)。创建 SDO_GEOMETRY 列的软件必须为这些列插入元数据，ArcSDE 会为其创建的任何 SDO_GEOMETRY 要素类执行此操作。元数据包含空间列名称、所属表和所有者的名称、Oracle 空间参考标识符 (SRID)、维数、每个维度的范围及其坐标容差。

3) 空间索引

使用空间索引可以根据要素的几何位置快速访问要素。对于 SDO_GEOMETRY，创建 R 树空间索引通常是最有效和最便捷的方式，而且它是 Oracle 推荐在大多数情况下使用的索引类型。可以借助 Oracle Spatial 提供的 Spatial Index Advisor 工具来确定给定表的最佳空间索引类型。此外，还可以参阅《Oracle Spatial 用户指南和参考》详细了解支持的空间索引类型、各种类型的创建方式以及不同空间索引方法的优势和局限性。

4) 空间功能

Oracle Spatial 对 SQL 进行了扩展，提供了用于初级过滤和二级过滤的空间搜索功能。在 SQL 查询中(包括 SDO_FILTER)可利用空间索引执行初步空间搜索。空间谓词(如 SDO_RELATE 和 SDO_CONTAINS)会返回 SDO_GEOMETRY 对象的二级关系。Oracle Spatial 具有可更改 SDO_GEOMETRY 值的形式的空间变换函数。例如，使用 SDO_BUFFER 函数计算新 SDO_GEOMETRY 对象的坐标时，会将该对象视为在原始几何给定距离范围内的缓冲多边形。其他空间变换函数包括 SDO_DIFFERENCE 和 SDO_INTERSECTION。

5) 坐标参考和 SRID

Oracle Spatial 通过使用 SRID 值提供对大量预定义坐标参照系的访问。存储在 SDO_GEOMETRY 对象中的 SRID 值为存储在该对象中的几何指定了坐标参考。如果 SDO_GEOMETRY 对象中的 SRID 值不为 NULL，则此值为包含每个 SRID 详细信息的表的外键，该表名为 MDSYS.CS_SRS。SDO_TRANSFORM 函数使用空间参考 ID 建立坐标参考变换。ArcSDE 在创建 ArcSDE 空间参考时也会使用此信息。

八、Oracle Spatial 元数据

Oracle Spatial 是将一张表的 SDO_GROMETRY 列的所有对象作为一个空间层。要对每个空间层(或者说是对一个表中特定的 SDO_GROMETRY 列的所有几何对象)进行验证、创建索引和查询，需要为每个层指定适当的元数据。该元数据包含如下信息：①维数；②每个维度的边界；③每个维度的容差；④坐标系。 每个空间层的上述信息将被填充到 USER_SDO_GEOM_METADATA 字典视图中。

1. 空间元数据的字典视图

Oracle Spatial 提供可更新的 USER_SDO_GEOM_METADATA 视图来为空间层存储元数据，这个元数据视图的结构如图 2-43 所示。其中，TABLE_NAME 为含有空间数据字段的表名，COLUMN_NAME 为空间数据表中的空间字段名称，DIMINFO 是一个按照空间维顺序排列的 SDO_DIM_ ELEMENT 对象的动态数组，SRID 则用于标识与几何对象相关的空间坐标参考系。

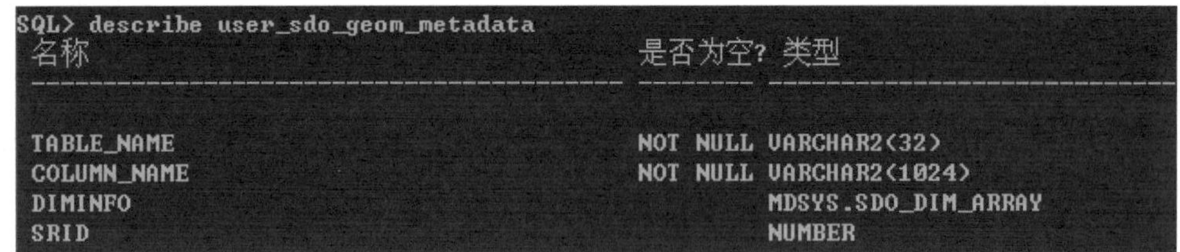

```
SQL> describe user_sdo_geom_metadata
 名称                                      是否为空? 类型
 ----------------------------------------- -------- ----------------------------

 TABLE_NAME                                NOT NULL VARCHAR2(32)
 COLUMN_NAME                               NOT NULL VARCHAR2(1024)
 DIMINFO                                            MDSYS.SDO_DIM_ARRAY
 SRID                                               NUMBER
```

图 2-43　查看 USER_SDO_GEOM_METADATA 结构

1) SRID 属性

该属性定义了存储空间层数据的坐标系。该坐标系包含三种类型：大地坐标系(Geodetic)、投影坐标系(Projected)、本地坐标系(Local)。

大地坐标系：角坐标，用对应地球表面的“经度，纬度”来表示。

投影坐标系：直角(笛卡儿)坐标系，通过一个数学映射将地球表面的一个区域映射到一个平面上得到。

本地坐标系：直角坐标系，与地球表面无关，有时是某一应用专用的。这个坐标系常用于 CAD/CAM 和其他应用程序中，此空间数据与地球上的位置无关。

使用图 2-44 中的代码，可以通过查询以“GEOGCS”开头的 WKTEXT 列的行，并从 CS_SRS 表中获得现有的大地坐标系。

```
SQL> select srid
  2  from mdsys.cs_srs
  3  where wktext like 'GEOGCS%';
```

图 2-44　查询以“GEOGCS”开头的 WKTEXT 列的行，并从 CS_SRS 表中获得大地坐标系

使用图 2-45 代码，可以通过查询以“PROJCS”开头的 WKTEXT 列的行，并从 CS_SRS 表中获得现有的投影坐标系；类似的可以通过查询以“LOCAL_CS”开头的 WKTEXT 列的行，从 CS_SRS 表中获得现有的本地坐标系。

```
SQL> select srid
  2  from mdsys.cs_srs
  3  where wktext like 'PROJCS%';
```

图 2-45　查询以“PROJCS”开头的 WKTEXT 列的行，从 CS_SRS 表中获得投影坐标系

2) DIMINFO 属性

USER_SDO_GEOM_METADATA 中的 DIMINFO 属性为指定层的每个维度的指定信息。DIMINFO 属性的数据类型是 MDSYS.SDO_DIM_ARRAY。通过图 2-46 可以了解其结构。

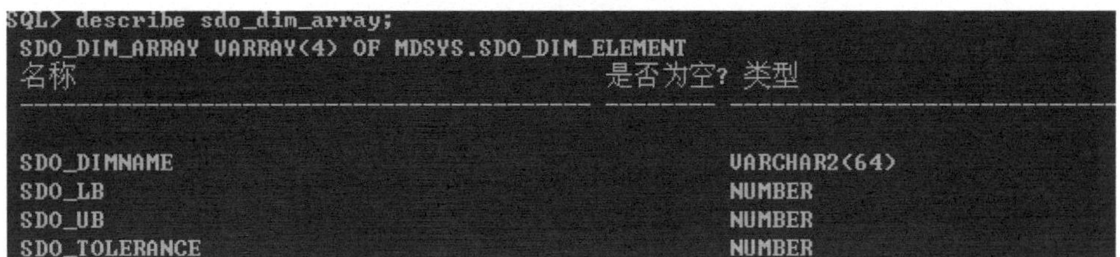

```
SQL> describe sdo_dim_array;
 SDO_DIM_ARRAY VARRAY(4) OF MDSYS.SDO_DIM_ELEMENT
 名称                                      是否为空? 类型
 ----------------------------------------- -------- ----------------------------

 SDO_DIMNAME                                        VARCHAR2(64)
 SDO_LB                                             NUMBER
 SDO_UB                                             NUMBER
 SDO_TOLERANCE                                      NUMBER
```

图 2-46　查询 SDO_DIM_ARRAY 结构

注意：MDSYS.SDO_DIM_ARRAY 是一个可变长度的 SDO_DIM_ELEMENT 类型的数组，每个 MDSYS.SDO_DIM_ARRAY 会根据其维度数目而确定大小。

每个 SDO_DIM_ELEMENT 类型存储一个指定维度信息，其由下列三个字段组成：

(1) SDO_DIMNAME：该字段存储维度的名称。这个值可以定义为“X”或“Y”，也可以是其他名字，主要用于指示该维度不表示经度或纬度。

(2) SDO_LB 和 SDO_UB：这两个数据用于指定维度的上限和下限。对于经度可以设置 SDO_LB 为–180°，SDO_UB 为 180°；对于纬度则可以相应的设置–90°和 90°。

(3) SDO_TOLERANCE：简单地说即容差值，用来指定空间数据的精确度。它本质上指当两个值可被区别为不同的值时，它们之间的最小距离。

图 2-47 是一个空间表的新建过程，由此可以了解元数据表的建立。

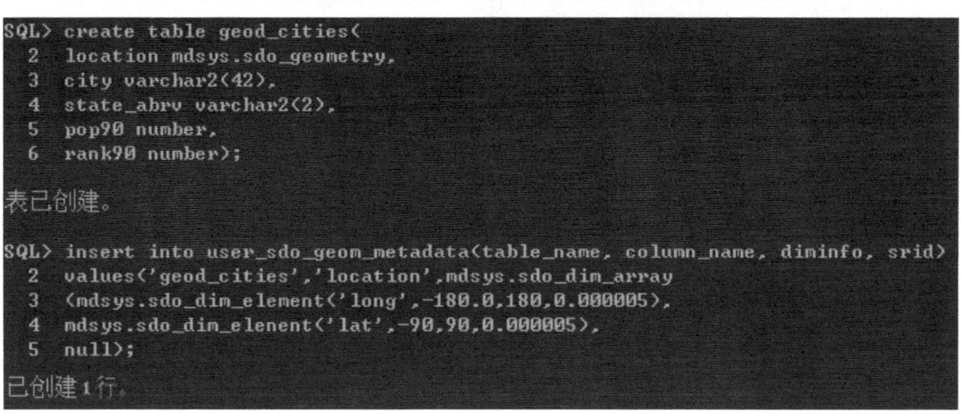

```
SQL> create table geod_cities(
  2  location mdsys.sdo_geometry,
  3  city varchar2(42),
  4  state_abrv varchar2(2),
  5  pop90 number,
  6  rank90 number);

表已创建。

SQL> insert into user_sdo_geom_metadata(table_name, column_name, diminfo, srid)
  2  values('geod_cities','location',mdsys.sdo_dim_array
  3  (mdsys.sdo_dim_element('long',-180.0,180.0,0.000005),
  4  mdsys.sdo_dim_elenent('lat',-90,90,0.000005),
  5  null);
已创建 1 行。
```

图 2-47　新建空间表

2. Oracle Spatial 几何类型及存储方式

Oracle Spatial 的空间数据都存储在空间字段 SDO_GEOMETRY 中，理解 SDO_GEOMETRY 是编写 Oracle Spatial 程序的关键。SDO_GEOMETRY 类型能够存储不同类型的空间数据。①点：可用来存储实体的位置坐标；②线串：可用来存储某一路段的位置和形状；③多边形：可用来存储城市的边界、商业区等；④复杂的几何体：可用来存储复杂的边界信息等。

SDO_GEOMETRY 在 Oracle 中的结构及各数据类型如图 2-48 所示。

```
SQL> describe sdo_geometry
 名称                                       是否为空? 类型
 ----------------------------------------- -------- ----------------------------

 SDO_GTYPE                                           NUMBER
 SDO_SRID                                            NUMBER
 SDO_POINT                                           MDSYS.SDO_POINT_TYPE
 SDO_ELEM_INFO                                       MDSYS.SDO_ELEM_INFO_ARRAY
 SDO_ORDINATES                                       MDSYS.SDO_ORDINATE_ARRAY
```

图 2-48　了解 SDO_GEOMETRY 的数据结构

1) SDO_GTYPE

SDO_GTYPE 是一个 NUMBER 型的数值，用来定义存储几何对象的类型。SDO_GTYPE 是一个4个数字的整数，其格式为 D00T。第一位和最后一位根据几何体的维数和形状采用不同的值，第二位和第三位通常被设为0。表2-3是 SDO_GEOMETRY 的 SDO_GTYPE 属性格式中 D 和 T 的取值。

表 2-3　SDO_GTYPE 属性格式中 D、T 的取值表

位	值
D(几何体的维度)	2=二维，3=三维，4=四维
T(几何体的形状/类型)	0=无解释类型，1=点，2=线串，3=多边形/面，4=集合，5=多重点，6=多重线串，7=多重多边形/多重面，8=立方体，9=多重立方体

D 在 D00T 中用来存储几何体对象的维度，可以表示从二维到四维的空间对象。如果几何体是二维的，在几何体中的每个顶点都有 2 个坐标；如果是三维的，则每个顶点是 3 个坐标，依次类推。

SDO_GTYPE 中的 T 规定了几何体的类型和形状，如点、线串和多边形，T 的取值范围是 1~3。对多重的元素几何体，T 是 simple_type+4。例如，对点 T 取 1，则它的对应多重点是 5；对线串 T 取 2，则它的对应多重线串是 6，以 USA_CITIES 为例，查询该空间数据的维度和几何形状(图 2-49)。

```
SQL> select ct.shape.sdo_gtype from usa_cities ct  where objectid=1;

SHAPE.SDO_GTYPE
---------------
           2001
```

图 2-49　查询 USA_CITIES 表的空间数据维度和几何形状

答案显而易见为 2001，即二维度下的点状数据集。同样的也可以测试其他空间数据值。

2) SDO_SRID

SDO_SRID 也是一个 NUMBER 型的数值，它用于标识与几何对象相关的空间坐标系。如果 SDO_SRID 为空(NULL)，则表示没有坐标系与该几何对象相关；如果该值不为空，则该值必须为 MDSYS.CS_SRS 表中 SRID 字段的一个值，在创建含有几何对象的表时，这个值必须加入到描述空间数据表元数据的 USER_SDO_GEOM_METADATA 视图的 SRID 字段中。对于我们通常使用国际标准的 Longitude/Latitude(8307)，Oracle Spatial 规定，一个几何字段中的所有几何对象都必须为相同的 SDO_SRID 值。

3) SDO_POINT

SDO_POINT 是一个包含三维坐标 X，Y，Z 数值信息的对象，用于表示几何类型为点的几何对象。如果 SDO_ELEM_INFO 和 SDO_ORDINATES 数组都为空，则 SDO_POINT 中的(x，y，z)为点对象的坐标值，否则，SDO_POINT 的值将被忽略(用 NULL 表示)。Oracle Spatial 强烈要求用 SDO_POINT 存储空间实体为点类型空间数据，这样可以极大的优化 Oracle Spatial 的存储性能和查询效率。

SDO_POINT 属性类型是另一种对象类型 SDO_POINT_TYPE，图 2-50 展示了其数据结构。

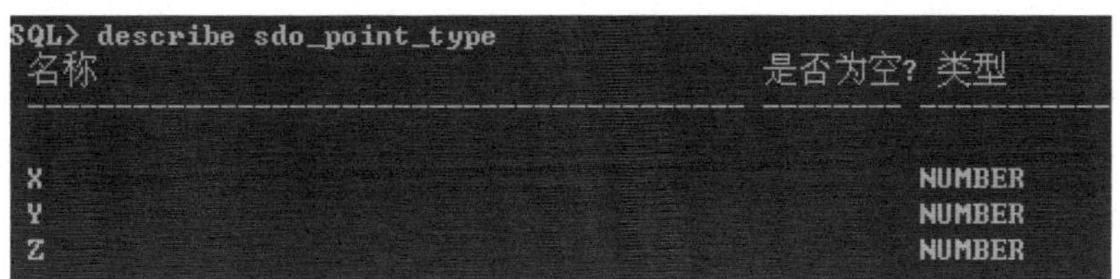

图 2-50　查询 SDO_POINT_TYPE 数据结构

对点来说，SDO_GTYPE 的值为 2001 时，某点的坐标即可以用(x，y)来标识。

仍以 USA_CITIES 数据为例，给其添加一条城市数据，图 2-51 为添加点数据的方式。

针对此例做简单分析：

```
SDO_GTYPE：格式是 DOOT，对二维点来说 D 为 2，T 为 1
SDO_SRID：为空不使用
SDO_POINT：这个例子的 X，Y 坐标被设置为(-103.2623，37.8581)，这是其大地坐标，而 Z 值未被使用
SDO_ELEM_INFO：未用，此例中无须使用
SDO_ORDINATE：未用，此例中无须使用
```

4) SDO_ELEM_INFO

如果想存储线串和多边形，那就会用到 SDO_ELEM_INFO 和 SDO_ORDINATES。同时使用这两个属性能够对构成一个几何体的不同元素进行定义。

SDO_ ORDINATES 存储所有元素的顶点；SDO_ELEM_INFO 存储上述元素的类型和在 SDO_ORDINATES 的起始地址。

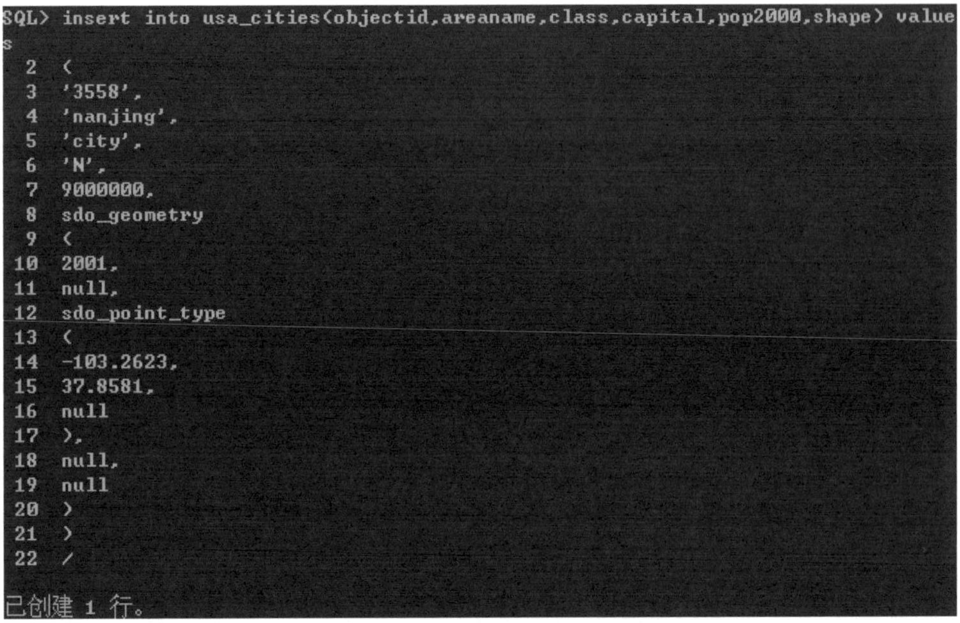

```
SQL> insert into usa_cities(objectid,areaname,class,capital,pop2000,shape) value
s
  2  (
  3  '3558',
  4  'nanjing',
  5  'city',
  6  'N',
  7  9000000,
  8  sdo_geometry
  9  (
 10  2001,
 11  null,
 12  sdo_point_type
 13  (
 14  -103.2623,
 15  37.8581,
 16  null
 17  ),
 18  null,
 19  null
 20  )
 21  )
 22  /

已创建 1 行。
```

图 2-51　向 USA_CITIES 添加点数据

SDO_ELEM_INFO 是一个可变长度的数组，每 3 个数作为一个元素单位，表示坐标是如何存储在 SDO_ORDINATES 数组中的。本书把组成一个元素的 3 个数称为 3 元组，一个 3 元组包含以下三部分的内容。

(1) SDO_STARTING_OFFSET：表明每个几何元素的第一个坐标在 SDO_ORDINATES 数组中的存储位置。它的值从 1 开始，逐渐增加。

(2) SDO_ETYPE：用于表示几何对象中每个组成元素的几何类型。当它的值为 1、2、1003 和 2003 时，表明这个几何元素为简单元素。如果 SDO_ETYPE 为 1003，表明该多边形为外环(第一个数为 1 表示外环)，坐标值以逆时针存储；如果 SDO_ETYPE 为 2003，表明该多边形为内环(第一个数为 2 表示内环)，坐标值以顺时针存储。当 SDO_ETYPE 为 4、1005 和 2005 时，表明这个几何元素为复杂元素。它至少包含一个 3 元组用以说明该复杂元素具有多少个几何简单元素。同样，SDO_ETYPE 为 1005 表示多边形为外环，坐标值以逆时针存储；SDO_ETYPE 为 2005 表示多边形为内环，坐标值以顺时针存储。

(3) SDO_INTERPRETATION：具有两层含义，具体的作用由SDO_ETYPE是否为复杂元素决定。如果SDO_ETYPE是复杂元素(4、1005和2005)，则SDO_INTERPRETATION表示它后面有几个子3元组属于这个复杂元素。如果SDO_

ETYPE是简单元素(1、2、1003和2003)，则SDO_INTERPRETATION表示该元素的坐标值在SDO_ORDINATES中是如何排列的。

需要注意的是，对于复杂元素来说，组成它的子元素是连续的，一个子元素的最后一个点是下一个子元素的起点。最后一个子元素的最后一个坐标要么与下一个元素的 SDO_STARTING_OFFSET 值减 1 所对应的坐标相同，要么是整个 SDO_ORDINATES 数组的最后一个坐标。

表 2-4 为 SDO_ETYPE 及 SDO_INTERPRETATION 两者参数值的对比特征描述。

表 2-4　SDO_ETYPE 及 SDO_INTERPRETATION 特征描述

SDO_ETYPE	SDO_INTERPRETATION	描 述 说 明
0	任意值	用于自定义类型，Oracle Spatial 不支持
1	1	点类型
1	n>1	具有 n 个点的点集合
2	1	由直线段组成的线串
2	2	由弧线段组成的线串，一个弧线段由起点、弧线上任意一点和终点组成，相邻两个弧线段的只需要存储一次
1003/2003	1	由直线段组成的多边形，起点和终点必须相同
1003/2003	2	由弧线段组成的多边形，起点和终点必须相同，一个弧线段由起点、弧线上的任意一点和终点组成，相邻两个弧线段的只需要存储一次
1003/2003	3	矩形：由左下角和右上角两点确定
1003/2003	4	圆：由圆周上的不同三个点组成
4	n>1	由直线段和弧线段组成的复合线，n 表示复合线的相邻子元素的个数，子元素的 SDO_ETYPE 必须为 2，一个子元素的最后一点是下一个子元素的起点，并且该点不能重复
1005/2005	n>1	由直线段和弧线段组成的复合多边形，n 表示复合多边的相邻子元素的个数，子元素的 SDO_ETYPE 必须为 2，一个子元素的最后一点是下一个子元素的起点，并且该点不能重复，多边形的起点和终点必须相同

5) SDO_ORDINATES

SDO_ORDINATES 是一个可变长度的数组，用于存储几何对象的实际坐标，是一个最大长度为 1048576，类型为 Number 的数组。

SDO_ORDINATES 必须与 SDO_ELEM_INFO 数组配合使用，才具有实际意义。SDO_ORDINATES 的坐标存储方式由几何对象的维数决定，如果几何对象为二维，则 SDO_ORDINATES 的坐标以{ $x_1, y_1, x_2, y_2, \cdots$ }顺序排列；如果几何对象为三维，则 SDO_ORDINATES 的坐标以{ $x_1, y_1, z_1, x_2, y_2, z_2, \cdots$ }的顺序排列。

表 2-5 即简单几何体 SDO_ORDINATES 及 SDO_ELEM_INFO 的值。

表 2-5　简单几何体 SDO_ORDINATES 及 SDO_ELEM_INFO 的值

名称	元素类型 (ETYPE)	说明	SDO_ELEM_INFO(1, ETYPE,INTERPRETATION)	SDO_ORDINATES
点	1	N 表示点的个数。1 表示单个点；＞1 表示一个点集	(1,1,1)	(Ax,Ay)
线串	2	1 表示用直线连接 2 表示用弧线连接	(1,2,1) (1,2,2)	(Ax,Ay,Bx,By,Cx,Cy) (Ax,Ay,Bx,By,Cx,Cy)
多边形	1003	1 表示多边线边界由直线连接 3 表示多边形为矩形(仅指定左下角和右上角的顶点) 4 表示多边形为圆(指定圆上三点)	(1,1003,1) (1,1003,3) (1,1003,4)	(Ax,Ay, Bx,By,Cx,Cy,Dx,Dx,Dy,Ax,Ay) (Ax,Ay,Cx,Cy) (Ax,Ay, Bx,By,Cx,Cy)

实验 2.3　空间数据库查询方法

一、实验目的

掌握使用 ArcMap 查询空间数据的方法，学会使用 Oracle Spatial 对空间数据进行查询。

二、实验平台

(1) 操作系统：Windows Server 2003；

(2) 数据库管理系统：Oracle 11g R2；

(3) 地理信息系统：ESRI ArcSDE 10；

(4) 数据内容：USA.GDB。

三、实验内容和要求

(1) 借助 ArcMap 工具，对空间数据进行查询和分析；

(2) 使用 SQL 语句，对 Oracle Spatial 空间数据进行查询和简单分析；

(3) 能够熟练使用 ArcMap 工具链接空间数据库，并对数据进行查询分析；

(4) 学会使用 Oracle Spatial 自带的包，对数据进行查询。

四、空间查询方式介绍

1. ArcMap 介绍

ArcMap 是在 ArcGIS Desktop 中进行制图、编辑、分析和数据管理时所用的主要应用程序。ArcMap 可用于所有的 2D 制图工作和可视化操作。

在 ArcMap 中，可以显示和浏览研究区域的 GIS 数据集，可以指定符号，还可以创建用于打印或发布的地图布局，ArcMap 也是用于创建和编辑数据集的应用程序。

ArcMap 将地理信息表示为地图中图层和其他元素的集合。常见的地图元素包括含有给定范围的地图图层的数据框、比例尺、指北针、标题、描述性文本和符号图例等。

ArcMap 是 ArcGIS 中使用的主要应用程序，可用于执行各种常见的 GIS 任务以及专业性用户特定的任务。它包括以下一些常用工作流程：处理地图、打印地图、编译和编辑 GIS 数据集、使用地理处理来自动完成工作及执行任务、组织和管理地理数据库和 ArcGIS 文档、使用 ArcGIS Server 将地图文档发布为地图服务、与其他用户共享地图、图层、地理处理模型和地理数据库、记录地理信息、自定义用户体验。

ArcMap 提供的查询方式主要有两种：一种是基于数据库语言的数据查询；另一种是基于空间分析的数据查询。在本章将主要介绍 ArcMap 的这两种查询方式。

在 ArcMap 中最基本的查询方式是基于数据库语言的空间数据属性查询方式，在 ArcMap 中该功能被称为“按属性选择”，图 2-52 为它的查询界面部分截图。

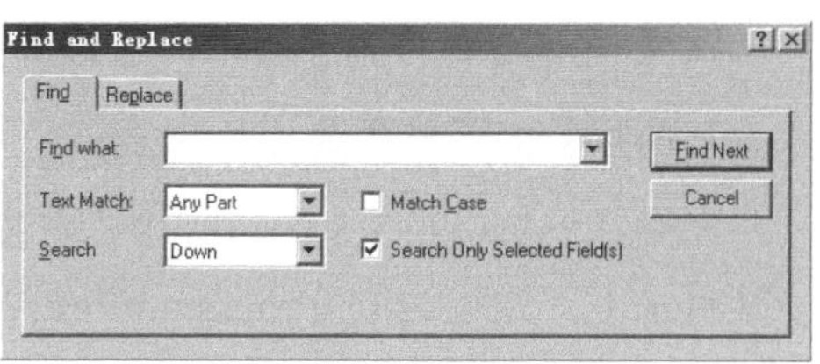

图 2-53　查询与替换对话框

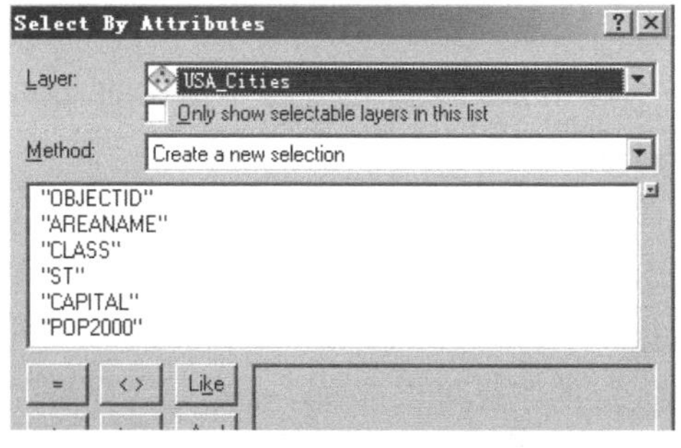

图 2-52　按属性查询对话框

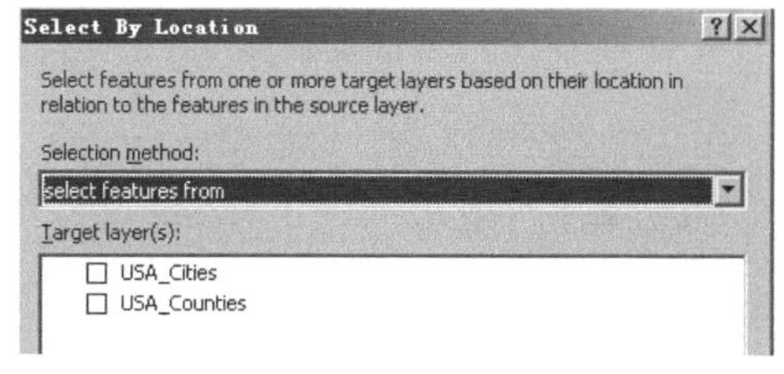

图 2-54　按位置选择对话框

“按属性选择”功能是 ArcMap 中最基本的属性查询功能。“按属性选择”可以提供一个 SQL 查询表达式，用来选择与选择条件匹配的要素。当使用者需要对某个图层要素进行查询或其他操作时，利用“按属性选择”可以很方便地将某一图层的特点要素提取出来，实现各种操作。

除了“按属性选择”这个基本功能之外，ArcMap 也提供另一种简单的列表查询功能。该功能只提供类似于 WORD 中的文本查询及替换功能(图 2-53)。在本章中，此功能将不作介绍。在平时需要查询固定数据表信息时，可以尝试使用。

ArcMap 在提供简单查询方式的同时，也提供了基于空间分析功能的“按位置选择”功能。该功能是应用已知图层查询或分析其他图层或数据的方法。在本章将就此功能的使用做详细介绍。图 2-54 是其界面的部分截图。

2. Oracle Spatial 查询方式的介绍

从前面的章节介绍中，已经知道 Oracle 是通过定义及使用 SDO_GEOMETRY 来完成空间数据的保存的。对于基本 SDO_GEOMETRY 的空间查询和分析，Oracle 也提供了一整套较为完善的使用方法和函数结构。

Oracle 的查询和分析组件提供了查询和分析空间几何的核心功能。这个组件包括两个部分：一个几何引擎(Geometry Engine)和一个索引引擎(Index Engine)。通过这些组件便可以执行空间查询和分析。

在后续的章节中将陆续对 Oracle 的空间查询及分析机制逐一展开说明。在本章中，仅就几何引擎和索引引擎做一些简单的介绍。

五、实验前置

在实验开始前，需要为此次实验准备以下工作。

1. ArcMap 实验准备

如果在安装 ArcGIS 的过程中，安装了开发组件，则数据源位于 ArcGIS 的默认安装目录下，地址为 C:\Program Files\ArcGIS\DeveloperKit10.0\Samples\data\Usa。

如果没有安装开发工具集，实验中不必再另行安装。实验用数据文件位于随书光盘的 Data 文件夹中，文件夹名为 USA。

将 USA 文件夹拷到实验中所使用的文件夹中，如 TEST 文件夹中。ArcMap 在使用时首先需要添加数据，但在打开 ArcMap 并添加图层数据时看不到任何的路径可供选择，那是因为需要先在 ArcCatalog 中添加路径。添加方法如下：

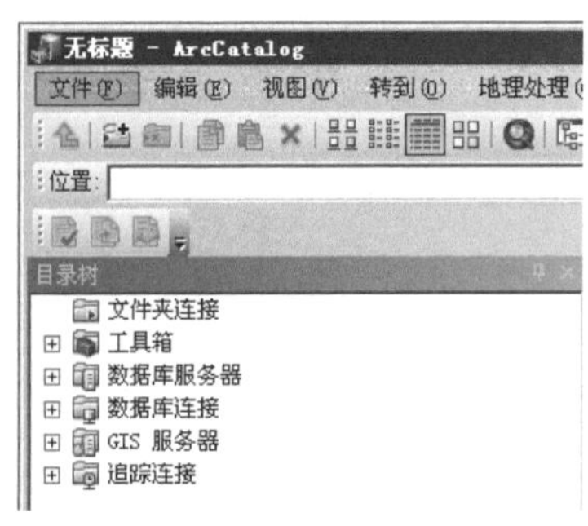

图 2-55　ArcCatalog 左侧树状目录

首先，打开 Catalog，在左侧的文件目录中可以看到，当前目录中的“文件夹连接”的目录路径是空的(图 2-55)。

在“文件夹连接”上右键，选择“连接文件夹”(图 2-56)。这里需要说明的一点是，虽然功能名称为“连接文件夹”，但连接的功能并不限于文件夹，也可以是逻辑盘驱动器(逻辑分区)。

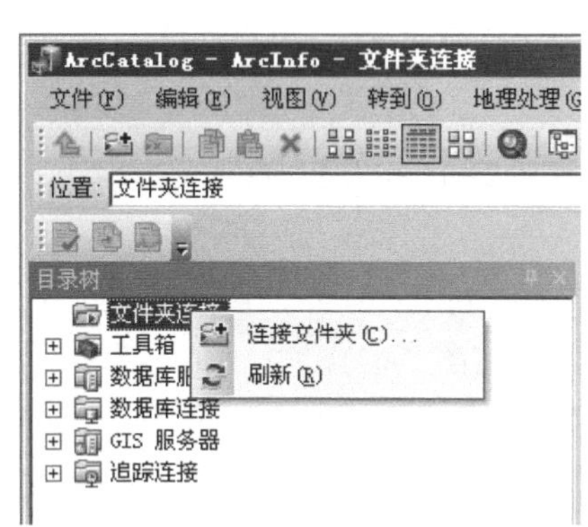

图 2-56　ArcCatalog 树状目录中右键快捷菜单

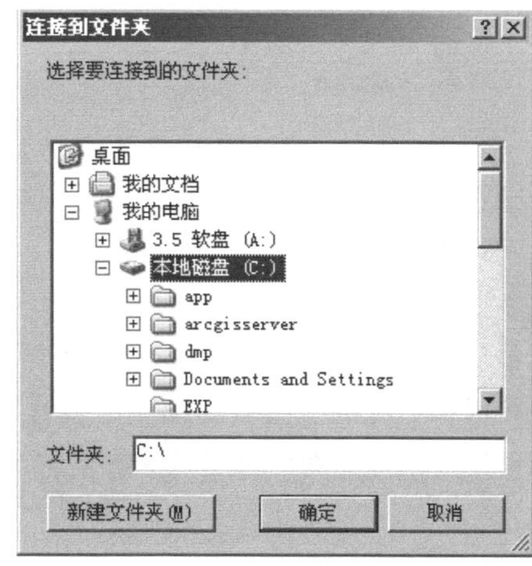

图 2-57　打开连接到文件夹

其次，在弹出的“连接到文件夹”对话框中选择“本地磁盘(C：)”(图 2-57)。在这里为方便起见选择了 C 盘盘符，实验中可根据实际情况选择不同文件夹。

这时，在“文件夹连接”下就能找到 C 盘路径点，并在右侧的资源信息中看到 C 盘中相关的资源信息(图 2-58)。

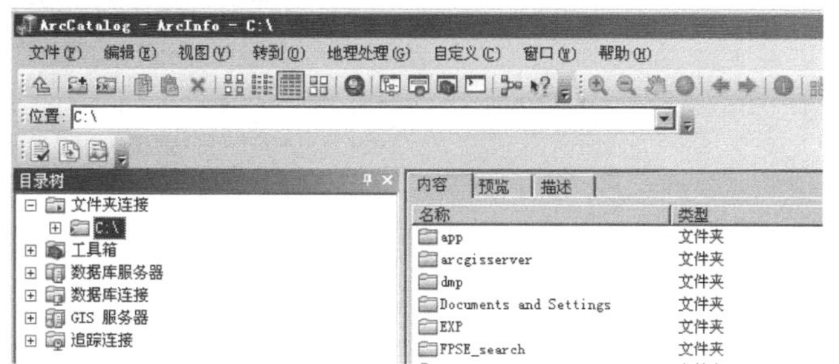

图 2-58　添加文件夹后，查看文件夹中内容

再次，打开 ArcMap，在左侧“图层”列表中选择“添加数据”(图 2-59)。

在弹出的“添加数据”对话框中通过双击文件夹，一直双击到 USA 目录下。在 USA 的目录下可以看到有个*.GDB 文件，那是矢量数据的“文件地理数据库”的英文缩写。双击打开数据库，按住 Ctrl 键逐一点选该数据库中的图层，或按住 Shift 键先点第一个图层再点最后一个图层，完成图层连续选择(图 2-60)。

图 2-59　在 ArcMap 添加数据

图 2-60　完成图层数据的多项添加

最后，点击“添加”按钮，将四个要素类加入到 ArcMap 的图层列表之中。此时便可以在右侧的“数据视图”中查看地图信息了(图 2-61)。

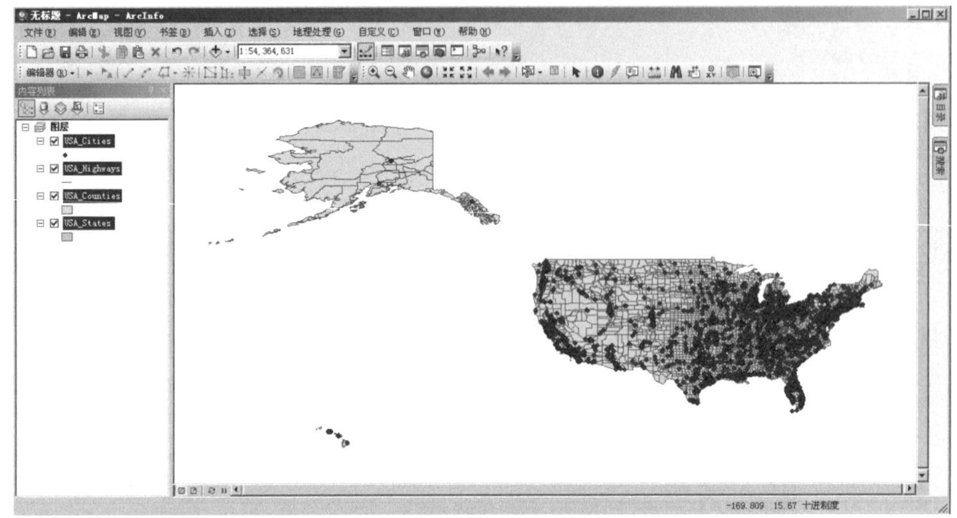

图 2-61　ArcMap 中数据添加完成后的效果

2. Oracle Spatial 实验准备

在之前的实验中，已经创建了一个名为 SCUSER 的用户，并为其授予了 DBA、CONNECT、RESOURCE 的角色与一系列的权限。

在本章实验中，下面将为其导入 MAP_LAGRE.DMP 和 MAP_DETAILED.DMP 数据包。在此我们只给出其中一个的导入语句(图 2-62)，请大家自行完成另一个 DMP 数据的导入。

```
C:\>imp scuser/scuser@orcl file=C:\dmp\map_large.dmp ignore=y full=y
```

图 2-62　导入 MAP_LAGRE.DMP

注意：在导入过程中可能遇到 USER_SDO_GEOM_METADATA 视图中已经存在同样的 TABLE_NAME 的错误提示，从而终止导入。可以使用类似以下的语句将提示错误的数据删除。例如，DELETE USER_SDO_GEOM_METADATA where TABLE like‘WORLD%’。这里的 TABLE 指的是 USER_SDO_GEOM_METADATA 视图中的字段名，‘WORLD%’指的是字段中以 WORLD 开头的表名。

通过以上方法删除存在问题的视图数据，使新数据重新导入。

六、实验流程

1. ArcMap 查询方式实验

实验准备：完成 ArcMap 实验准备，并初步了解 ArcMap 的简单界面操作。

实验内容：从添加的 USA_ Cities 图层中，筛选人口大于 10000 的城市名称。然后在其基础上查询，并在其基础上增加 7.5 万人以上的城市，再去除 15 万人以上的城市。

将除 USA_ Cities 图层外其他图层前的勾选状态去除(图 2-63)。

点击“选择”→“按属性选择”，打开“按属性选择”对话框。这里可以看到 USA_ Cities 处于“图层”选择栏中(图 2-64)。而在图层对话栏的下方是“方法”选择框，后面会对其进行介绍。其下方为 USA_ Cities 图层的属性列表，在属性列表

图 2-63　图层显示状态勾选

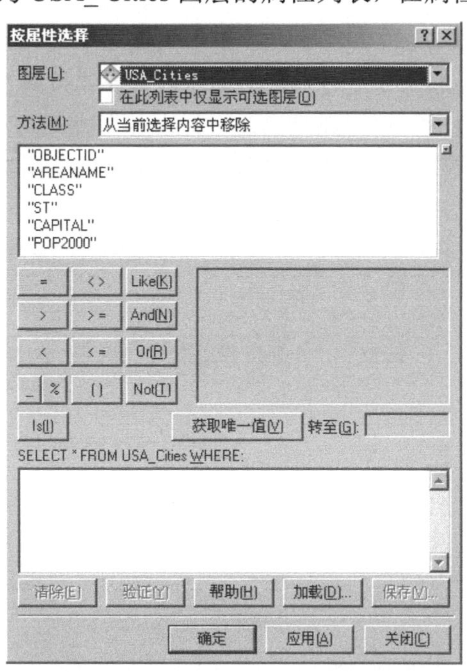

图 2-64　对 USA_ Cities 执行按属性选择

下分为两栏，左栏为 SQL 字列表，右栏为相关属性的 Values 值列表，再往下则为 SQL 命令行。

在属性列表中选择“POP2000”，并在 SQL 命令行中拼写人口大于 10 万的命令行，并点击“应用”按钮 USA_ Cities，属性查询结果如图 2-65 所示。

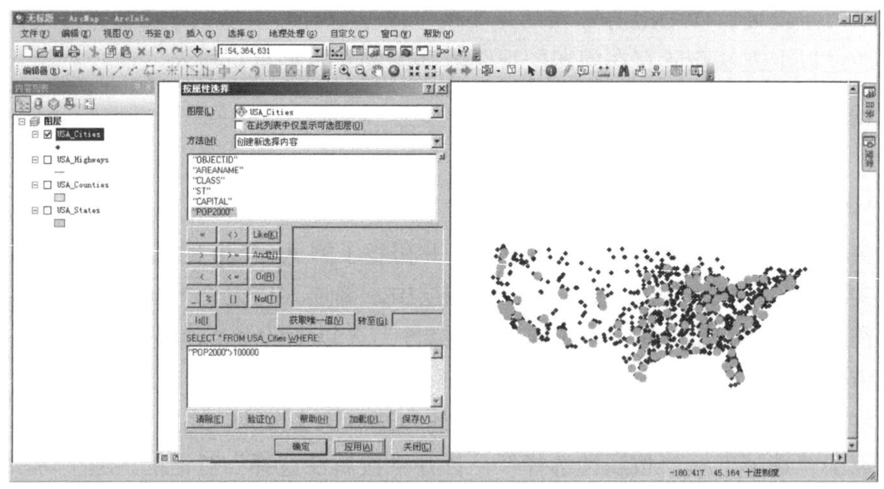

图 2-65　USA_ Cities 属性查询结果

通过上面的实验，可以看到被选中的对象在地图中已经以青绿色高亮显示出来，这时再加入 7.5 万人以上的城市。在“按属性选择”对话框中，可以将“方法”一栏下拉，选择“添加到当前选择内容”，然后再看两个结果之间有什么不同(图 2-66)。这里需要注意的是，在本操作中也可以使用“>75000”的用法，因为空间图层中数据的选择在重叠时不会产生冗余数据。

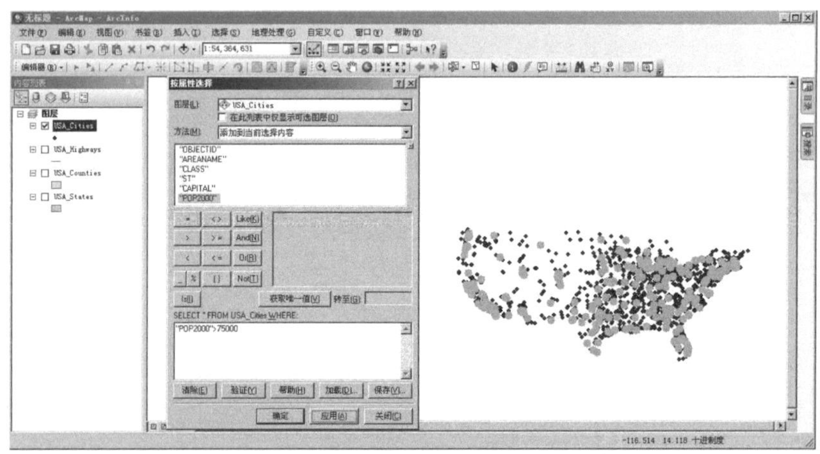

图 2-66　对 USA_ Cities 执行“添加到当前选择内容”的属性查询结果

最后，再从现有的数据中排除大于 15 万人口的城市。在“方法”中选择“从当前选择内容中移除”，然后再拼SQL语句，并查看结果，查看是否存在不同(图 2-67)。

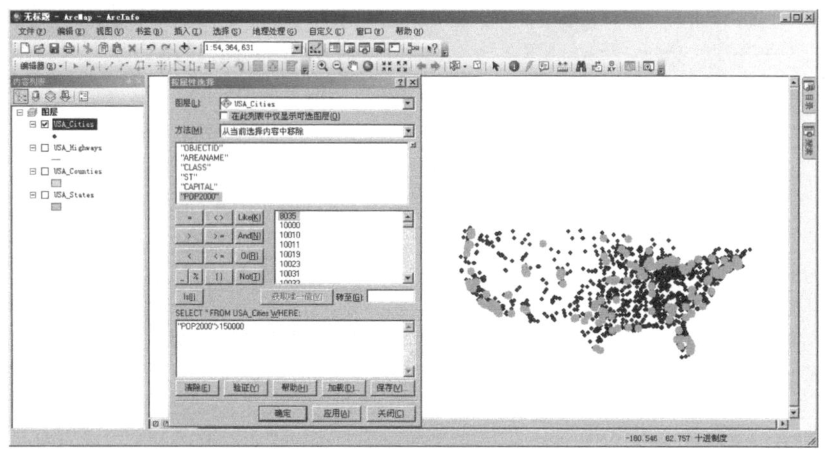

图 2-67　使用“从当前选择内容中移除” 排除大于 15 万人口的城市

检查数据结果，关闭“按属性选择”对话框，在 USA_Cities 图层上右键点击“ 打开属性表(T) ”，打开属性表后，点击“ ”按钮，点击“POP2000”列头，右键点击“按降序排列”查看数据结果(图 2-68)。

表

USA_Cities

OBJECTID *	Shape *	POP2000	AREANAME	CLASS	ST	CAPITAL
458	点	149473	Pomona	city	CA	N
2245	点	149222	Paterson	city	NJ	N
1400	点	149080	Overland Park	city	KS	N
528	点	147595	Santa Rosa	city	CA	N
2511	点	147306	Syracuse	city	NY	N
1388	点	146866	Kansas City	city	KS	N
3300	点	146437	Hampton	city	VA	N
1481	点	146136	Metairie	CDP	LA	N
635	点	144126	Lakewood	city	CO	N
3447	点	143560	Vancouver	city	WA	N
330	点	143072	Irvine	city	CA	N
1106	点	142990	Aurora	city	IL	N
406	点	142381	Moreno Valley	city	CA	N
3163	点	141674	Pasadena	city	TX	N
316	点	140030	Hayward	city	CA	N

(234 / 3557 已选择)

USA_Cities

图 2-68　查看属性选择结果

注意：以上实验内容通过在 SQL 语句“POP2000”>75000 AND “POP2000”<150000 也可以实现。但本实验的主要目的是熟悉及了解“按属性选择”的方法特性，在以后工作及学习中，对于“按属性选择”的方法应用还会经常用到。

使用“按位置选择”查询离高速公路 10 千米之外的城市所属城镇名称。勾选 USA_Cities、USA_Highways、USA_Counties 图层，使其处于可见状态(图 2-69)。

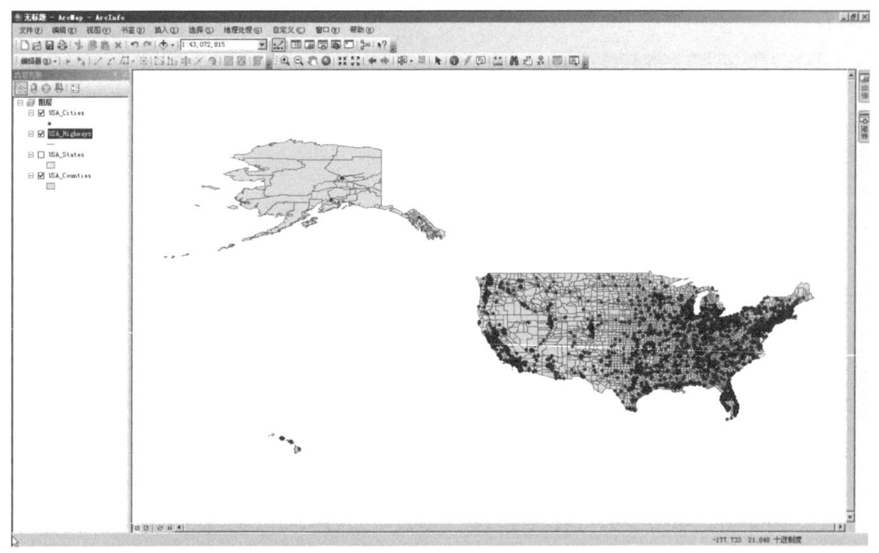

图 2-69　勾选 USA_Cities、USA_Highways、USA_Counties 图层

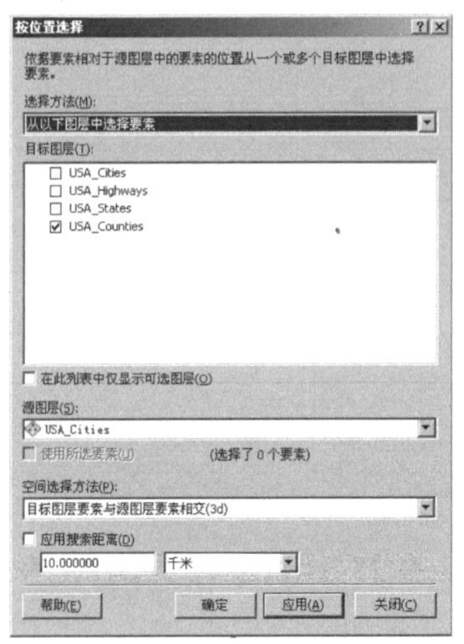

图 2-70　使用按位置查询检索数据结果

点击“选择”→“按位置选择”，打开“按位置选择”对话框(图 2-70)。在该对话框中，已经看到其分为几个部分：选择方法，提供不同的图层操作方式，功能类型接近于“按属性选择”中的方法；目标图层，列出可供操作的图层，通过勾选该列表下方的“在此列表中仅显示可选图层”可简略查询图层列表；源图层，其功能是作为目标图层的参照或比对对象，在其下方有“使用所选要素”功能框，在后续实验中可以了解其用途；空间选择方法及应用搜索距离，该功能提供了类似于空间分析的各种功能，在本次实验中将就其中一两个功能进行介绍，其他功能大家可自行测试并了解其用途。

在选择方法中，选择“从以下图层中选择要素”，目标图层中选择 USA_Cities，源图层中选择 USA_States，在空间选择方法中，选择“目标图层要素与源图层要素相交”，点击“应用”。本次结果是选择所有在州际范围内的美国城市(图 2-71)。

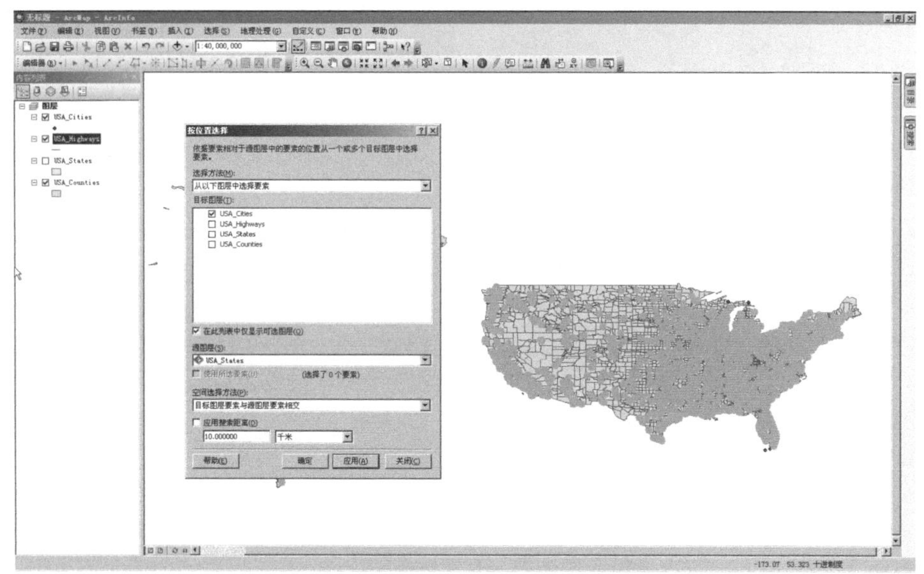

图 2-71　查询所有在州际范围内的美国城市

将选择方法换为“移除当前在以下图层中选择的要素”，源图层换为 USA_Highways，空间选择方法变更为“目标图层要素在源图层要素的某一距离范围内”，应用搜索距离选定为 10 千米，如图 2-72 所示。

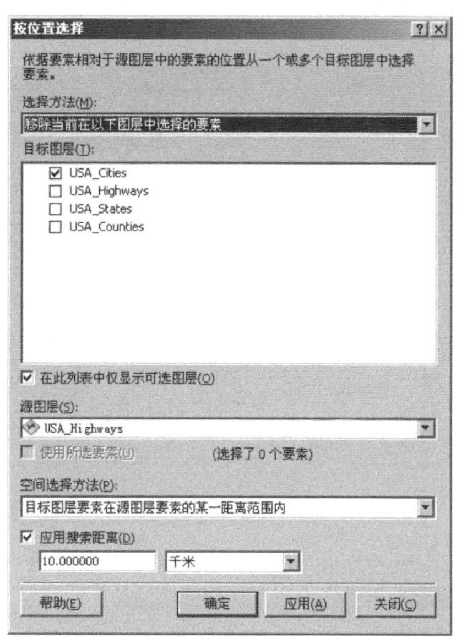

图 2-72　搜索高速公路距离 10 千米内的城市

当前的查询结果如图 2-73 所示，可以看到美国的很多城市离主要高速公路干道是大于 10 千米的。

将选择方法改为“从以下图层中选择要素”，目标图层为 USA_Counties，源图层 USA_Cities，空间选择方法为“目标图层要素与源图层要素相交”，并取消应用搜索距离勾选。在源图层中可以看到原先的“使用所选要素”当前已经可以使用且默认为勾选状态。点“应用”看一下选择效果。如果觉得看上去很麻烦，可以将图层中的 USA_Cities 的勾选去除，结果如图 2-74 所示。

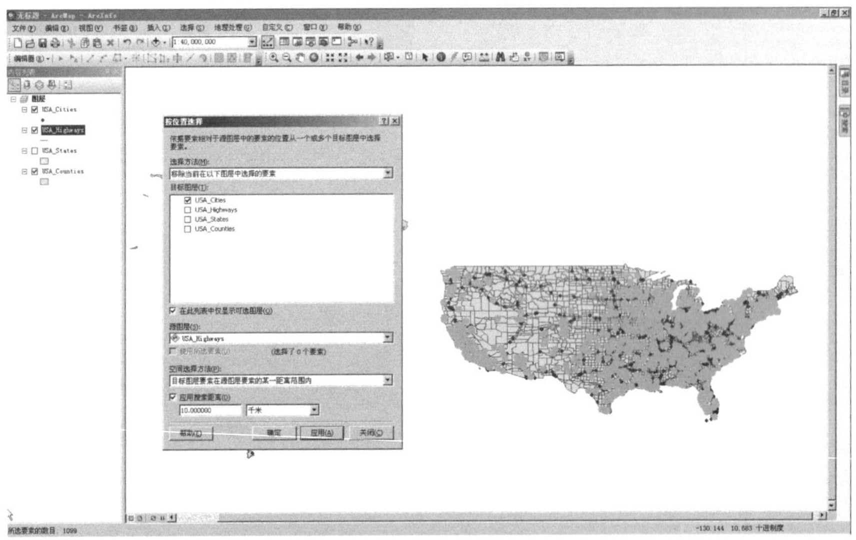

图 2-73　查询结果展示

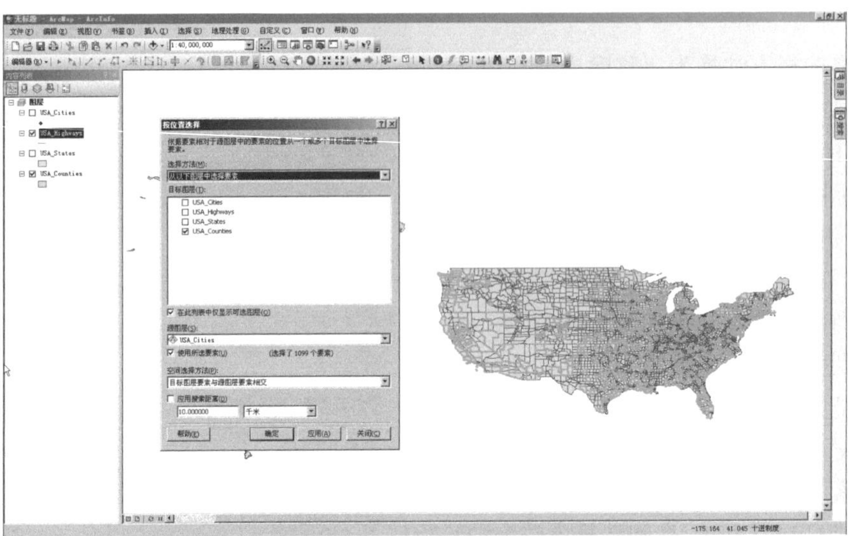

图 2-74　根据已查询到的城市查找其所在州数据

最终的详细信息，可以在 USA_Counties 上右键选择打开属性表，即可得知(图 2-75)。利用同样的方法，也可以获取这些城镇所处各州的情况。

2. Oracle Spatial 查询简单实验

实验准备：完成 Oracle Spatial 实验准备。

实验内容：使用几何引擎的功能确定华盛顿市郊区内在 I795 公路上最近的 5 个餐馆(图 2-76)，并学习删除、新建空间索引。

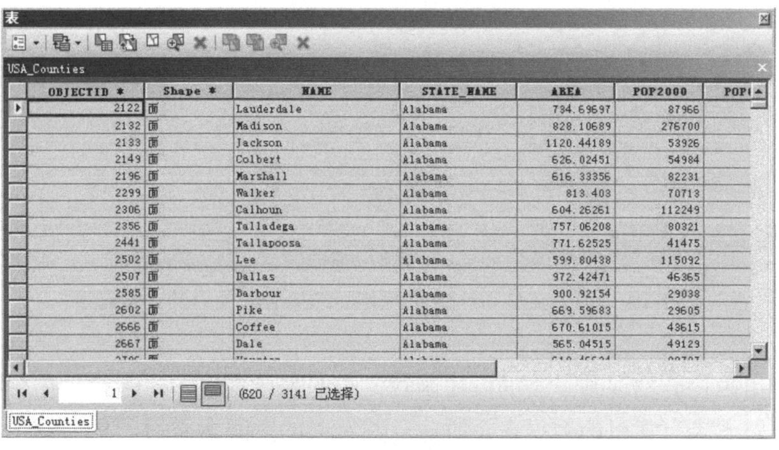

表

USA_Counties

OBJECTID *	Shape *	NAME	STATE_NAME	AREA	POP2000	POP(
2122	面	Lauderdale	Alabama	734.69697	87966	
2132	面	Madison	Alabama	828.10689	276700	
2133	面	Jackson	Alabama	1120.44189	53926	
2149	面	Colbert	Alabama	626.02451	54984	
2196	面	Marshall	Alabama	616.33356	82231	
2299	面	Walker	Alabama	813.403	70713	
2306	面	Calhoun	Alabama	604.26261	112249	
2356	面	Talladega	Alabama	757.06208	80321	
2441	面	Tallapoosa	Alabama	771.62525	41475	
2502	面	Lee	Alabama	599.80438	115092	
2507	面	Dallas	Alabama	972.42471	46365	
2585	面	Barbour	Alabama	900.92154	29038	
2602	面	Pike	Alabama	669.59683	29605	
2666	面	Coffee	Alabama	670.61015	43615	
2667	面	Dale	Alabama	565.04515	49129	

1 (620 / 3141 已选择)

USA_Counties

图 2-75　查询结果列表

```
SQL> select poi_name
  2  from
  3  (
  4  select poi_name,
  5  sdo_geom.sdo_distance(p.location, i.geom, 0.5)distance
  6  from us_interstates i,us_restaurants p
  7  where i.interstate='I795'
  8  order by distance
  9  )
 10  where rownum <= 5;

POI_NAME
------------------------------------------------------------------------

PIZZA BOLI'S
BLAIR MANSION INN DINNER THEATER
KFC
CHINA HUT
PIZZA HUT
```

图 2-76　在 I795 公路上最近的 5 个餐馆

删除原有空间索引，如图 2-77 所示。

```
SQL> drop index us_restaurants_sidx;

索引已删除。
```

图 2-77　删除空间索引

新建空间索引，如图 2-78 所示。

```
SQL> create index us_restaurants_sidx on us_restaurants(location)
  2  indextype is mdsys.spatial_index;

索引已创建。
```

图 2-78　新建空间索引

使用基于索引的操作符 SDO_NN 函数，查询同样距 I795 公路最近的 5 家餐馆(图 2-79)。

```
SQL> select poi_name
from us_interstates i,us_restaurants p
where i.interstate='I795'
and sdo_nn(p.location,i.geom)='TRUE'
and rownum <=5;

POI_NAME
----------------------------------------------------------------
PIZZA BOLI'S
BLAIR MANSION INN DINNER THEATER
KFC
CHINA HUT
PIZZA HUT
```

图 2-79　使用 SDO_NN 函数查询距 I795 公路最近的 5 家餐馆

在使用中将会发现基于新的操作函数，查询效率变快了。因此，在后续的操作使用中，对于未有索引的数据在及时建立其对应的空间索引后，更需要正确使用不同的索引函数，这样可以有效加快数据库效率。

半径内的所有餐馆(图 2-80)。

```
SQL> select poi_name
from us_interstates i,us_restaurants p
where
sdo_anyinteract
(
  p.location,
  sdo_geom.sdo_buffer(i.geom,50,0.5,'unit=km')
)='TRUE'
and i.interstate='I795';

POI_NAME
----------------------------------------------------------------
SPICY DELIGHT
PHILLY'S STEAK EXPRESS
MCDONALD'S
PIZZA HUT
CHINA HUT
KFC
BLAIR MANSION INN DINNER THEATER
PIZZA BOLI'S

已选择8行。
```

图 2-80　使用 SDO_BUFFER 及 SDO_ANYINTERACT，查询 I795 公路 50 千米半径内的所有餐馆

在本章中只简单介绍了 Oracle Spatial 中的一些函数使用方法。后续的章节中将会对这些函数的结构及使用方式做具体说明与实验。

第 3 章　空间数据库建库

实验 3.1　数据库建库基础

一、实验目的

了解 DDL 语言与 DML 语言的基本用法及特征，学会创建数据库及数据的录入。

二、实验平台

(1) 操作系统：Windows Server 2003；
(2) 数据库管理系统：Oracle 11g R2。

三、实验内容和要求

(1) 手动创建数据库及数据表，录入数据内容；
(2) 掌握 DDL 语言与 DML 语言的基本语法；
(3) 学会使用 SQL*Plus 创建数据库及表；
(4) 学会数据的手动录入方式。

四、DML 语言及 DDL 语言简介

在数据库操作语言中有四类语言经常使用并被提及：数据查询语言 DQL、数据操纵语言 DML、数据定义语言 DDL、数据控制语言 DCL。在本节中，我们将利用 DML 及 DDL 两种语言类型为大家介绍数据库的建库方法及表的操作。

1. DML 语言类型及功能介绍

DML 是 SQL 的一个子集，主要用于修改数据，其包括以下三个命令。

1) INSERT 插入命令

INSERT 语句用于往数据表里插入记录，INSERT 语句格式如下：

(1) 同时插入多条记录的语句格式。

```
INSERT INTO target_table [(column[,……])] —插入的目标表及数据列
SELECT {column[,……]} —源数据列
FROM source_table
WHERE condition—插入条件
```

(2) 插入单条记录的语句格式。

```
INSERT INTO table_name [(column[,……])] —插入的目标表及数据列
VALUES {(values)|subquery} —插入数据
```

注意事项：①字符串类型的字段值必须用单引号括起来，如'GOODDAY'；②如果字段值里包含单引号需要进行字符串转换，把它替换成两个单引号''；③字符串类型的字段值超过定义的长度会出错，最好在插入前进行长度校验；④日期字段的字段值可以用当前数据库的系统时间 SYSDATE，精确到秒；⑤INSERT 时如果要用到从 1 开始自动增长的序列号，应该先建立一个序列号；⑥在添加数据时可以使用转换函数添加指定的数据类型，有 to_char()、to_date()、to_number()。

2) DELETE 删除命令

DELETE 语句用于删除数据表里的记录。用 DELETE 语句删除的记录无法再复原，所以条件设置一定要正确。DELETE 语句格式为：

```
DELETE FROM table_name —需要执行删除命令的表
WHERE condition —删除条件
```

注意事项：①删除记录并不能释放 Oracle 里被占用的数据块表空间，它只把那些被删除的数据块标成 unused；②DELETE 操作不可回退；③如果确实要删除一个大表里的全部记录，可以用 TRUNCATE 语句，它可以释放占用的数据块表空间，其语句格式为：

```
TRUNCATE TABLE table_name
```

3) UPDATE 更新命令

```
UPDATE table_name —执行更新的数据表名称
SET (column_name=value) —需要更新的值或数据
WHERE condition —更新条件
```

注意事项：DML 语句对表都加上了行级锁，确认完成后，必须加上事物处理结束的语句 COMMIT 才能正式生效，否则改变不一定写入数据库里。如果想撤回这些操作，可以用语句 ROLLBACK 复原。

2. DDL 语言类型及功能介绍

DDL 数语库定义语言主要包括以下四个命令。

1) CREATE 新建命令

CREATE 新建命令可以执行包括账户新建、数据表新建、视图新建等在内的数据库新建命令，其新建数据表格式如下：

```
CREATE TABLE table_name—新建表名
(field1 type[(size)][index1]，—字段及数据类型大小
field2 type[(size)][index2]，……,
multifieldindex[，……])
[constraint 约束名] primary key 列名 —主键定义
[constraint 约束名] unique 列名 —唯一性约束
```

```
[constraint 约束名] foreign key 列名 references —外键定义
[constraint 约束名] check —检查表达式
[constraint 约束名] default —默认值
```

表索引的建立主要采用的是 CREATE INDEX 语句。这个命令是对一个已存在的表建立索引，语句格式为：

```
CREATE[UNIQUE]INDEX index_name ON table_name
(field1[ASC|DESC],
field2[ASC|DESC], ……)
```

视图是一个逻辑表，它允许操作者从其他表或视图存取数据，视图本身不包含数据，视图所基于的表称为基表。引入视图有下列作用：提供附加的表安全级，限制存取基表的行或列集合；隐藏数据复杂性；为数据提供另一种观点；促使 Oracle 的某些操作在包含视图的数据库上执行，而不在另一个数据库上执行。

新建视图的语句格式为：

```
CREATE VIEW view_name AS
SELECT STATEMENT
[WITH CHECK OPTION]
```

2) ALTER 修改命令

用 ALTER 语句，可以修改表、索引或对视图的字段重新设计。语句格式为：

```
ALTER TABLE table_name —修改的表名(TABLE 可以替换为 USER 或 INDEX，代表修改对应项)
{ADD {COLUMN field type[(size)] —新增字段及字段属性
|CONSTRAINT multifieldindex} —给字段增加约束条件
|DROP {COLUMN field|CONSTRAINT indexname}} —删除字段
```

以上仅为 ALTER 针对表的修改方法，相关的其他修改命令在本节实验中不作说明。

(1) 在表的后面增加一个字段，如，

```
ALTER TABLE table_name
ADD(BOOK_SHU VARCHAR2(10))
```

(2) 修改表里字段的定义描述，如，

```
ALTER TABLE table_name
MODIFY(BOOK_NAME NOT NULL)
```

(3) 给表里的字段加上约束条件，语句格式为：

```
ALTER TABLE "SCOTT"."ZHOU1"
ADD(CONSTRAINT "ZHUJIAN" PRIMARY KEY(book_name))
```

3) DROP 删除命令

使用 DROP 语句，可以删除表、索引、视图、同义词、过程、函数、数据库链接等。DROP 语句的格式为：

```
DROP {TABLE table|INDEX index ON table} —删除某表或某表上的索引
例如：
drop table biao
```

4) TRUNCATE 清空命令

使用 TRUNCATE 语句，可以清空表里的所有记录，保留表的结构。TRUNCATE 语句的格式为：

```
TRUNCATE TABLE 表名
```

五、实验准备

在本节中，主要讨论数据库的建库及表操作，准备工作主要包括：新建账户、账户授权、账户解锁及表空间授予。下面将开始学习使用 DDL 作为操作命令。

在之前的练习中，已经在数据库中新建了用户 SCUSER，并为其导入了 SCOTT 用户下的表数据。在本章实验中，所有的操作将基于此用户及其下表数据完成。如果未有新建用户或建立数据，请参看实验 2.1 中相关实验准备内容或参照以下内容完成实验准备。

准备内容：使用 SQL*Plus 在 SYS 用户登录状态下创建一个新的账户，账户名称为 SCUSER，密码为 SCUSER。导出 SCOTT 用户下的所有表，并将其导入 SCUSER 用户库之中，为后续实验做准备。

(1) 新建用户及密码，授予表空间、临时空间等信息(图 3-1)。

```
SQL> create user scuser identified by scuser
  2  default tablespace users
  3  temporary tablespace temp
  4  profile default
  5  ;

用户已创建。
```

图 3-1　新建用户 SCUSER

(2) 在 SYS 用户下授予新用户权限及解除表空间限制(图 3-2)。

```
SQL> grant connect,resource to scuser;

授权成功。

SQL> grant create any table to scuser;

授权成功。

SQL> grant alter any table to scuser;

授权成功。

SQL> grant drop any table to scuser;

授权成功。

SQL> alter user scuser quota unlimited on users;

用户已更改。
```

图 3-2　为 SCUSER 建立用户权限，解除表空间限制

为了便于操作，在实验中给予了用户 DBA、CONNECT 和 RESOURCE 角色，为便于操作，可以给予其更多的表的操作权限，并解除了自定义表空间对用户的限制。

(3) 账户解锁。当相关的操作都完成后，使用解锁命令对用户解锁(图 3-3)。需要注意的是，这里是在分步完成所有账户新建任务后实施解锁，解锁命令也可以在账户新建时执行。

```
SQL> alter user scuser account unlock
  2  ;
```

图 3-3　为 SCUSER 解除锁定

(4) SCOTT 用户所有表的导出及导入 SCUSER 用户。导出 SCOTT 用户下的所有表，如图 3-4 所示。将表导入 SCUSER 用户，如图 3-5 所示。

```
C:\>exp scott/tiger@orcl file=c:\scott_table.dmp
```

图 3-4　导出 SCOTT 用户数据

```
C:\>imp scuser/scuser@orcl file=c:\scott_table.dmp fromuser=scott touser=scuser
```

图 3-5　为 SCUSER 导入 SCOTT 用户数据

六、实验流程

在实验的准备过程中，已经使用 CREATE 命令新建了用户，并通过 ALTER 命令对用户的状态进行了修改，在后面的实验内容中将会对此有更多的讲解。

1. DDL 操作实验

实验准备：完成实验数据准备，并初步了解 DDL 命令的格式。

实验内容：

(1) 使用 CREATE 命令新建表 (图 3-6)。这是正常建表方式，除了这种方法以外，有时为了建备份表或同结构表，还可以有其他的建表方式。下例中是结合使用 CREATE 命令与 SELECT 命令完成的表结构复制过程。首先，新建 EMP_NEW 表(图 3-7)；其次，检查新表结构，并对比 EMP_NEW 表与 EMP 表的结构(图 3-8)。

```
SQL> create table emp_test
  2  (
  3  id int,
  4  name varchar2(12),
  5  job varchar2(8),
  6  brithday date,
  7  sex varchar2(2)
  8  );
```

图 3-6　新建 EMP_TEST 表

```
SQL> create table emp_new as select * from emp where 1=2;
```

图 3-7　利用 AS 函数的建表方式

```
SQL> describe emp_new
 名称                                      是否为空? 类型
 ----------------------------------------- -------- ----------------------------

 EMPNO                                              NUMBER(4)
 ENAME                                              VARCHAR2(10)
 JOB                                                VARCHAR2(9)
 MGR                                                NUMBER(4)
 HIREDATE                                           DATE
 SAL                                                NUMBER(7,2)
 COMM                                               NUMBER(7,2)
 DEPTNO                                             NUMBER(2)
SQL> describe emp
 名称                                      是否为空? 类型
 ----------------------------------------- -------- ----------------------------

 EMPNO                                     NOT NULL NUMBER(4)
 ENAME                                              VARCHAR2(10)
 JOB                                                VARCHAR2(9)
 MGR                                                NUMBER(4)
 HIREDATE                                           DATE
 SAL                                                NUMBER(7,2)
 COMM                                               NUMBER(7,2)
 DEPTNO                                             NUMBER(2)
```

图 3-8　对比 EMP 与 EMP_NEW 的表结构

对比两张表可以看到，在 EMPNO 字段，是否为 NULL 的约束在新的数据表中并没有出现。这是因为，先前所使用的表的新建方法不能同时生成其约束项。如果当前不能删除，则需要 ALTER 命令增加其相关约束。

(2) ALTER 命令为 EMP_NEW 表中 EMPNO 字段增加 NOT NULL 约束。首先，使用 MODIFY 修改 EMPNO 的定义(图 3-9)；其次，查看新的表结构(图 3-10)。

```
SQL> alter table emp_new
  2  modify(empno not null);

表已更改。
```

图 3-9　使用 MODIFY 修改 EMPNO 的定义

```
SQL> describe emp_new
 名称                                      是否为空? 类型
 ----------------------------------------- -------- ----------------------------

 EMPNO                                     NOT NULL NUMBER(4)
 ENAME                                              VARCHAR2(10)
 JOB                                                VARCHAR2(9)
 MGR                                                NUMBER(4)
 HIREDATE                                           DATE
 SAL                                                NUMBER(7,2)
 COMM                                               NUMBER(7,2)
 DEPTNO                                             NUMBER(2)
```

图 3-10　查看 EMP_NEW 表的结构

(3) 使用 ALTER 命令，为 EMP_NEW 表增加新列 COUNTSAL，字段类型 NUMBER(4)，并将 EMPNO 设置为主键。首先，为 EMP_NEW 表增加新数列(图 3-11)；其次，检查表结构，查看是否字段已经增加(图 3-12)；再次，我们将 EMPNO 设置为主键(图 3-13)；最后，再尝试删除新建的列(图 3-14)。删除新建的约束条件(图 3-15)。

```
SQL> alter table emp_new
  2  add (countsal number(4));

表已更改。
```

图 3-11　为 EMP_NEW 表增加新数列

```
SQL> describe emp_new;
 名称                                      是否为空? 类型
 ----------------------------------------- -------- ----------------------------

 EMPNO                                     NOT NULL NUMBER(4)
 ENAME                                              VARCHAR2(10)
 JOB                                                VARCHAR2(9)
 MGR                                                NUMBER(4)
 HIREDATE                                           DATE
 SAL                                                NUMBER(7,2)
 COMM                                               NUMBER(7,2)
 DEPTNO                                             NUMBER(2)
 COUNTSAL                                           NUMBER(4)
```

图 3-12　查看 EMP_NEW 表的结构

```
SQL> alter table emp_new
  2  add(constraint pk_empno primary key (empno));

表已更改。
```

图 3-13　将 EMPNO 设置为主键

```
SQL> alter table emp_new
  2  drop column countsal;

表已更改。

SQL> describe emp_new;
 名称                                      是否为空? 类型
 ----------------------------------------- -------- ----------------------------

 EMPNO                                     NOT NULL NUMBER(4)
 ENAME                                              VARCHAR2(10)
 JOB                                                VARCHAR2(9)
 MGR                                                NUMBER(4)
 HIREDATE                                           DATE
 SAL                                                NUMBER(7,2)
 COMM                                               NUMBER(7,2)
 DEPTNO                                             NUMBER(2)
```

图 3-14　删除 EMP_NEW 表新建的列

```
SQL> alter table emp_new
  2  drop primary key;

表已更改。
```

图 3-15　删除 EMP_NEW 表的约束条件

(4) DROP 命令，删除 EMP_NEW 表(图 3-16)。

```
SQL> drop table emp_new
  2  ;

表已删除。
```

图 3-16　使用 DROP 命令，删除 EMP_NEW 表

(5) TRUNCATE 命令清空表中数据。首先，建立新表 EMP_NEW，并为其导入 EMP 表中数据(图 3-17)，注意：WHERE 语句后的条件是 1=1 即复制所有数据至新表；其次，查看数据情况(图 3-18)；最后，使用 TRUNCATE 命令清空数据表，并查看结果(图 3-19)。执行结果是“表被截断”（图 3-19），数据已被清空(图 3-20)。

```
SQL> create table emp_new as select * from emp where 1=1;

表已创建。
```

图 3-17　建立新表 EMP_NEW，并为其导入 EMP 表中数据

```
SQL> select empno from emp_new;

     EMPNO
----------
      7589
      7688
      7499
      7521
      7566
      7654
      7698
      7782
      7788
      7839
      7844

     EMPNO
----------
      7876
      7900
      7902
      7934
      7689
      7999

已选择17行。
```

图 3-18　查询 EMP_NEW 表中数据

```
SQL> truncate table emp_new;

表被截断。
```

图 3-19　使用 TRUNCATE 命令，删除 EMP_NEW 表

```
SQL> select * from emp_new
  2  ;

未选定行
```

图 3-20　查询 EMP_NEW 表删除效果

2. DML 操作实验

实验准备：完成实验准备中的数据准备，并初步了解 DML 命令的格式。

实验内容：

(1) INSERT 命令，向表 EMP_NEW 中插入一条数据，并查看数据表内容(图 3-21)。

```
SQL> insert into emp_new(empno,ename,job,hiredate,sal,deptno)
  2  values(7560,'WANG','SALESMAN',sysdate,0,10);

已创建 1 行。

SQL> select EMPNO From emp_new;

     EMPNO
----------
      7560
```

图 3-21　向表 EMP_NEW 中插入一条数据

(2) INSERT 命令，向 EMP_NEW 表中批量加载数据，并查看数据表内容(图 3-22)。

```
SQL> insert into emp_new(empno,ename,job,mgr,hiredate,sal,comm,deptno)
  2  select empno,ename,job,mgr,hiredate,sal,comm,deptno
  3  from emp;

已创建17行。

SQL> select empno from emp_new;

     EMPNO
----------
      7560
      7589
      7688
      7499
      7521
      7566
      7654
      7698
      7782
      7788
      7839

     EMPNO
----------
      7844
      7876
      7900
      7902
      7934
      7689
      7999

已选择18行。
```

图 3-22　INSERT 命令，向 EMP_NEW 表中批量加载数据

(3) UPDATE 命令，将 EMP_NEW 表中 EMPNO 为 7560 的 ENAME 改为 CHEN(图 3-23)。

```
SQL> update emp_new set ename='CHEN' where empno=7560;

已更新 1 行。

SQL> select * from emp_new where empno=7560
  2  ;

     EMPNO ENAME      JOB              MGR HIREDATE              SAL       COMM
---------- ---------- --------- ---------- -------------- ---------- ----------
    DEPTNO
----------
      7560 CHEN       SALESMAN             02-3月 -12              0
        10
```

图 3-23　UPDATE 命令，对 EMP_NEW 表中 EMPNO 为 7560 的 ENAME 改为 CHEN

(4) DELETE 命令，删除 EMP_NEW 表中 EMPNO 为 7560 的数据，并查看数据结果(图 3-24)。

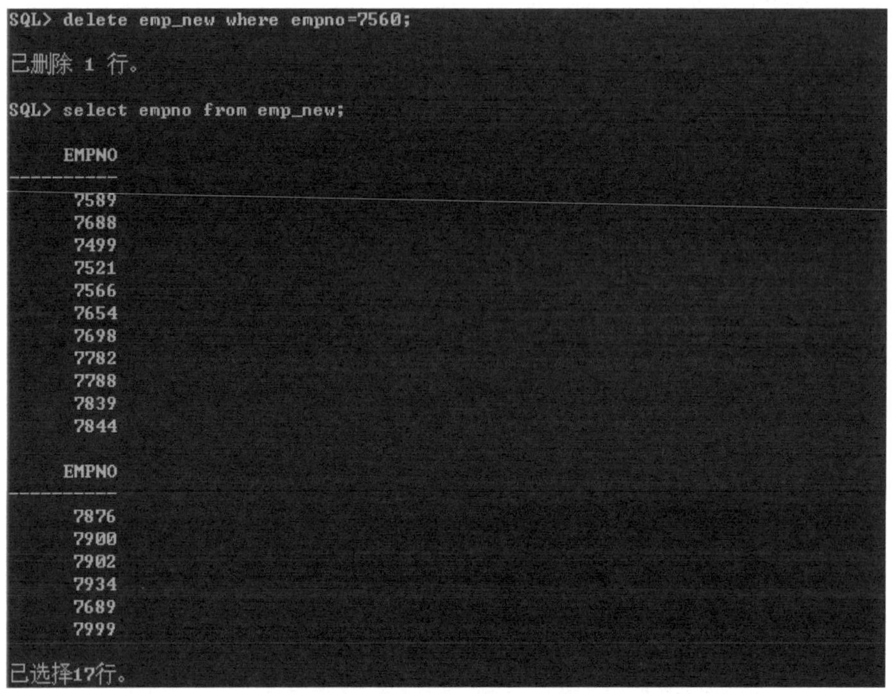

```
SQL> delete emp_new where empno=7560;

已删除 1 行。

SQL> select empno from emp_new;

     EMPNO
----------
      7589
      7688
      7499
      7521
      7566
      7654
      7698
      7782
      7788
      7839
      7844

     EMPNO
----------
      7876
      7900
      7902
      7934
      7689
      7999

已选择17行。
```

图 3-24　DELETE 命令，删除 EMP_NEW 表中 EMPNO 为 7560 的数据，并查看数据结果

通过上面的实验，已经基本了解了 DML 的操作过程。但是到此为止，并未执行 COMMIT 命令，即执行的操作都并没有入库。如果此时回滚，数据将会回到何种状态下大家可以自行测试。在此可以执行 COMMIT 命令，将数据入库(图 3-25)。

```
SQL> commit
  2  ;

提交完成。
```

图 3-25　执行 COMMIT 命令将数据入库

实验 3.2　空间数据库建库

一、实验目的

掌握创建空间数据表的方法，学会空间数据的增、删、改、查的基本方式。

二、实验平台

(1) 操作系统：Windows Server 2003；

(2) 数据库管理系统：Oracle 11g R2。

三、实验内容和要求

(1) 通过 SQL*Plus 创建不同几何对象的空间数据表；

(2) 手动录入空间数据，并对录入的数据进行修改等操作；

(3) catalog 的点线面的数据建立，SQL*Plus 的点线面的建立。

四、实验准备

1. ArcMap 实验准备

如果在安装 ArcGIS 的过程中安装了开发组件，则数据源位于 ArcGIS 的默认安装目录下，地址如下：

```
C:\Program Files\ArcGIS\DeveloperKit10.0\Samples\data\USA
```

如果没有安装开发工具集，实验用数据文件位于附盘光盘中的 DATA 文件夹中，文件夹名为 USA。打开文件夹，将文件夹中后缀名为*.gdb 的文件拷到实验中所使用的文件夹中，如 TEST 文件夹中。

2. Oracle Spatial 实验准备

在之前的实验中，已经在数据库中新建了用户 SCUSER，并导入了 map_large.dmp 和 map_detailed.dmp 数据包。在本章实验中，所有的操作将基于此用户及其下表数据完成。请参看实验 2.3 中相关实验准备内容或参照以下内容完成实验准备。

五、实验流程

1. ArcSDE 数据建立及数据导入

实验内容：

1) 利用 Catalog 将矢量图层加入空间数据库

方法一：复制粘贴。使用此操作时，数据格式转换等流程由 SDE 后台完成。

(1) 打开 TEST 文件夹，点击 USA 数据库。 在 Catalog 内容标签中已将其数据信息列出，将其全部选中，点击“复制”(图 3-26)。

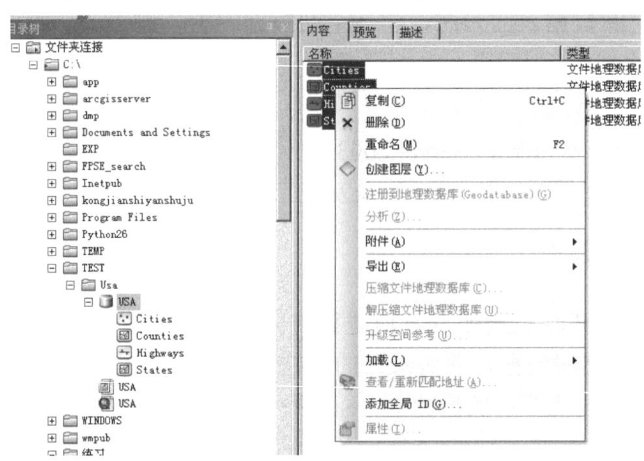

图 3-26　选中 USA 数据集中的所有数据

(2) 双击 SDE 数据库，连接数据库，并在其上右键“粘贴”(图 3-27)。

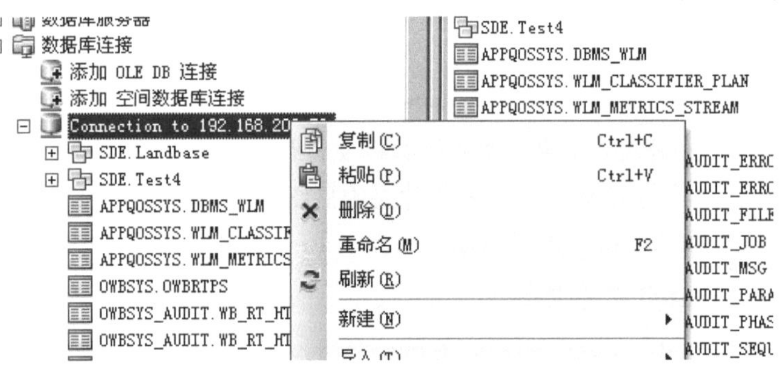

图 3-27　选择 SDE 数据库连接，并点击粘贴

(3) 在弹出的数据传输对方框列表中，可以看到此次需要复制的数据名称(图 3-28)。

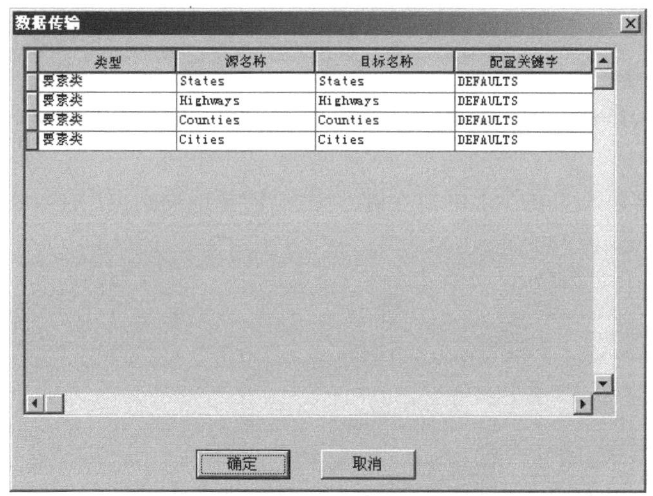

图 3-28 查看粘贴的数据对象是否正确

(4) 点击“确定”，将矢量图层导入 SDE 数据表中。当弹出粘贴失败的对话框时(图 3-29)，证明此矢量图层在 SDE 中存在重名或存在问题。此时，我们根据对话框内容重新设定图层名称或检查数据格式，并依次进行修改，如图 3-29 中的图层不能复制粘贴入 SDE 库的原因在于其名称与 SDE 的系统表存在名称冲突。

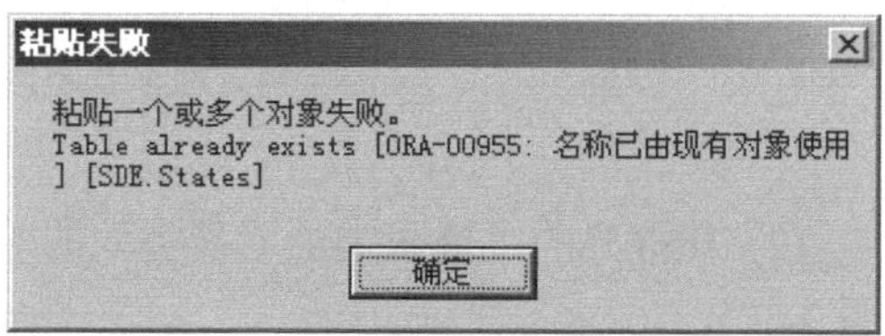

图 3-29 粘贴失败

(5) 检查数据，如图 3-30 所示。

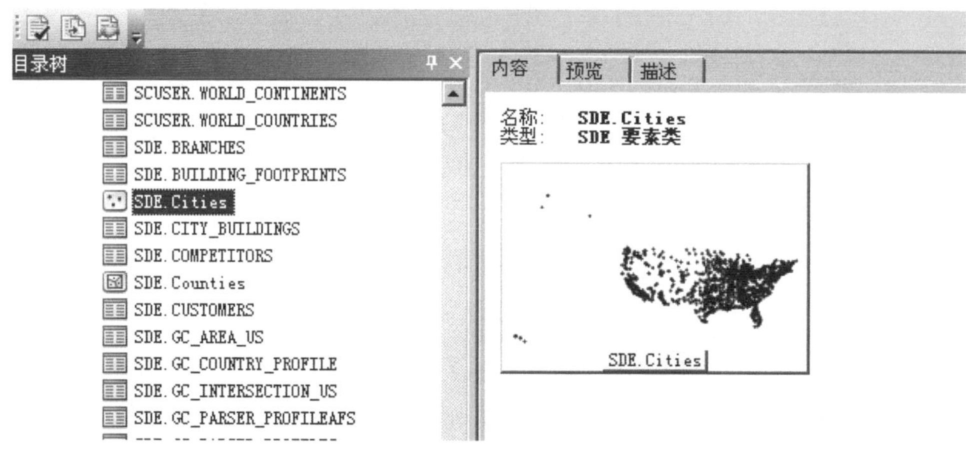

图 3-30 粘贴完成，查看数据状态

在实验内容中，发现有些数据并不能使用复制粘贴的方式加载入 SDE 数据库中。这时，可以使用导入工具。

方法二：矢量数据导入 SDE 数据库，主要针对不能复制粘贴进入数据库的数据图层。

(1) 在需要导入的文件上单击右键，点击“转至地理数据库(Geodatabase)(单个)”功能(图 3-31)。

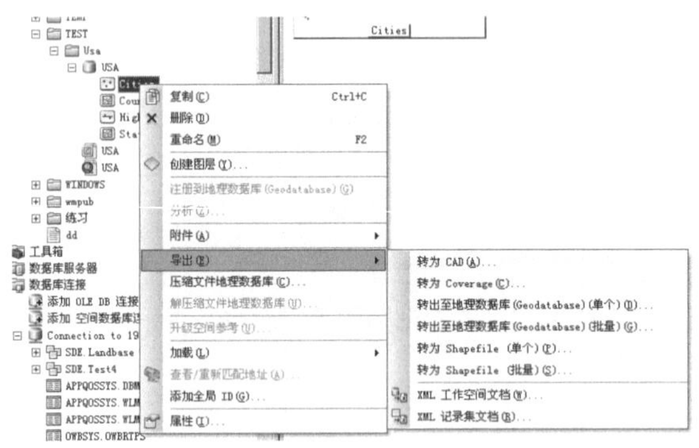

图 3-31　在要素类图层上右键选择导出

(2) 在打开的“要素类至要素类”的对话框中，输出位置选择 SDE 数据库连接(图 3-32)。

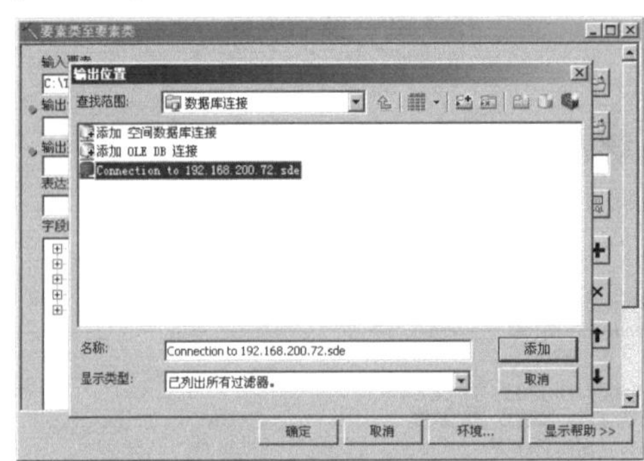

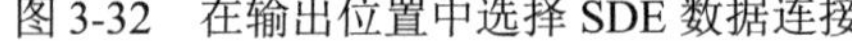

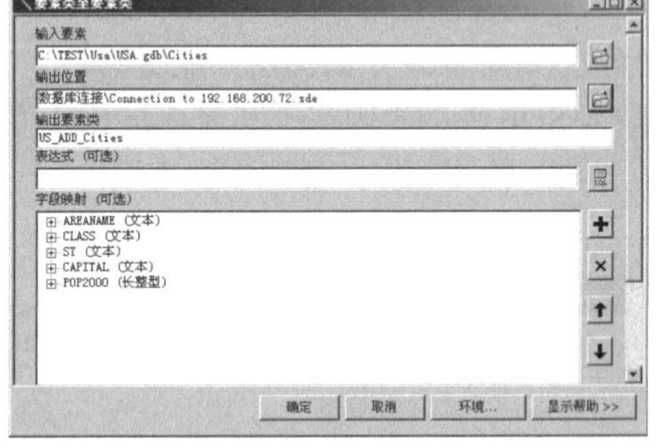

图 3-32　在输出位置中选择 SDE 数据连接

图 3-33　在“要素类至要素类”对话框中检查数据正确性

(3) 输出要素类名称中填入导入数据库后的名称(图 3-33)。

(4) 当前“要素类至要素类”对话框中关键项上都没有绿色圆点标志，如果有则证明数据填写不完整，如果有红色的圆点则表示关键信息填入错误。设置完成后，点击“确定”完成数据导入(图 3-34)。

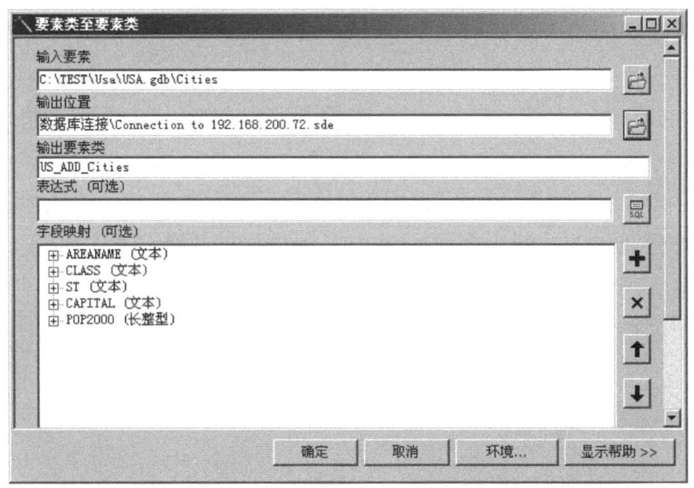

图 3-34　在“要素类至要素类”对话框中确认无红点标注

(5) 当屏幕右下角弹出如图 3-35 所示的窗口时，表示导入完成，下面就可以按输入的名字到数据库中查看相应信息了。

图 3-35　导入完成信息提示

除了单个文件的导入以外，Catalog 还提供批量文件的地理数据库导入，相关设置与单个文件的转入是一样的，大家可自行尝试使用。

2) 利用 Catalog 在 Oracle 的 SDE 用户下新建空间数据

(1) 打开 Catalog，在 SDE 数据库连接上右键点击“新建”→“要素类”(图 3-36)。在此处也可以使用创建要素数据集，两者的新建过程不同在于，要素数据集主要的

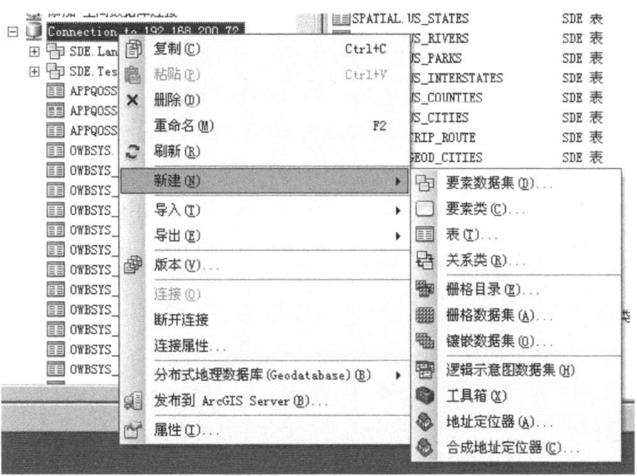

图 3-36　在数据库连接中右键新建要素类

功能是创建要素类的统一管理模式，包括坐标系等，但其并不涉及每个要素类的数据构成。

(2) 要素名称中输入 T_Line，别名中输入可以空缺。需要注意的是，在名称中必须以英文字母作为名称的首字母，在这里 T_Line 是该数据的名称，别名则主要在 ArcGIS 的相关组件中使用，主要起到识别的作用，如在别名中输入“边境线”，在将该要素类加至 ArcMap 后，图层列表则以“边境线”为该图层标识。同时，选择要素类型，这里选择“线要素”，点击“下一步”(图 3-37)。

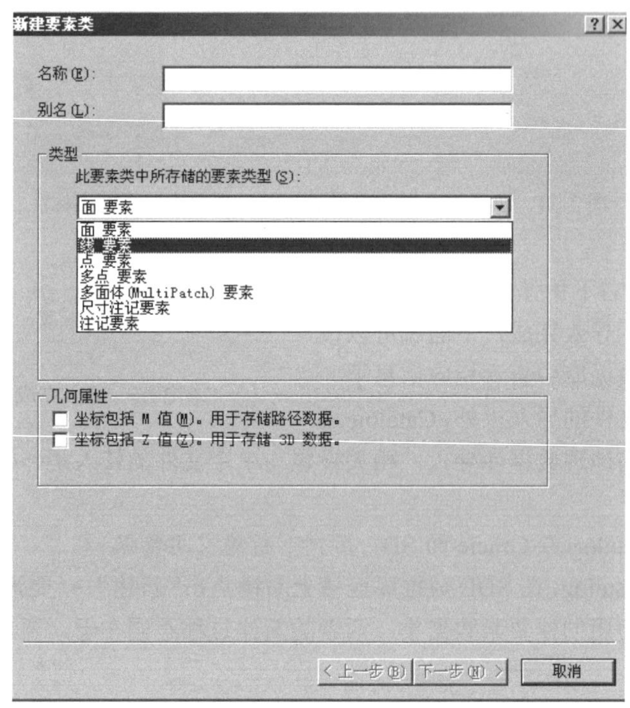

图 3-37　新建要素类类型选择

(3) 然后需要为新建的图层建立其相应的坐标系。坐标系一般分为三种：大地坐标系、参考坐标系及自定义坐标系。在日常使用中，更多的是使用大地坐标系，也就是 GPS 所使用的坐标系。此坐标系在数据库中也有相对应的 SRID 值，在后面的章节中会有所介绍。在此处，可以选择“Geographic Coordinate System”→“World”→“WGS 1984”，然后点击“下一步”(图 3-38)。

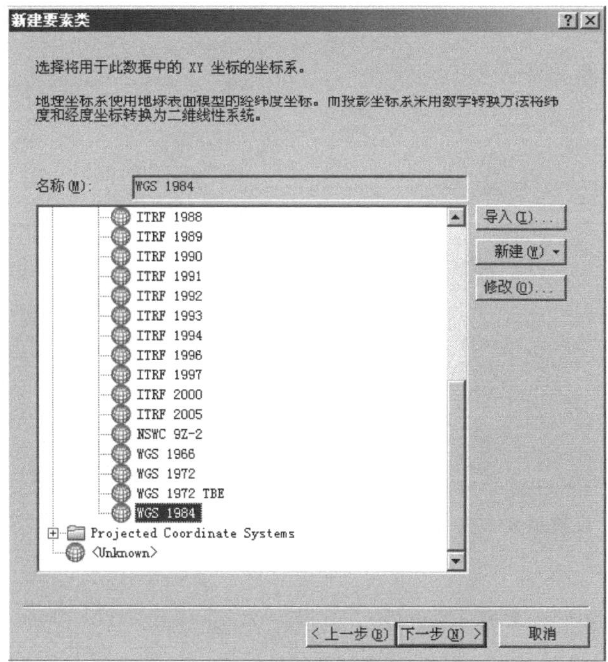

图 3-38　选择要素类数据坐标

需要说明的是，坐标系选择时主要还是根据不同的使用环境使用不同的坐标系系统。如果存在自定义的坐标系，可以点击“导入”，在“浏览坐标系”中选择自定义坐标系下的某个要素类文件，将其数据导入到现有的坐标使用中(图 3-39)。

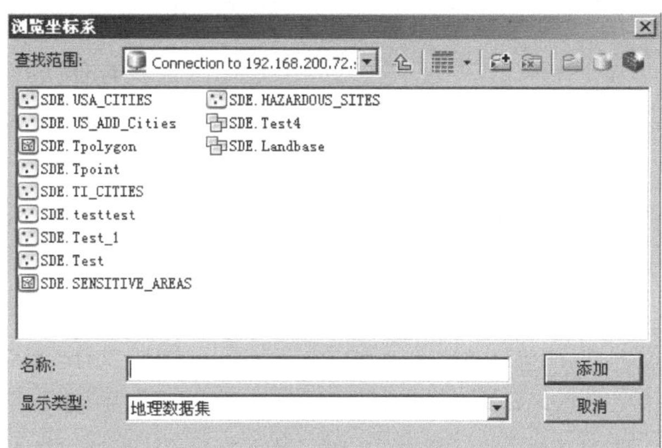

图 3-39　选择导入已有要素类的坐标信息

(4) 在 XY 容差中，指的是数据允许的容差值。这个容差值是可以根据个人要求自定义的，但一般情况下建议不要更改，以免造成较大误差使数据制作过程出现问题(图 3-40)。

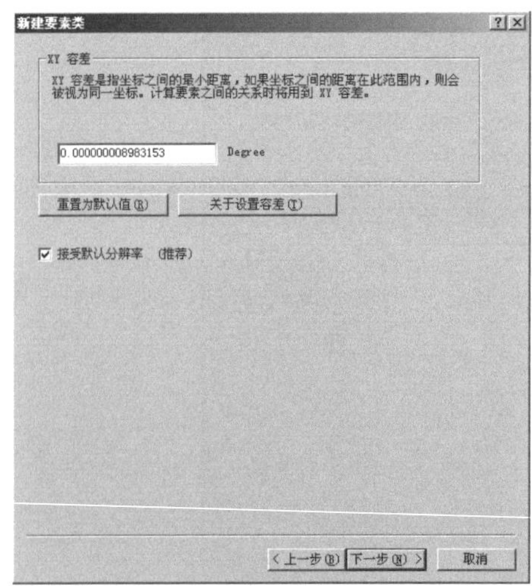

图 3-40　设置新要素类容差

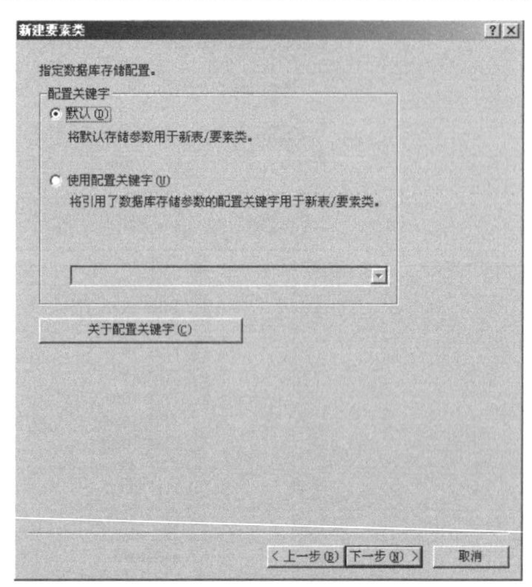

图 3-41　选择要素类存储格式

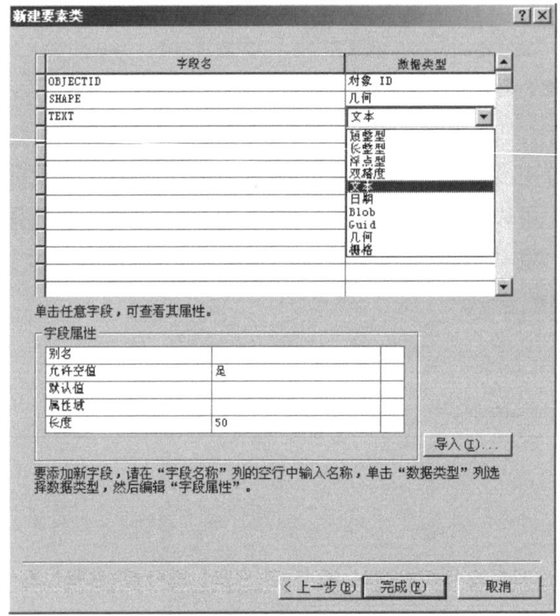

图 3-42　设置要素类的数据结构

(5) 指定数据库存储配置中一般并不需要指定特殊的存储格式。对于 SDE 来说，其默认的数据存储格式为 ST_GEOMETRY，如果想新建符合其他标准的存储类型，在此可以选择“使用配置关键字”，然后在下拉菜单中选择需要的数据存储类型。尤其是在建立符号 Oracle Spatial 存储类型，可以在此处选择 SDO_GEOMETRY，选择完成后，点击“下一步”(图 3-41)。

(6)在新建要素类中可以按照使用要求给新建的要素类加入字段。点击“字段名”中空白行，键入新列名称，然后点击同行的“数据类型”空格，在弹出的列表中选择字段类型。当需要对字段做详细配置，可以在表格下方的字段属性中对其进行设置，添加完成后点击“完成”按钮，完成要素类数据添加(图 3-42)。

(7) 刷新 SDE 数据库连接，在列表中即可找到新建要素类(图 3-43)。

2. Oracle Spatial 空间数据建立

实验准备：使用 SQL*Plus 在 SCUSER 用户新建一张空间数据表。

实验内容：

(1) 使用 SCUSER 用户登录 SQL*Plus，参照 US_CITIES 表新建一张 CHN_CITIES 表，代码如图 3-44 所示。

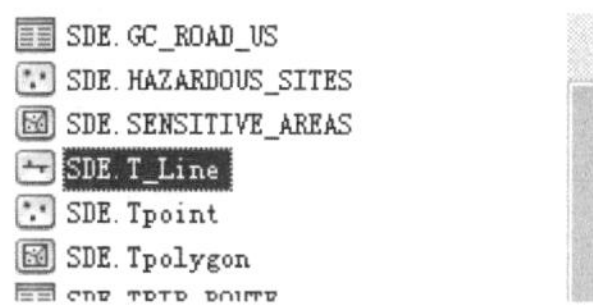

图 3-43　刷新树结构获取新建要素类

```
SQL> create table chn_cities
  2  (
  3      id number not null,
  4      city varchar2(42),
  5      state_abrv varchar2(2),
  6      pop90 number,
  7      rank90 number,
  8      location mdsys.sdo_geometry
  9  );

表已创建。
```

图 3-44　参照 US_CITIES 表新建一张 CHN_CITIES 表

(2) 当前的表已经可以使用，但是在此之前仍需为其完成元数据及空间索引的建立，否则不能被称为真正的空间数据表。首先在元数据表中注册数据信息，并指定空间参考，如图 3-45 所示。

```
SQL> insert into user_sdo_geom_metadata
  2  (table_name, column_name, srid, diminfo)
  3  values
  4  (
  5  'chn_cities',
  6  'location',
  7  8307,
  8  sdo_dim_array
  9  (
 10  sdo_dim_element
 11  (
 12  'longitude',
 13  -180,
 14  180,
 15  0.5
 16  ),
 17  sdo_dim_element
 18  (
 19  'latitude',
 20  -90,
 21  90,
 22  0.5
 23  )
 24  )
 25  );

已创建 1 行。
```

图 3-45　在元数据表中注册 CHN_CITIES 表信息

需要注意，如果没有在元数据表中注册数据信息，并给予其正确的空间参考信息，则不能建立空间索引。空间索引如果在元数据中未能获取注册过的空间参考信息，也不会提供空间数据表注册的可能。

(3) 创建空间索引，如图 3-46 所示。在正常使用中，SDO_GEOMETRY 支持所有类型的几何数据，但也可以指定其专门存储哪种几何类型，也可以指定其使用的维度信息。一般情况下维度默认为 2，在这里可以不做出更改。对几何类型加以限定的好处主要是有助于完整性检查，还可以加快查询操作符的执行速度。

```
SQL> create index chnindex_sidx on chn_cities(location)
  2  indextype is mdsys.spatial_index;

索引已创建。
```

图 3-46　创建 CHN_CITIES 表空间索引

(4) 修改空间几何类型，如图 3-47 所示。

```
SQL> alter index chnindex_sidx parameters('layer_gtype=point');

索引已更改。
```

图 3-47　修改 CHN_CITIES 表空间几何类型

3. Oracle Spatial 空间数据插入

实验准备：使用 SQL*Plus 向新建的 CHN_CITIES 表中插入一条数据。

实验内容：

(1) 插入空间数据，如图 3-48 所示。

```
SQL> insert into chn_cities
  2  (id,city,state_abrv,pop90,rank90,location)
  3  values
  4  (
  5  3444,
  6  'nanjing',
  7  'js',
  8  9000000,
  9  3444,
 10  sdo_geometry(2001,8307,sdo_point_type(118.33,33.69,null),null,null));

已创建 1 行。
```

图 3-48　向 CHN_CITIES 表中插入一条数据

(2) 检查数据，如图 3-49 所示。

```
SQL> select city from chn_cities;

CITY
----------------------------------------
nanjing
```

图 3-49　验证数据是否加入

4. Oracle Spatial 空间数据修改

实验准备：原数据中 nanjing 中心点坐标错误需改正，修正坐标值。

实验内容：更新坐标值空间数据信息，如图 3-50 所示。

```
SQL> update chn_cities set
location =
sdo_geometry
(
2001,
8307,
sdo_point_type
(
118.35,
33.69,
null
),
null,
null)
where city='nanjing';

已更新 1 行。
```

图 3-50　更新坐标值空间数据信息

5. Oracle Spatial 空间数据及数据表删除

实验准备：使用 SQL*Plus 向新建的 CHN_CITIES 表中插入一条数据。

实验内容：

(1) 删除空间数据，如图 3-51 所示。

```
SQL> delete chn_cities where id=3444;

已删除 1 行。
```

图 3-51　删除空间数据

(2) 删除空间数据表，如图 3-52 所示。

```
SQL> drop table chn_cities;

表已删除。
```

图 3-52　删除 CHN_CITIES 空间数据表

上步操作中，已经删除空间表 CHN_CITIES，接下来清空其元数据(图 3-53)。这样在以后就可以建同样名称的新表而不用担心出现问题了。

```
SQL> delete user_sdo_geom_metadata where table_name='chn_cities';
```

图 3-53　删除元数据中 CHN_CITIES 注册

实验 3.3 数据库索引

一、实验目的

了解空间数据的索引机制及方法，学会创建空间索引。

二、实验平台

(1) 操作系统：Windows Server 2003；
(2) 数据库管理系统：Oracle 11g R2；
(3) 地理信息系统：ESRI ArcSDE 10；
(4) 数据内容：USA.GDB。

三、实验内容和要求

(1) 通过 Catalog，给 ESRI SDE 数据创建空间索引；
(2) 通过 SQL 语句，给 Oracle Spatial 数据创建空间索引；
(3) 了解空间索引的概念；
(4) 学会空间索引的管理，对比索引添加前后效率的提升。

四、空间索引介绍

空间索引是指依据空间对象的位置和形状或空间对象之间的某种空间关系按一定的顺序排列的一种数据结构，其中包含空间对象的概要信息，如对象的标识、外接矩形及指向空间对象实体的指针。作为一种辅助性的空间数据结构，空间索引介于空间操作算法和空间对象之间，它通过筛选作用，大量与特定空间操作无关的空间对象被排除，从而提高空间操作的速度和效率。

空间索引性能的优越直接影响空间数据库和地理信息系统的整体性能。现在结构较为简单的格网型空间索引在各 GIS 软件和系统中都有着广泛的应用。

1. ArcSDE 空间索引介绍

根据所用 DBMS 的不同,用于 ST_Geometry 的空间索引的实现方式也不同，Oracle 和 DB2 中的 ST_Geometry 使用空间格网索引。空间格网索引由空间索引通过将格网应用到空间列中的数据构建而成。空间格网索引是二维的，并且涵盖一个要素类范围，类似于一般道路地图上的参考格网，可以将空间格网索引划分为成一个、两个或三个格网等级，每个等级的像元大小各不相同。必不可少的第一层格网等级的像元大小最小，第二层和第三层格网像元等级为可选等级，将其设置为 0 时不可用。如果启用第二层和第三层格网像元等级，则第二层格网像元的大小至少必须是第一层格网像元大小的 3 倍，而第三层网格像元的大小至少必须是第二层网格像元大小的 3 倍。

在下例中，要素类具有两个格网等级(图 3-54)。区域形状 101 位于等级 1 的格网像元 4 中。空间索引表上会添加一条记录，这是因为要素所占格网像元数小于四个(本例中仅占一个像元)。区域要素 102 的包络矩形位于等级 1 的像元 1～8 中。由于要素的包络矩形所占格网像元数大于四个，因此要素将被提升到等级 2，在等级 2 中，其包络矩形拟合于两个格网像元中。要素 102 在等级 2 中建立索引，而且空间索引表中会添加两条记录。

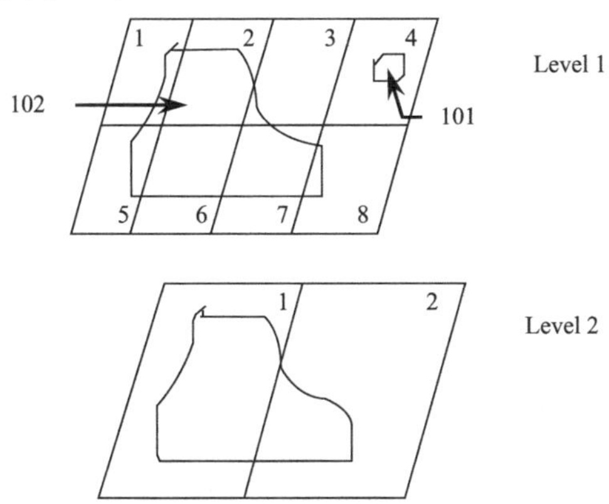

图 3-54　空间索引说明图，不同等级中图形的表现方式差异

形状 101 在格网等级 1 上建立索引；形状 102 在格网等级 2 上建立索引，该形状仅占两个格网像元。

插入、更新或删除要素会更新空间索引。每个要素的范围都会叠加到最低格网等级上，从而获得格网像元的数量。如果要素超过 SERVER_CONFIG 表中的 MAXGRIDSPERFEAT 值设置的值，则在已定义更高等级的情况下，几何会被提升至下一较高等级。

对于 Oracle 数据库，可以通过设置用于创建要素类的配置关键字的 S_STORAGE 参数来指定创建空间索引的位置。

在绘制栅格数据集时用户所能看到的信息的详细程度取决于栅格单元的大小。每个栅格单元仅覆盖一个小区域，当需要覆盖更大的区域时，则需要许多栅格单元，因此将占用很大的磁盘空间并将花费很长时间来显示。创建金字塔可避免出现这些问题，金字塔基于源栅格数据集创建的一系列降低分辨率的数据集，每个后续的金字塔层都以 4∶1 的比例降低采样分辨率。

利用金字塔中的最粗分辨率层可以快速显示整个数据集。当放大时，更细的分辨率将被显示，由于从先前重采样数据中绘制了后续的小区域，因此性能能得到保持。若没有金字塔，在显示图像适当的子集前，所有的数据集都必须经过检测。创建金字塔时，一个降低分辨率的数据集(.rrd)文件将被创建。对于一个未经过压缩的栅格数据集，它产生的(.rrd)文件的大小近似于源栅格数据集的 8%。

用户不能为栅格目录创建金字塔，但可以为其中的每个栅格数据集创建金字塔。

2. Oracle Spatial 空间索引介绍

1) 空间技术构件

为了执行有效的空间分析，将必不可少的使用到 Oracle Spatial 空间技术的三个基本构件——空间操作符、空间索引、几何处理函数。

空间操作符：在 SQL 语句中可以使用比较操作符，如<(小于)、>(大于)、=(等于)等。同样可以利用空间操作符，针对给定的查询位置来检索某个表中的空间数据列(SDO_GEOMETRY)。

以下的 SQL 语句说明了如何利用空间操作符检索 CUSTOMERS 表。

```
SELECT COUNT(*)
FROM branches b, customer c
WHERE b.id=1 AND SDO_WITHIN_DISTANCE
(c.location, b.location, 'STANCE=0.25 UNIT=KILOMETER')=' TRUE'
```

上例统计了在一个指定商店(id=1)周围 0.25 千米范围内所有的客户的数量。首先，相等操作符，即 b.id=1，仅选择 BRANCHES 表中 ID 值为 1 的行。其次 SDO_WITHIN_DISTANCE 操作符指定了一个空间谓词，通过这个谓词，就可以找出在指定商店周围 0.25 千米范围内所有的客户。

空间索引：和 B-tree 索引类似，空间索引能加快空间操作符在 Oracle 表的 SDO_GEOMETRY 列上的执行速度。在 BRANCHES 表的 id 列上的 B-tree 索引能加快基于 BRANCH ID 的检索速度。同样，CUSTOMERS 表的 location 列上的空间索引也能加快 SDO_WITHIN_DISTANCE 操作符的执行速度。

几何处理函数：这些函数可以执行多种不同的操作，包括计算两个或多个 SDO_GEOMETRY 对象的空间关系。几何处理函数具有以下特点：①不需要空间索引；②与带空间索引的空间操作符相比，能够提供更详细的分析；③可出现在 SQL 语句的 select 列表中(以及带 where 子句的 select 列表中)。

2) 空间索引概念

在 Spatial_INDEX 中是用 R-tree 索引实现的。R-tree 是类似于 B-tree 的分层结构，它将几何体以近似结构进行存储形成索引，然后对空间表中的 SDO_GEOMETRY 列，R-tree 都有一个最小限定矩形(minimum bounding rectangle，MBR)将其围起来，并以此创建一个 MBR 的层次结构。每个结点关联的 MBR 都将其对应子树中数据的位置围起来。这些结点又进一步聚集成一个单独的“根”结点。以这样的方式，一个 R-tree 就可以用一个表中的 SDO_GEOMETRY 数据的 MBR 构造出一个层次型的树状结构。然后，R-tree 使用这个 MBR 的层次结构帮助查询找到相关的 R-tree 分支，并最终找到数据表的对应行。

空间索引的元数据存储在视图 USER_SDO_INDEX_METADATA 中，在此处需要注意的是不要与存储空间层信息的 USER_SDO_GEO_METADATA 视图混淆。本视图存储空间索引名称(SDO_INDEX_NAME)、存放索引的表(SDO_INDEX_TABLE)、R-tree 索引的根 ROWID、R-tree 结点的分支因子或 fanout(子树的最大个数)以及其他的相关参数。通过这个视图，可以确定给定空间索引对应的空间索引(MDRT)表(或 SDO_INDEX_TABLE)。另外，还可以参考更简单的 USER_SDO_INDEX_INFO 视图。在后面的练习中，将会学习如何查看不同的空间表所对应的空间索引表，以及如何控制这些空间索引表的存放位置等。

五、实验准备

1. Oracle Spatial 空间实验准备

在之前的练习中，已经在数据库中新建了用户 SCUSER，并为其导入了 MAP_LAGRE.DMP 和 MAP_DETAILED.DMP 数据包。在本章实验中，将导入新的数据 APP_WITH_LOC。导入的三张表分别代表已方的信息 BRANCHES、竞争对手信息 COMPETITORS 及客户信息 CUSTOMERS，通过这三张表将完成后续的空间几何分析。

如果未有新建用户或建立数据，请参看实验2.3 中相关实验准备内容执行操作，操作完成后执行以下操作过程。

APP_WITH_LOC.DMP 文件位于随机光盘的 Data 文件夹下，请将其另先备出以供实验。导入 APP_WITH_LOC.DMP 数据包，如图 3-55 所示。

```
C:\>imp scuser/scuser@orcl file=C:\dmp\app_with_loc.dmp fromuser=spatial touser=
scuser
```

图 3-55　导入 APP_WITH_LOC.DMP 数据包

注意：在导入过程中可能存在 USER_SDO_GEOM_METADATA 视图中已经存在同样的 TABLE_NAME 的错误提示从而终止导入，可以使用以下的语句将提示错误的数据删除，如：

```
DELETE USER_SDO_GEOM_METADATA where TABLE like 'CUS%'
```

通过以上方法删除存在问题的视图数据，使新数据重新导入。

2. ArcSDE 空间实验准备

1) 要素类数据准备

如果在安装 ArcGIS 的过程中安装了开发组件，则数据源位于 ArcGIS 的默认安装目录下，地址如下：

```
C:\Program Files\ArcGIS\DeveloperKit10.0\Samples\data\USA
```

如果没有安装开发工具集，实验中不必再另行安装。实验用数据文件位于附盘光盘中的 Data 文件夹中，文件夹名为 USA。将 USA 文件夹拷到实验中所使用的文件夹中，如 TEST 文件夹中。打开 Catalog，如果在 Catalog 中的文件列表中，可以按以下方法将其加入到现有的目录中。

首先，打开 Catalog，在左侧目录树的“文件夹连接”上点击右键，选择“连接文件夹”(图 3-56)。这里需要说明的一点是，虽然功能名称为连接文件夹，但连接的功能并不限于文件夹，也可以是逻辑盘驱动器(逻辑分区)。

然后，在弹出的“连接到文件夹”对话框中选择 TEST 文件夹所在的盘符，或者直接找到 TEST 文件夹并选中它，在此选择连接 C 盘(图 3-57)。

这时，在“文件夹连接”就能找到 C 盘路径点，并在右侧的资源信息中看到 C 盘中相关的资源信息了(图 3-58)。

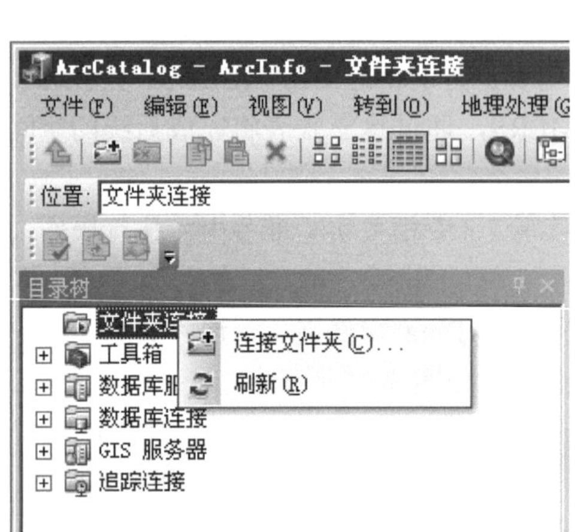

图 3-56　在 Catalog 中添加文件夹(逻辑分区)

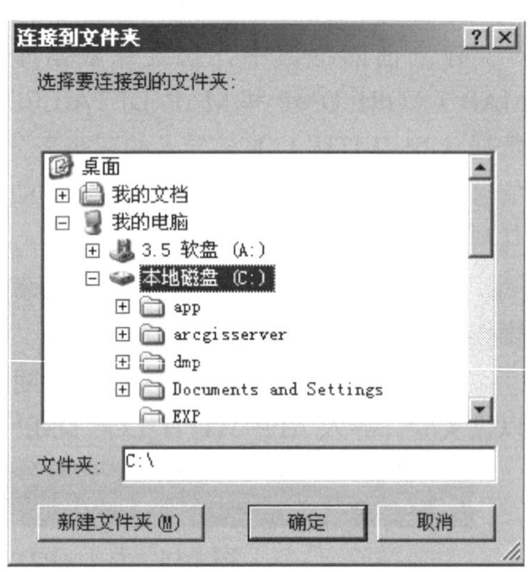

图 3-57　指定文件夹(逻辑分区)

图 3-58　Catalog 文件夹添加完成

最后，通过目录结的展开，找到了 TEST 的文件所在。

2) 栅格类数据准备

实验用的数据文件位于附盘光盘的 Data 文件夹中，文件夹名为 Wsiearth 及 BloomfieldTownship，将这两个文件夹拷入同样的 TEST 文件夹中。在这两个文件夹中分别有两个较小的栅格数据，通过后期的栅格数据的金字塔建立，可以直观感受两者在速度上的差异。将两个文件拷到 TEST 文件夹下后，分别打开 Wsiearth 及 BloomfieldTownship 文件夹，将其中的*.rrd 文件删除。

六、实验流程

1. ArcSDE 数据库中新建索引

实验准备：已经将 USA 文件夹中的文件拷到 TEST 文件中，并将其中的任意要素类图层拷至 SDE 数据库中。

实验内容：

(1) 在 ArcCatalog 的目录树中，连接到包含要修改空间索引的要素类的地理数据库，右键单击文件或 ArcSDE 地理数据库要素类，然后单击属性(图 3-59)。

(2) 单击“索引”选项卡，可以让 ArcGIS 软件重新计算格网大小，也可以自己进行设置(图 3-60)。 单击重新计算，让 ArcGIS 软件设置格网大小；单击编辑，输入一个或多个格网大小，然后单击确定设置自己的格网大小。需要注意的是格网每往上一级，都是下一级的 3 倍。

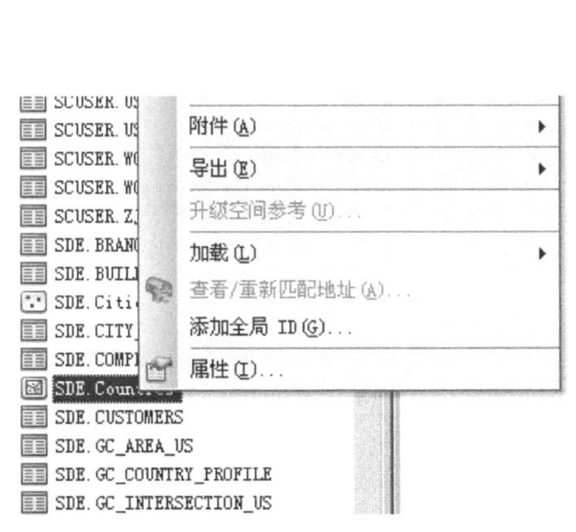

图 3-59　右键点击图层，查看其属性

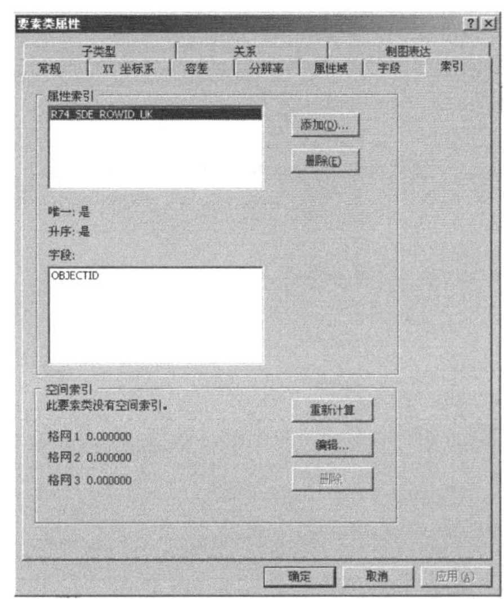

图 3-60　在索引标签中重新计算其空间索引

(3) 单击确定构建空间索引，然后关闭要素类属性对话框。

2. 栅格数据新建金字塔

实验准备：已经将 Wsiearth 及 BloomfieldTownship 文件夹中的数据拷至 TEST 文件夹下，且删除*.rrd 文件。

实验过程：

(1) 启动 ArcCatalog，在目录树下，选择 TEST 文件夹下的 Wsiearth，然后右键单击“构建金字塔(Pyramid)”(图 3-61)。

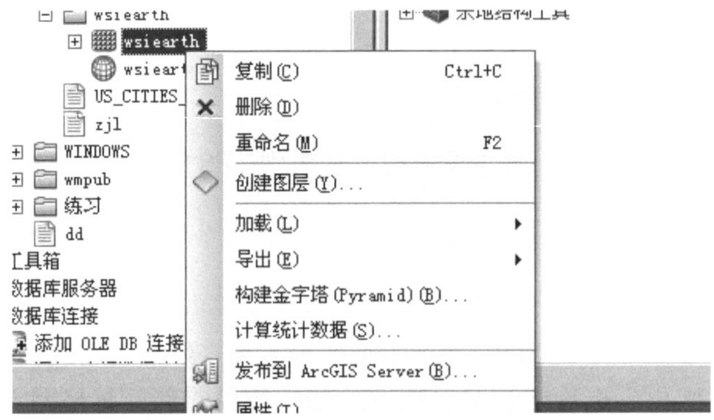

图 3-61　在删格数据上右键选择“构建金字塔”

(2) 在弹出的对话框中，确认输入栅格数据集是否正确，并点击“确定”(图 3-62)。

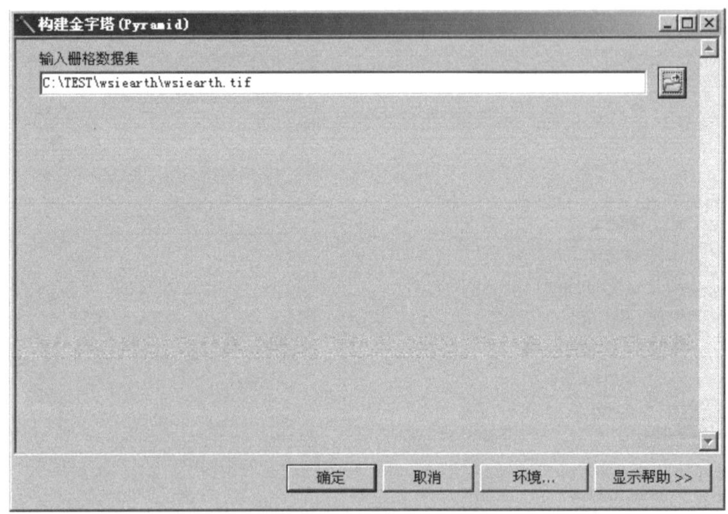

图 3-62　构建金字塔对话框

(3) 在栅格数据上右键“属性”，查看新生成的金字塔数据结构(图 3-63)。

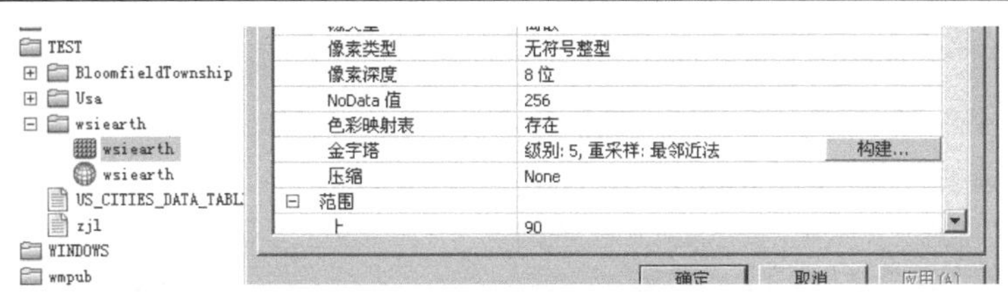

图 3-63　查看生成的金字塔数据结构

(4) 对比未建索引与建过索引的栅格数据操作，可以在栅格数据的使用中发现建过索引后的流畅度明显比未建索引的高。也许对于小的栅格数据并不能明显体现出来，但如果使用大型栅格数据进行操作，或将其作为动态图层使用时效果将更为明显。

3. 删除并新建空间索引

实验准备：已将三个 DMP 文件导入 SCUSER 用户之中。

实验内容：

(1) 删除空间索引。在导入数据过程中或使用过程中，如果出现空间索引错误，则必须删除空间索引(图 3-64)。

```
SQL> DROP INDEX customers_sidx;

索引已删除。
```

图 3-64　删除空间索引示例

(2) 新建元数据。在新建新的空间索引时，必须要新建元数据，否则新建空间索引将失败(图 3-65)。

```
SQL> INSERT INTO user_sdo_geom_metadata
  (table_name, column_name, srid, diminfo)
  VALUES
  (
    'CUSTOMERS', -- TABLE_NAME
    'LOCATION', -- COLUMN_NAME
    8307, -- SRID specifying a geodetic coordinate system
    SDO_DIM_ARRAY -- DIMINFO attribute for storing dimension bounds, toleranc
e
    (
      SDO_DIM_ELEMENT
      (
        'LONGITUDE', -- DIMENSION NAME for first dimension
        -180, -- SDO_LB for the dimension: -180 degrees
        180, -- SDO_UB for the dimension: 180 degrees
        0.5 -- Tolerance of 0.5 meters (not 0.5 degrees: geodetic SRID)
      ),
      SDO_DIM_ELEMENT
      (
        'LATITUDE', -- DIMENSION NAME for second dimension
        -90, -- SDO_LB for the dimension: -90 degrees
        90, -- SDO_UB for the dimension: 90 degrees
        0.5 -- Tolerance of 0.5 meters (not 0.5 degrees: geodetic SRID)
      )
    )
  );

已创建 1 行。
```

图 3-65　新建空间数据表的元数据

如果在新建过程中，没有出现以下错误则表示新建成功，否则代表当前元数据表中已经存在 CUSTOMERS 的元数据信息。

(3) 新建空间索引(图 3-66)。

```
SQL> CREATE INDEX customers_sidx ON customers(location)
  2  INDEXTYPE IS MDSYS.SPATIAL_INDEX;

索引已创建。
```

图 3-66　新建空间数据表的空间索引

4. 确认存储空间索引的 SDO_INDEX_TABLE

实验准备：CUSTOMERS 文件已经创建索引。

实验内容：确认存储空间索引的 SDO_INDEX_TABLE，如图 3-67 所示。

```
SQL> SELECT SDO_INDEX_TABLE FROM USER_SDO_INDEX_INFO
  2  WHERE TABLE_NAME = 'CUSTOMERS' AND COLUMN_NAME='LOCATION';

SDO_INDEX_TABLE
--------------------------------
MDRT_12D7D$
```

图 3-67　确认存储空间索引的 SDO_INDEX_TABLE

5. 将 CUSTOMERS_SIDX 索引放到 SDE 的表空间中

实验准备：删除原有 CUSTOMERS_SIDX 表空间。

实验内容：

(1) 在 SDE 表中创建 CUSTOMERS_SIDX，如图 3-68 所示。

```
SQL> CREATE INDEX customers_sidx ON customers(location)
  2  INDEXTYPE IS MDSYS.SPATIAL_INDEX
  3  PARAMETERS ('TABLESPACE=SDE');

索引已创建。
```

图 3-68　在 SDE 表中创建 CUSTOMERS_SIDX

(2) 为索引创建初始参数及扩展参数，如图 3-69 所示。

```
SQL> CREATE INDEX customers_sidx ON customers(location)
  2  INDEXTYPE IS MDSYS.SPATIAL_INDEX
  3  PARAMETERS ('TABLESPACE=sde NEXT=5K INITIAL=10K');

索引已创建。
```

图 3-69　为索引创建初始参数及扩展参数

在上面的练习中，针对表空间的管理时，参数值的设定会对其有一定的影响。

6. 使用 WORK_TABLESPACE 参数创建表索引

在索引的创建过程中，R-tree 索引会在整个数据集上执行排序操作，因此会产生一些工作表，不过这些工作表在索引创建过程结束时会被删除。创建和删除大量不同大小的表会使表空间产生很多的空间碎片，为避免这种情况，需使用 WORK_TABLESPACE。

实验准备：删除原有 CUSTOMERS_SIDX 表空间。

实验内容：在 SDE 表中创建 CUSTOMERS_SIDX，如图 3-70 所示。

```
SQL> CREATE INDEX customers_sidx ON customers(location)
  2  INDEXTYPE IS MDSYS.SPATIAL_INDEX
  3  PARAMETERS ('WORK_TABLESPACE=SDE');

索引已创建。
```

图 3-70 利用 WORK_TABLESPACE 在 SDE 表中创建 CUSTOMERS_SIDX

在这个实验中，将所有的工作表放入表空间 SDE 中，这保证了含有索引和(或)数据的表空间在索引创建过程中不会产生碎片。

7. 使用 LAYER_GTYPE 参数指定索引类别

正常情况下空间索引支持各种几何数据，通过使用指定的几何体，有助于完整性检查并加快查询速度。

实验准备：删除原有 CUSTOMERS_SIDX 表空间。

实验内容：指定 CUSTOMERS_SIDX 索引类型为点，如图 3-71 所示。

```
SQL> CREATE INDEX customers_sidx ON customers(location)
  2  INDEXTYPE IS MDSYS.SPATIAL_INDEX
  3  PARAMETERS ('LAYER_GTYPE=POINT');

索引已创建。
```

图 3-71 指定 CUSTOMERS_SIDX 索引类型为点

8. 使用 SDO_DML_BATCH_SIZE 参数设定索引的缓冲值

对含有空间索引的表的插入和删除操作并未直接纳入该空间索引。相反，它们是在事务提交时被批量地纳入该索引中。这个参数用于指定一个事务中批量插入/删除/更新时的批量大小。

实验准备：删除原有 CUSTOMERS_SIDX 表空间。

实验内容：指定 CUSTOMERS_SIDX 索引缓冲值，如图 3-72 所示。

```
SQL> CREATE INDEX customers_sidx ON customers(location)
  2  INDEXTYPE IS MDSYS.SPATIAL_INDEX
  3  PARAMETERS ('SDO_DML_BATCH_SIZE=5000');

索引已创建。
```

图 3-72 指定 CUSTOMERS_SIDX 索引缓冲值

如果没有被明确指定，该参数被内存设为1000。这相当于一个事务中如果有大量插入等各种操作数据加入，数据处理也只能按每批次 1000 来处理。通过设定此参数将充分提高提交系统的性能。但也相对的消耗更多的内存和其他系统资源。

9. 检查 USER_SDO_INDEX_METADATA 视图

实验准备：了解 USER_SDO_INDEX_METADATA

实验内容：查询索引建立情况，如图 3-73 所示。

```
SQL> SELECT SDO_DML_BATCH_SIZE FROM USER_SDO_INDEX_METADATA
  2  WHERE SDO_INDEX_NAME = 'CUSTOMERS_SIDX';

SDO_DML_BATCH_SIZE
------------------
              5000
```

图 3-73　查询索引建立情况

通过本习题之前的实验就会知道为何这里缓冲值已经设为 5000 了。同样，可以在 USER_SDO_INDEX_METADATA 视图中检查 SDO_TABLESPACE 等的值。

10. 计算空间索引大小需求

对于一张表中 N 行数据的一个集合，R-tree 空间索引大致需要 100×3×N 字节作为空间索引表的存储空间。在创建索引的过程中，R-tree 空间索引还需要额外 200×3×N~300×3×N 字节作为临时工作表的存储空间。

实验内容：计算空间索引大小需求，如图 3-74 所示。

```
SQL> SELECT sdo_tune.estimate_rtree_index_size
  2  (
  3  'SPATIAL', -- schema name
  4  'CUSTOMERS', -- table name
  5  'LOCATION' -- column name on which the spatial index is to be built
  6  ) sz
  7  FROM dual;

        SZ
----------
         1
```

图 3-74　计算空间索引大小需求

空间索引信息查询说明：

SPATIAL：指定模式名称

CUSTOMERS：指定表名称

LOCATION：指定要创建的空间索引的列名

为了在 CUSTOMERS 表的 location 列上创建一个空间索引，该函数大约需要 1MB 的空间。不过这是最后的索引大小，在索引创建过程中大概还需要 2~3 倍的空间。

实验 3.4　空间数据加载

一、实验目的

掌握 Oracle Load 的使用，学会空间数据的迁移方法。

二、实验平台

(1) 操作系统：Windows Server 2003；
(2) 数据库管理系统：Oracle 11g R2；
(3) 数据内容：USA.GDB。

三、实验内容和要求

(1) 使用 Oracle Load，对空间数据库进行操作；
(2) 熟练使用 Oracle Load 工具。

四、Oracle Loader 介绍

1. Oracle Loader 简介

Oracle 系统自带了多种工具及管理软件可以用来进行数据的迁移、备份和恢复等工作。但是每个工具都有自己的特点与弱点，如在第二章曾介绍过的 Exp 和 Imp 命令。Exp 和 Imp 命令可以对数据库中的数据进行导入和导出的工作，是常用的数据库备份和恢复的工具，因此主要用在数据库的热备份和恢复方面。有着速度快、使用简单、快捷的优点；同时也有一些缺点，如在不同版本数据库之间的导出、导入的过程之中，总会出现这样或者那样的问题，对于大数据量的导入与导出也存在不稳定等因素。

Oracle Loader 工具却没有这方面的问题，它可以把一些以文本格式存放的数据顺利的导入到 Oracle 数据库中，是一种在不同数据库之间进行数据迁移的非常方便而且通用的工具。缺点在于速度比较慢，对 BLOB 等类型的数据导入存在异常。

Oracle Loader 工具有以下 10 个基本特点。

(1) 能装入不同数据类型文件及多个数据文件的数据；
(2) 可装入固定格式，自由定界以及定长格式的数据；
(3) 可以装入二进制，压缩十进制数据；
(4) 一次可对多个表装入数据；
(5) 连接多个物理记录装到一个记录中；
(6) 对一单记录分解再装入到表中；
(7) 可以用数对定制列生成唯一的 KEY；

(8) 可对磁盘或磁带数据文件装入制表中；

(9) 提供装入错误报告；

(10) 可以将文件中的整型字符串，自动转成压缩十进制并装入列表中。

2. Oracle Loader 组成

1) 控制文件

控制文件是用一种语言写的文本文件，这个文本文件能被 Oracle Loader 识别。Oracle Loader 根据控制文件可以找到需要加载的数据，并且分析和解释这些数据。控制文件由三个部分组成：①全局选件、行、跳过的记录数等；②INFILE 子句指定的输入数据；③数据特性说明。

2) 输入文件

对于 Oracle Loader, 除控制文件外就是输入数据。Oracle Loader 可从一个或多个指定的文件中读出数据。如果数据是在控制文件中指定，就要在控制文件中写成 INFILE * 格式。

数据文件包括以下四方面内容。

(1) 二进制与字符格式：LOADER 可以把二进制文件读到(当成字符读)列表中。

(2) 固定格式：记录中的数据、数据类型、 数据长度固定。

(3) 可变格式：每个记录至少有一个可变长数据字段，一个记录可以是一个连续的字符串。数据段的分界(如姓名、年龄)如果用“，”作字段的分界则将引号作为数据括号等。

(4) LOADER 可以使用多个连续字段的物理记录组成一个逻辑记录，记录文件运行情况文件，包括以下内容：①运行日期，软件版本号；②输入输出文件名，对命令行的展示信息及补充信息；③对每个装入信息报告：如表名、装入情况，对初始装入、截入或更新装入的选择情况，状态栏信息；④数据错误报告：错误码、放弃记录报告；⑤装载报告：装入行、装入行数、可能跳过行数、可能拒绝行数、可能放弃行数等；⑥统计概要：使用空间(包括大小，长度)，读入记录数，装入记录数，跳过记录数，拒绝记录数，放弃记录数，运行时间等。

3) 坏文件

坏文件包含那些被 Oracle Loader 拒绝的记录，被拒绝的记录可能是不符合要求的记录。

坏文件的名字由 Oracle Loader 命令的 BADFILE 参数来给定。

4) 日志文件及日志信息

当 Oracle Loader 开始执行后，它就自动建立日志文件。日志文件包含有加载的总结，加载中的错误信息等。

3. 控制语句语法及参数介绍

```
OPTIONS ( { [SKIP=integer] [ LOAD = integer ]
[ERRORS = integer] [ROWS=integer]
[BINDSIZE=integer] [SILENT=(ALL|FEEDBACK|ERROR|DISCARD) ] )
LOAD[DATA]
[ { INFILE | INDDN } {file | * }
[STREAM | RECORD | FIXED length [BLOCKSIZE size]|
VARIABLE [length] ]
[ { BADFILE | BADDN } file ]
{DISCARDS | DISCARDMAX} integr ]
[ {INDDN | INFILE}…… ]
[ APPEND | REPLACE | INSERT ]
[RECLENT integer]
[ { CONCATENATE integer |
   CONTINUEIF { [THIS | NEXT] (start[: end])LAST }
Operator {'string' | X 'hex' } } ]
INTO TABLE [user.]table
[APPEND | REPLACE|INSERT]
[WHEN condition [AND condition]……]
[FIELDS [delimiter] ]
(
   column {RECNUM | CONSTANT value |
SEQUENCE ( { integer | MAX |COUNT} [, increment] ) |
[POSITION ( { start [end] | * [ + integer] }
) ]
datatype
    [TERMINATED [ BY ] {WHITESPACE| [X] 'character' } ]
     [ [OPTIONALLY] ENCLOSE   [BY] [X]'character']
[NULLIF condition ]
[DEFAULTIF condotion]
}
[ ,……]
)
[INTO TABLE……]
[BEGINDATA]
```

1) 要加载的数据文件

(1) INFILE 和 INDDN 是同义词，它们后面都是要加载的数据文件。如果用“*”表示数据就在控制文件内，在 INFILE 后可以跟几个文件。

(2) STRAM 表示一次读一个字节的数据，新行代表新物理记录(逻辑记录可由几个物理记录组成)。

(3) RECORD 使用宿主操作系统文件及记录管理系统，如果数据在控制文件中则使用这种方法。

(4) FIXED length 要读的记录长度为 length 字节。

(5) VARIABLE 被读的记录中前两个字节包含的长度，length 记录可能的长度，缺省为 8k 字节。

(6) BADFILE 和 BADDN 同义。Oracle 不能加载数据到数据库的那些记录。

(7) DISCARDFILE 和 DISCARDDN 是同义词，记录没有通过的数据。

(8) DISCARDS 和 DISCARDMAX 是同义词，Integer 为最大放弃的文件个数。

2) 加载的方法

(1) APPEND 给表添加行。

(2) INSERT 给空表增加行(如果表中有记录则退出)。

(3) REPLACE 先清空表再加载数据。

(4) RECLENT 用于两种情况：①SQLLDR 不能自动计算记录长度；②用户想看坏文件的完整记录时，对于后一种，Oracle 只能按常规把坏记录部分写到错误的地方。如果看整条记录，则可以将整条记录写到坏文件中。

3) 指定最大的记录长度

CONCATENATE 允许用户设定一个整数，表示要组合逻辑记录的数目。

4) 建立逻辑记录

(1) THIS 检查当前记录条件，如果为真则连接下一个记录。

(2) NEXT 检查下一个记录条件。如果为真，则连接下一个记录到当前记录来。

(3) Start、end 表示要检查在 THIS 或 NEXT 字串是否存在继续串的列，以确定是否进行连接。示例如下：

```
continueif next(1-3)='WAG' 或 continueif next(1-3)=X'0d03if'
```

5) 指定要加载的表

(1) INTO TABLE 指要加的表名。

(2) WHEN 和 select WHERE 类似，用来检查记录的情况，如 when(3-5)='SSM' and (22)='*'

6) 介绍并括起记录中的字段

FIELDS 给出记录中字段的分隔符，FIELDS 格式为

```
FIELDS [TERMIALED [BY] {WHITESPACE | [X] 'charcter'} ]
[[ OPTIONALLY] ENCLOSE [BY] [X]'charcter' ]
```

TERMINATED 读完前一个字段即开始读下一个字段直到结束。

WHITESPACE 指结束符是空格的意思，包括空格、Tab、换行符、换页符及回车符。如果是要判断单字符，可以用单引号括起，如 X'1B'等。

OPTIONALLY ENCLOSED 表示数据应由特殊字符括起来。也可以括在 TERMINATED 字符内。使用 OPTIONALLY 要同时用 TERMINLATED。

ENCLOSED 指两个分界符内的数据。如果同时用 ENCLOSED 和 TERMINAED ，则它们的顺序决定计算的顺序。

7) 定义列

(1) column 是表列名。列的取值可以是 BECHUM、CONSTANT 或 SEQUENCE。BECHUM 表示逻辑记录数，第一个记录为 1，第 2 个记录为 2；CONSTANT 表示赋予常数；SEQUENCE 表示序列可以从任意序号开始，格式为

```
SEQUENCE ({ integer | MAX |COUNT} [,increment])
```

POSITION 给出列在逻辑记录中的位置。可以是绝对的，或相对前一列的值。格式为

```
POSITION( {start[end] | * [+integer] } )
```

(2) Start 开始位置，其中，* 表示前字段之后立刻开始；+ 从前列开始向后条的位置数。

8) 定义数据类型

可以定义 14 种数据类型。

```
(1)字符类型数据:
CHAR [ (length)] [delimiter]
length 缺省为 1
(2)日期类型数据:
DATE [ ( length)]['date_format' [delimiter]
使用 to_date 函数来限制。
(3)字符格式中的十进制，用于常规格式的十进制数:
DECIMAL EXTERNAL [(length)] [delimiter]
(4)压缩十进制格式数据:
DECIMAL (digtial [,precision])
(5)双精度符点二进制:
DOUBLE
(6)普通符点二进制:
FLOAT
(7)字符格式符点数:
FLOAT EXTERNAL [ (length) ] [delimiter]
(8)双字节字符串数据:
GRAPHIC [ (legth)]
(9)双字节字符串数据:
GRAPHIC EXTERNAL[ (legth)]
(10)常规全字二进制整数:
INTEGER
(11)字符格式整数:
INTEGER EXTERNAL
(12)常规全字二进制数据:
SMALLINT
```

(13)可变长度字符串：
VARCHAR
(14)可变双字节字符串数据：
VARGRAPHIC

4. SQLLDR 命令格式

SQLLDR 命令格式如图 3-75 所示。

```
C:\>sqlldr

SQL*Loader: Release 11.2.0.1.0 - Production on 星期三 4月 25 17:15:21 2012

Copyright (c) 1982, 2009, Oracle and/or its affiliates.  All rights reserved.


用法: SQLLDR keyword=value [,keyword=value,...]
```

图 3-75　SQLLDR 格式说明

(1) USERID：Oracle 用户名及口令，如果在命令中没有给出，Oracle 会提示你输入用户名及口令。一般在 SQLLDR 命令后直接输入用户名，加斜杠，接着输入口令。

(2) CONTROL：控制文件名。一般文件类型为.ctl。

(3) LOG：日志文件名。记录加载过程的信息，如果没有给出日志文件名，则 Oracle 自动建立一个与控制文件名相同但类型为.log 的文件。

(4) BAD：坏信息文件名。记录不符合要求的信息，如果没有给出坏文件名，则 Oracle 自动建立一个与控制文件名相同但类型为.bad 的文件。

(5) DATA：数据文件名。如果没有给出数据文件名，则 Oracle 认为数据文件名与控制文件名相同但类型为.dat 的文件。

(6) DISCARD：SQL*Loader 既不拒绝也不插入到数据库记录的文件。因为它们不符合控制文件中 WHERE 子句的条件要求或全部为空，只要给出名字 Oracle 就创建该文件。如果没有给出忽略文件名，则 Oracle 自动建立一个与控制文件名相同但类型为.dsc 的文件。

(7) DISCARDMAX：停止加载前允许丢弃的记录最大数。如果没有给出这个参数，那么所有的记录都可以被丢弃。

(8) SKIP：开始加载前需要跳过 N 个逻辑记录数(缺省＝0)。

(9) LOAD：要加载的最大记录数。没有给出这个参数则表示要加载所有的记录。

(10) ERRORS：加载中允许出现的错误数(缺省＝50)。

(11) ROWS：数组处理时的行数。如果没有指定 ROWS,缺省为 64。

(12) BINDSIZE：数组大小(字节数)最大字节与 OS 有关，大小由 ROWS 确定。

(13) SILENT：运行中特定的信息显示，分别为以下六点：①Header，抑制 SQL*Loader 头标题显示；②Feedback，抑制每个提交点的反馈信息；③Errors，抑制登录引起的 Oracle 错误的每条信息；④Discards，抑制登录丢弃的每条记录；⑤Partitions，抑制分区显示的信息；⑥ALL：抑制上面所有的信息显示。

(14) DIRECT：使用的路径。

(15) PARFILE：参数文件名(文件名会有参数)。

(16) PARALLEL：并行加载(缺省为 FALSE)。

(17) FILE：扩展文件名。

SQL*Loader 命令例子如下：

```
SQLDR CONTROL=foo.ctl, LOG=bar.log, BAD=baz.bad, DATA=etc.dat
USERID=scott/tiger, ERRORS=999, LOAD=2000, DISCARD=toss.dis,
DISCARDMAX=5
```

五、实验准备

1. 导入新数据

在之前的练习中，已经新建了用户 SCUSER，并已导入了 SCOTT 用户下的数据表。在本章实验中，所有的操作将基于此用户及其表数据完成。如果没有新建用户或建立数据，请参看实验 2.1 中相关实验准备内容。完成相关准备后再执行以下操作。

(1) 新建测试用用户表(图 3-76)，表名为 EMP_LRD，在此可以使用在前面章节中使用的复制表方法新建这两张表。

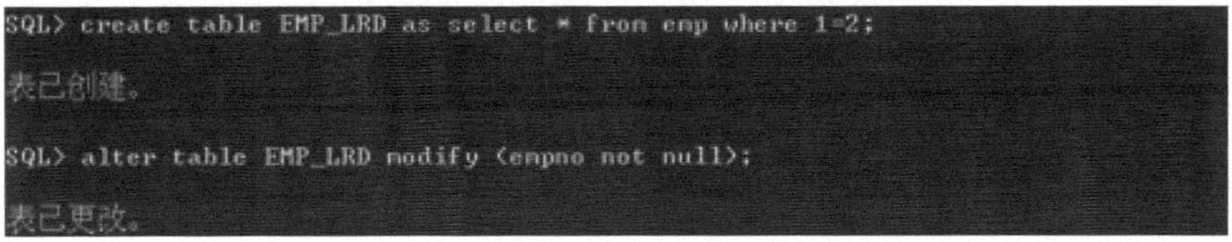

```
SQL> create table EMP_LRD as select * from emp where 1=2;
表已创建。
SQL> alter table EMP_LRD modify (empno not null);
表已更改。
```

图 3-76　新建 EMP_LRD 表，并指定约束条件

(2) 仿造 DEPT 表新建测试用用户表，表名为 DEPT_LRD(图 3-77)。

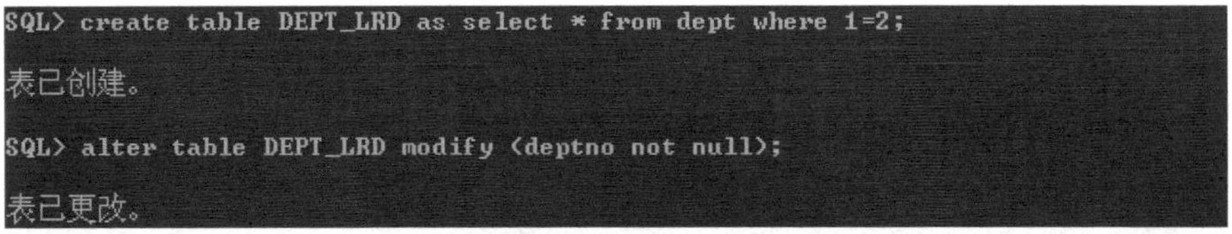

```
SQL> create table DEPT_LRD as select * from dept where 1=2;
表已创建。
SQL> alter table DEPT_LRD modify (deptno not null);
表已更改。
```

图 3-77　仿造 DEPT 表新建测试用用户表，表名为 DEPT_LRD

2. 创建新表

新建表，表名为 ZJL，表名及数据结构创建方法如下。

(1) 创建新表，表格式如图 3-78 所示。

```
SQL> create table zjl(
  2  name varchar(10),
  3  birth varchar(10),
  4  spec varchar(50),
  5  part varchar(80));

表已创建。
```

图 3-78　新建 ZJL 表

(2) 数据内容如下：

```
朱 xx 1962.05.24 电器 沈阳变压器厂
朱 xx 1973.11.10 天文仪器 中国科学院
刘 xx 1963.03.17 航空航天推进系统 中国航天工业总公司
孙 xx 1970.07.14 运载火箭 中国航天工业总公司
李 xx 1976.11.17 飞机自动化 中国航空工业总公司
李 xx 1967.05.31 气体动力学 南京理工大学
杨 xx 1966.08.09 水声工程 哈尔滨工程大学
```

六、实验流程

1. 实现基础的 SQLLDR 文件导入功能

实验准备：已经准备完毕 ZJL 表及相关测试数据，并将两个文件放到相应的测试目录下。

实验内容：

(1) 编写 ZJL.CTL 测试文件，内容如下：

```
load data
infile zjl.txt
append
into table zjl
(name position(01:08) char,
birth position(09:18) char,
spec position(19:48)char,
depart position(49:108) char)
```

(2) 读取控制文件并导入数据文件，如图 3-79 所示。

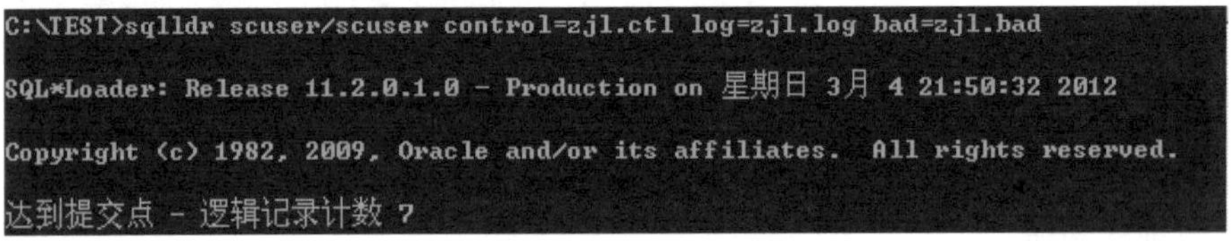

```
C:\TEST>sqlldr scuser/scuser control=zjl.ctl log=zjl.log bad=zjl.bad

SQL*Loader: Release 11.2.0.1.0 - Production on 星期日 3月 4 21:50:32 2012

Copyright (c) 1982, 2009, Oracle and/or its affiliates.  All rights reserved.

达到提交点 - 逻辑记录计数 7
```

图 3-79　读取控制文件并导入数据文件

(3) 查看日志文件。

```
插入选项对此表 APPEND 生效
列名                          位置        长度  中止     包装数据类型
----------------- ---------- ----- ---- ---- ---------------------
NAME                           1:8         8               CHARACTER
BIRTH                          9:18        10              CHARACTER
SPEC                          19:48        30              CHARACTER
DEPART                        49:108       60              CHARACTER
记录 2: 被拒绝 - 表 ZJL 的列 SPEC 出现错误。
多字节字符错误。
记录 3: 被拒绝 - 表 ZJL 的列 SPEC 出现错误。
多字节字符错误。
记录 4: 被拒绝 - 表 ZJL 的列 SPEC 出现错误。
多字节字符错误。
记录 5: 被拒绝 - 表 ZJL 的列 SPEC 出现错误。
多字节字符错误。
```

通过分析上段日志文件，导入错误是因为在控制文件中对数据加载的字段定长的限制。关于这类问题解决方法如下。

对数据文件字段进行调整，使其符号符合控制文件中文件长度(图 3-80)。

```
文件(F)  编辑(E)  格式(O)  查看(V)  帮助(H)
朱xx     1962.05.24 电器                          沈阳变压器厂
朱xx     1973.11.10 天文仪器                      中国科学院
刘xx     1963.03.17 航空航天推进系统              中国航天工业总公司
孙xx     1970.07.14 运载火箭                      中国航天工业总公司
李xx     1976.11.17 飞机自动化                    中国航空工业总公司
李xx     1967.05.31 气体动力学                    南京理工大学
杨xx     1966.08.09 水声工程                      哈尔滨工程大学
```

图 3-80　重新制作数据文件格式

使用 TRUNCATE 清空 ZJL 表中数据，并重新导入数据查看数据结果，如图 3-81 所示。

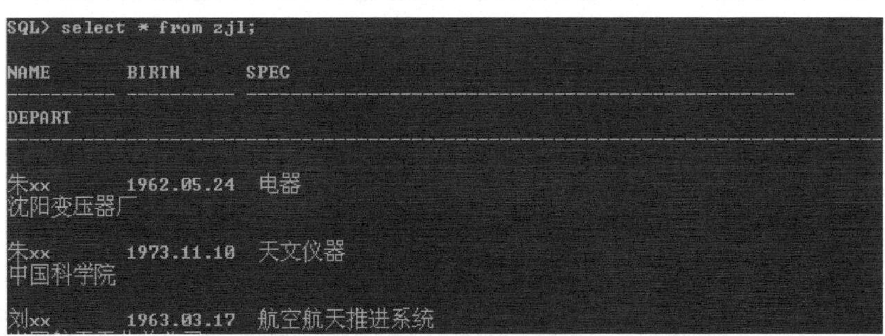

```
SQL> select * from zjl;

NAME       BIRTH      SPEC
---------- ---------- --------------------------------------------------
DEPART
------------------------------------------------------------------------

朱xx       1962.05.24 电器
沈阳变压器厂

朱xx       1973.11.10 天文仪器
中国科学院

刘xx       1963.03.17 航空航天推进系统
```

图 3-81　查询导入数据结果

在上面的实验中，使用了最低效率的解决方法。在后续的实验中，将接触到一些新的格式设定，从中可以找到此类问题的高效率解决之策。

2. 测试加载非固定长度数据

实验准备：已经完成 DEPT_LRD 表的创建。

实验内容：

(1) 创建 ULCASE1.CTL 控制文件。文件内容如下：

```
LOAD DATA
INFILE *
INTO TABLE dept_lrd
FIELDS TERMINATED BY ',' OPTIONALLY ENCLOSED BY '"'
(deptno,dname,loc)
BEGINDATA
12,RESEARCH,"SARATOGA"
10,"ACCOUNTING",CLEVELAND
11,"ART",SALEM
13,FINANCE,"BOSTON"
21,"SALES",PHILA.
22,"SALES",ROCHESTER
42,"INT'L","SAN FRAN"
```

在此文件中，有三点需要注意：①该文件中数据文件就是当前文件，而数据则以 BEGINDATA 开头；②FIELDS TERMINATED BY 表示各字段是以“，”隔开；③OPTIONALLY ENCLOSED BY 表示字段以“"”中间的内容为主。

(2) 执行控制文件(图 3-82)，并查询文件导入效果(图 3-83)。

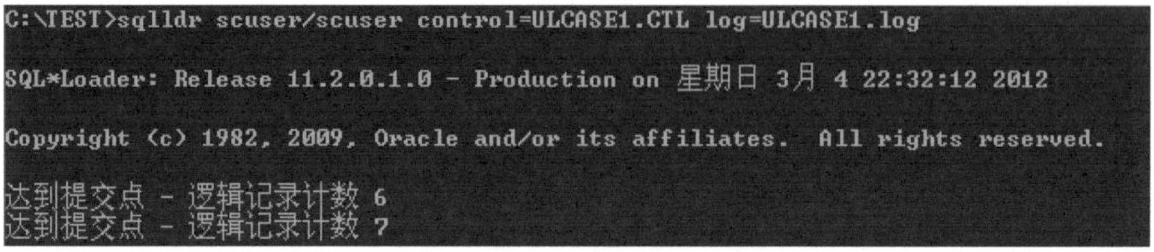

```
C:\TEST>sqlldr scuser/scuser control=ULCASE1.CTL log=ULCASE1.log

SQL*Loader: Release 11.2.0.1.0 - Production on 星期日 3月 4 22:32:12 2012

Copyright (c) 1982, 2009, Oracle and/or its affiliates.  All rights reserved.

达到提交点 - 逻辑记录计数 6
达到提交点 - 逻辑记录计数 7
```

图 3-82　执行控制文件，并查看数据

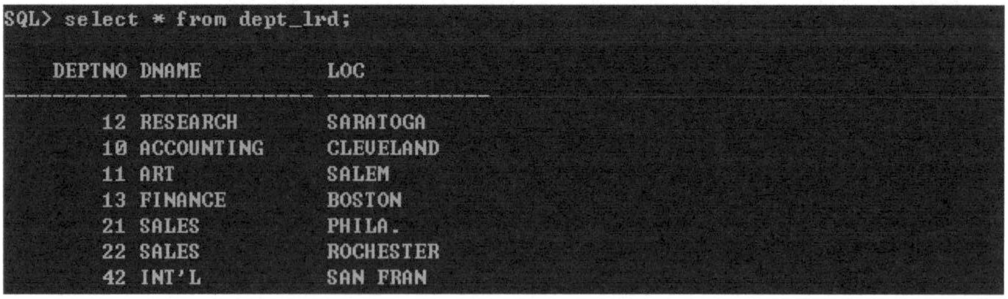

```
SQL> select * from dept_lrd;

    DEPTNO DNAME          LOC
---------- -------------- -------------
        12 RESEARCH       SARATOGA
        10 ACCOUNTING     CLEVELAND
        11 ART            SALEM
        13 FINANCE        BOSTON
        21 SALES          PHILA.
        22 SALES          ROCHESTER
        42 INT'L          SAN FRAN
```

图 3-83　查询文件导入效果

3. 限定符自由格式数据使用

实验准备：已经创建完成 EMP_LRD 表。

实验内容：

(1) 为 EMP_LRD 表添加数据(图 3-84)。此处也可以不添加数据，如果添加数据需要在添加后删除 ENAME 为 CLARK、KING、MILLER 的人员。

```
SQL> insert into emp_lrd(empno,ename,job,mgr,hiredate,sal,comm,deptno)
  2  select a.empno,a.ename,a.job,a.mgr,a.hiredate,a.sal,a.comm,a.deptno
  3  from emp a;
```

图 3-84　为 EMP_LRD 表添加数据

(2) 为 EMP_LRD 表添加数据字段 PROJNO、LOADSEQ(图 3-85)。

```
SQL> alter table emp_lrd add (PROJNO NUMBER, LOADSEQ NUMBER);

表已更改。

SQL> describe emp_lrd
 名称                                       是否为空? 类型
 ----------------------------------------- -------- ----------------------------

 EMPNO                                     NOT NULL NUMBER(4)
 ENAME                                              VARCHAR2(10)
 JOB                                                VARCHAR2(9)
 MGR                                                NUMBER(4)
 HIREDATE                                           DATE
 SAL                                                NUMBER(7,2)
 COMM                                               NUMBER(7,2)
 DEPTNO                                             NUMBER(2)
 PROJNO                                             NUMBER
 LOADSEQ                                            NUMBER
```

图 3-85　为 EMP_LRD 表添加数据字段 PROJNO，LOADSEQ

(3) 编写控制文件 ULCASE2.CTL，文件内容如下：

```
LOAD DATA
INFILE *
APPEND
INTO TABLE emp_lrd
FIELDS TERMINATED BY "," OPTIONALLY ENCLOSED BY '"'
(empno, ename, job, mgr,
hiredate DATE(20)"YYYY-mm-DD",
sal, comm, deptno CHAR TERMINATED BY ':',
projno,
loadseq SEQUENCE(MAX,1))
BEGINDATA
7782,"Clark","Manager",7839,1981-07-09,2572.50,,10:101
7839,"King","President",,1981-11-17,5500.00,,10:102
7934,"Miller","Clerk",7782,1982-01-23,920.00,,10:102
```

(4) 执行控制文件，并查看结果(图 3-86、图 3-87)。

```
C:\TEST>sqlldr scuser/scuser control=ulcase2.ctl log=ulcase2.log

SQL*Loader: Release 11.2.0.1.0 - Production on 星期日 3月 4 23:17:56 2012

Copyright (c) 1982, 2009, Oracle and/or its affiliates.  All rights reserved.

达到提交点 - 逻辑记录计数 2
达到提交点 - 逻辑记录计数 3
```

图 3-86　执行控制文件

```
SQL> select * from emp_lrd
  2  ;

     EMPNO ENAME      JOB              MGR HIREDATE               SAL       COMM
---------- ---------- --------- ---------- -------------- ---------- ----------
    DEPTNO     PROJNO    LOADSEQ
---------- ---------- ----------
      7782 Clark      Manager         7839 09-7月 -81         2572.5
        10        101          1

      7839 King       President            17-11月-81           5500
        10        102          2

      7934 Miller     Clerk           7782 23-1月 -82            920
        10        102          3
```

图 3-87　查看导入结果

4. 加载组合的物理数据

实验准备：清空 EMP_LRD 表。

实验内容：

(1) 制作控制文件 ULCASE3.CTL，文件内容如下：①DISCARDFILE 放弃文件的名字为 ULCASE3.DSC；②DISCARDMAX 最大放弃为 999；③ REPLACE 以替换的方式插入数据；④CONTINUEIF THIS 描述如果在列中找到星号，其后就是物理记录。

```
LOAD DATA
INFILE 'ulcase3.dat'
DISCARDFILE 'ulcase3.dsc'
DISCARDMAX 999
REPLACE
CONTINUEIF THIS (1) = '*'
INTO TABLE emp_lrd
(empno POSITION(1:4) INTEGER EXTERNAL,
ename POSITION(6:15) CHAR,
job POSITION(17:25) CHAR,
mgr POSITION(27:30) INTEGER EXTERNAL,
sal POSITION(32:39) DOUBLE,
```

```
comm POSITION(41:48) DECIMAL EXTERNAL,
deptno POSITION(50:51) INTEGER EXTERNAL,
hiredate POSITION(52:60) DATE(10)'YYYY-mm-DD')
```

(2) 制作数据文件，数据文件如下：

```
*7782 CLARK
MANAGER   7839 2572.50  -10        251985-11-12
*7839 KING
PRESIDENT      5500.00             251983-04-05
*7934 MILLER
CLERK     7782 920.00              251980-05-08
*7566 JONES
MANAGER   7839 3123.75             251985-07-17
*7499 ALLEN
SALESMAN  7698 1600.00  300.00     251984-06-03
*7654 MARTIN
SALESMAN  7698 1312.50  1400.00    251985-12-21
*7658 CHAN
ANALYST   7566 3450.00             251984-02-16
*     CHEN
ANALYST   7566 3450.00             251984-02-16
*7658 CHIN
ANALYST   7566 3450.00             251984-02-16
```

(3) 执行控制文件，如图 3-88 所示。

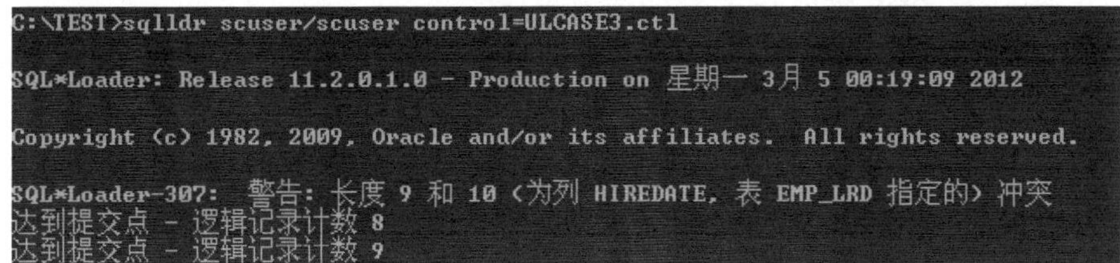

图 3-88　执行控制文件

根据数据可以看到，有条数据的 EMPNO 字段为空，所以数据出现了问题，这时可以在 BAD 文件中查看错误信息(图 3-89)。

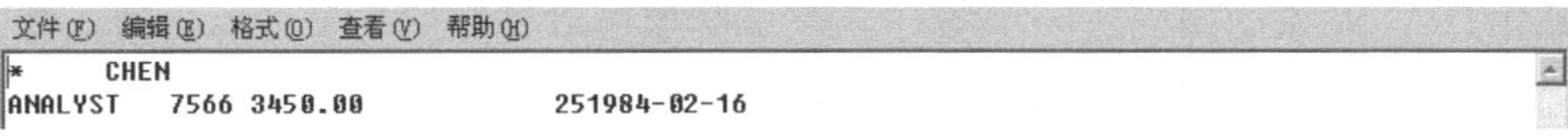

图 3-89　错误问题查找，关键字段为空值

第 4 章　空间数据库高级查询与分析

实验 4.1　几何处理函数

一、实验目的

掌握 Oracle Spatial 几何处理函数的使用，了解 ArcSDE 的 SQL 扩展模块。

二、实验平台

(1) 操作系统：Windows Server 2003；
(2) 数据库管理系统：Oracle 11g R2；
(3) 地理信息系统：ESRI ArcSDE 10；
(4) 数据内容：USA.GDB。

三、实验内容和要求

(1) 练习 Oracle Spatial 几何处理函数的使用和分析；
(2) 练习 ArcSDE 扩展 SQL 包的使用和分析；
(3) 了解几何处理函数的分类，掌握常用函数的使用方法。

四、几何处理函数介绍

本章将就如何使用空间索引和相关空间操作符进行邻近分析(proximity analysis)。在本章将描述几何处理函数，也称作空间函数，并使用这些函数来实现这个功能。

1. 缓冲函数

缓冲函数主要包括 SDO_BUFFER。SDO_BUFFER 函数在已有的 SDO_GEOMETRY 对象周围创建一个缓冲。这个对象可以是任何类型：点、线、多边形或它们的组合，用来使 SDO_GEOMETRY 周围形成以此对象为基准的缓冲区域。

图 4-1 为大家展现了几种不同类型的几何体构建缓冲的例子，通过比较可以很直观地了解不同的几何体通过缓冲函数的设定后，相应的几何体变化情况。

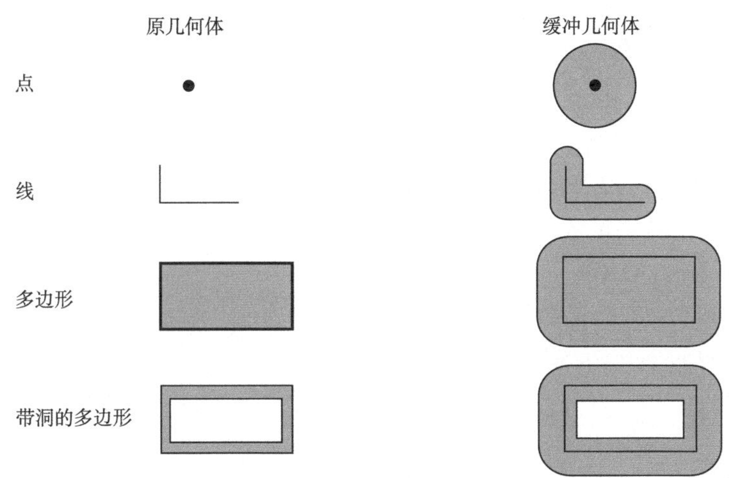

图 4-1　几何体及构建缓冲效果

如何使用 SDO_BUFFER 函数构建这些缓冲，这个函数有如下的语法。

```
SDO_BUFFER
(
        geometry        IN      SDO_GEOMETRY,
        distance        IN      NUMBER,
        tolerance       IN      NUMBER
        [,params        IN      VARCHAR2]
)
```

(1) Geometry 参数，表示将被缓冲的 SDO_GEOMETRY 对象；

(2) Distance 参数，表示缓冲输入的几何体的数值距离；

(3) Tolerance 参数，表示容差；

(4) Params 可选参数，表示两个参数：unit=<value_string>和 arc_tolerance=<value_number>。

unit=<value_string>参数表示距离的单位，通过查阅 MDSYS.SDO_DIST_UNITS 表来获得单位的可能取值。

arc_tolerance=<value_number>作为弧线近似取值而存在，如果坐标系为大地坐标系，则这个参数是必须要使用的。因为在大地测量的空间中弧度是不允许的，利用该参数近似地用线去表示，弧线的容差参数表示弧线与它的近似线的最大距离，弧线容差通常要大于几何体的容差。

在大地测量数据中，容差是以米为单位来指定的；而 arc_tolerance 使用 parameter_string 中指定的单位。如果指定了 units 参数，那么它将应用于弧度容差和缓冲距离。

2. 关系分析函数

关系分析函数包括多个函数，决定了两个 SDO_GEOMETRY 对象之间的关系。例如，确定两者之间的距离，或者与缓冲函数相结合确定一个 SDO_GEOMETRY 对象是否存在于另一个对象的缓冲区域之中。

关系分析函数提供了三个函数，它们的结构及使用方式如下。

1) SDO_DISTANCE

SDO_DISTANCE 函数计算了两个几何体上的任意两点之间的最小距离，它的函数的语法如下：

```
SDO_DISTANCE
(
     Geometry1          IN       SDO_GEOMETRY,
     Geometry2          IN       SDO_GEOMETRY,
     Tolerance          IN       NUMBER
     [,params           IN       VARCHAR2]
)
RETURNS  a  NUMBER
```

(1) Geometry 1 和 Geometry 2 是起始的两个参数，它们表示 SDO_GEOMETRY 对象。

(2) Tolerance 表示数据集的容集。对于大地测量的数据，它们通常是 0.1 米或 0.5 米。对于非大地测量的数据，它将被设置为合适的值，避免四舍五入引起的错误。

(3) Prams 为可选参数，指定了返回距离的单位，通过查看 MDSYS.SDO_DIST_UNITS 表获得可能的单位值。

2) SDO_RELATE

SDO_RELATE 主要计算两个区域间存在的共同数据信息。其他函数结构为：

```
RELATE
(
       Geometry_A          IN       SDO_GEOMETRY,
       Mask,               IN       VARCHAR2,
       Geometry_Q          IN       SDO_GEOMETRY,
       Tolerance           IN       NUMBER
)
```

(1) Geometry_A 和 Geometry_Q 代表两个几何体。

(2) Mask 参数可取如下四个值：①DETERMINE，确定 Geometry_A 和 Geometry_Q 之间的关系或者相互作用；②INSIDE(在内部)、COVEREDBY(被覆盖)、COVERS(覆盖)、CONTAINS(包含)、EQUAL(等价)、OVERLAPBDYDISJOINT(实体相交，边缘不相交)、OVERLAPBDYINTERSECT(实体相交，边缘相交)、ON(在……上)和 TOUCH(接触)；③ANYINTERACT，如果先前的任何一个关系存在；④DISJOINT，如果先前的关系不存在。

(3) RELATE 函数的返回值如下：①如果几何体相关并且指定了 ANYINTERACT mask，返回‘TRUE’；②如果 Geometry_A 和 Geometry_Q 满足指定的 mask 类型关系，返回 mask 值；③如果几何体之间的关系不符合第二个参数 mask 指定的关系，返回‘FALSE’；④如果 mask 被设置为‘DETERMINE’，返回关系系统的类型。

3. 几何组合函数

在空间数据中，一对几何体之间往往存在着一定的组合关系，相交、重叠、互补等。在几何处理函数中对于这种组合关系组出了以下四种不同的组合函数：①A SDO_INTERSECTION B：返回 A 与 B 的共有区域；②A SDO_UNION B：返回 A 与 B 合并后的区域；③A SDO_DIFFERENCE B：返回未被 B 覆盖的 A 的区域；④A SDO_XOR B：返回 A 与 B 之间不相交的区域。

表 4-1　几何组合体表现形式

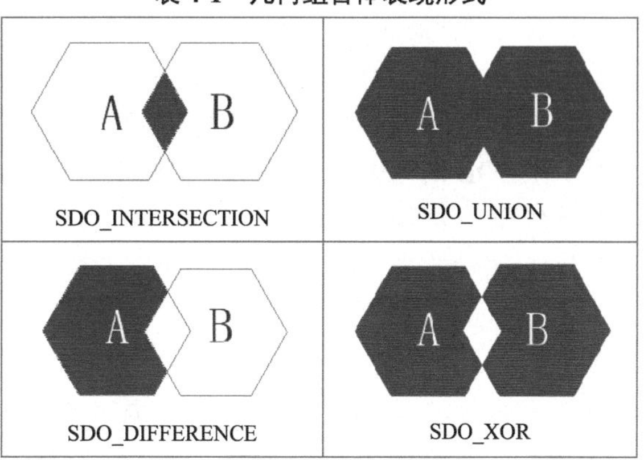

各函数对应关系见表 4-1。

其相对应的语法结构如下：

```
SDO_<set_theory_fn>
(
        Geometry_A          IN      SDO_GEOMETRY,
        Geometry_B          IN      SDO_GEOMETRY,
        Tolerance           IN      NUMBER
)
RETURNS SDO_GEOMETRY
```

Geometry_A 与 Geometry_B 分别指代几何体 A 和 B 是 SDO_GEOMETRY 的对象且必须是同样的 SRID；Tolerance 代表几何对象的容差值。该函数返回一个 SDO_GEOMETRY，它是针对两个几何体进行组合函数计算后得到的结果。

4. 几何分析函数

几何分析函数包括有多个函数，这些函数执行空间分析功能，例如计算单个几何体的面积等，计算两个相叠区域的大小等。

除了 MRB 函数之外，还有其他一些函数可以用来进行简单的几何分析，每个函数都有如下的通用语法：

```
<Function_name>
(
```

```
Geometry IN SDO_GEOMETRY,
Tolerance IN NUMBER
)
RETURENS SDO_GEOMETRY
```

其中第一个参数表示一个 SDO_GEOMETRY 对象，第二个函数表示这个几何体的容差。

5. 聚合函数

聚合函数不同于其他函数的分析，其他函数是以成对或单个几何体进行分析。聚合函数则对任意空间几何体集，而非单个或者成对的几何体。这些几何体集可以通过 SQL 语句中的 WHERE 子句采用任意选择标准而产生。

除了空间聚合函数，其他的空间函数都是 SDO_GEOM 的包的一部分，这意味着可以在 SQL 语句中以 SDO_GEOM.<function.name>的形式调用它们。这些函数可以出现在 SQL 语句中能出现用户定义的函数的任何地方。然而空间聚合函数只能出现在 SQL 语句的 SELECT 列表中。相关的内容将在下面的练习中进行演示与讲解。

五、实验准备

在之前的练习中，已经在数据库中新建了用户 SCUSER，并为其导入了 MAP_LAGRE.DMP 和 MAP_DETAILED.DMP 数据包。在本章实验中，所有的操作将基于此用户及其下表数据完成。如果未有新建用户或建立数据，请参看实验 2.3 中相关实验准备内容。

另从附赠光盘的 Data 包中导入 CITYBLDGS.DMP 数据包，另行备份并导入 SCUSER 用户(图 4-2)。

```
C:\>imp scuser/scuser@orcl file=C:\dmp\citybldgs.dmp ignore=y full=y
```

图 4-2　为 SCUSER 用户导入 CITYBLDGS.DMP 数据包

六、实验流程

1. 缓冲分析函数

实验准备：以 BRANCHES 表中的每一个分支机构位置周围构建一个 0.25 千米的缓冲，并将缓冲数据存储于 SALES_REGIONS 表中便于接下来的分析。

实验内容：

(1) 在分支机构周围建立数据缓冲(图 4-3)，缓冲距离 0.25 千米，容差值 0.5 米，容差参数为 0.005。

```
SQL> CREATE TABLE sales_regions AS
SELECT id,
SDO_GEOM.SDO_BUFFER(b.location, 0.25, 0.5, 'arc_tolerance=0.005 unit=kilometer')geom
FROM branches b;
```

图 4-3　在分支机构周围建立数据缓冲

(2) 查询数据结果。图 4-4 为利用 GeoRaptor 生成的缓冲图，中间圆点为分支机构。

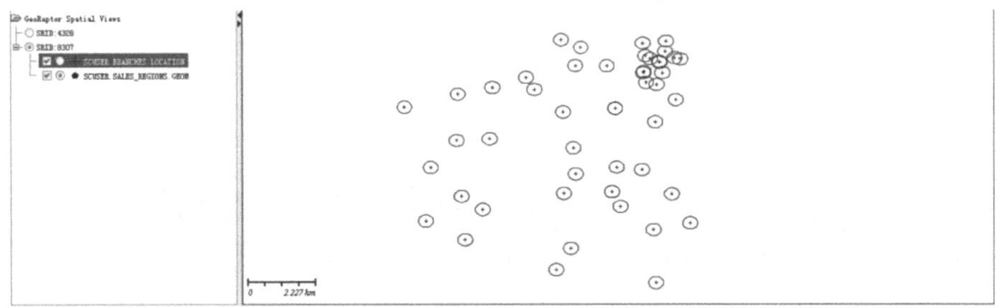

图 4-4　查询分支机构及缓冲数据结果

图 4-4 是查询结果的部分截图，现在已经基本了解每个机构都已构建了独立的缓冲信息，一共 77 条结果数据。

(3) 按步骤(1)中的方法，同样构建竞争对手的缓冲数据信息(图 4-5)。

```
SQL> CREATE TABLE COMPETITORS_SALES_REGIONS AS
SELECT id,
SDO_GEOM.SDO_BUFFER(cmp.location, 0.25, 0.5, 'unit=kilometer arc_tolerance=0.005')geom
From competitors cmp
/

表已创建。
```

图 4-5　构建竞争对手的缓冲数据信息

(4) 查询结果数据。图 4-6 为利用 GeoRaptor 的缓冲图形，中间圆点为竞争对手分支机构。

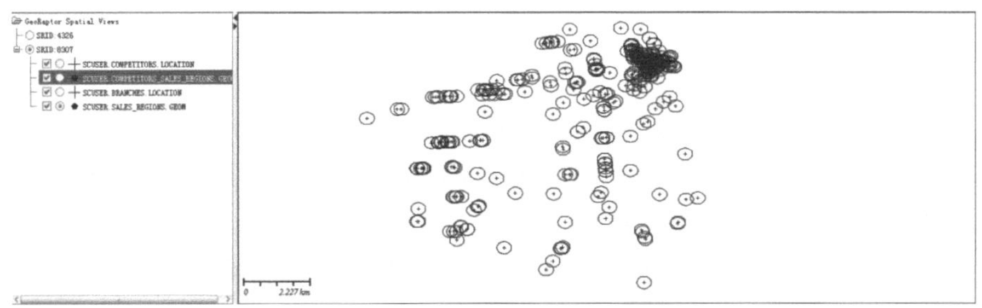

图 4-6　查询竞争对手分支机构及缓冲数据结果

(5) 建立元数据信息，为新建的两张空间数据建立其元数据信息(图 4-7)。

```
SQL> INSERT INTO user_sdo_geom_metadata
  2  SELECT 'SALES_REGIONS',
  3  'GEOM', diminfo, srid FROM user_sdo_geom_metadata
  4  WHERE table_name='BRANCHES';

已创建 1 行。

SQL> INSERT INTO user_sdo_geom_metadata
  2  SELECT 'COMPETITORS_SALES_REGIONS',
  3  'GEOM', diminfo, srid FROM user_sdo_geom_metadata
  4  WHERE table_name='COMPETITORS';

已创建 1 行。
```

图 4-7　为新建缓冲空间数据表构建元数据信息

(6) 为新建缓冲空间数据表建立空间索引(图 4-8)。

```
SQL> CREATE INDEX sr_sidx ON sales_regions(geom)
  2  INDEXTYPE IS mdsys.spatial_index;

索引已创建。

SQL> CREATE INDEX cr_sidx ON competitors_sales_regions(geom)
  2  INDEXTYPE IS mdsys.spatial_index;

索引已创建。
```

图 4-8　为新建缓冲空间数据表建立空间索引

2. 关系分析函数

实验准备：通过已经建立的空间数据及其元数据、空间索引，可以使用 SDO_GEMETRY 中的函数试分析两个数据之间的关系。

实验内容：

(1) 使用 SDO_DISTANCE 确定在竞争对手位置周围 0.25 千米半径范围内的客户，最终结果 8 个(图 4-9)。

```
SQL> SELECT ct.id,ct.name
  2  FROM competitors comp,customers ct
  3  WHERE comp.id=1
  4  AND SDO_GEOM.SDO_DISTANCE(ct.location, comp.location, 0.5,'unit=kilometer')
<0.25
  5  ORDER BY ct.id;
```

图 4-9　在竞争对手位置周围 0.25 千米半径范围内的客户，最终结果 8 个

注意，两张表都已经建立了其各自的空间索引，所以在分析速度上会比较快一些，如果没有空间索引会是如何，大家可以自行比较一下。导入的三张表的空间索引名称分别为：BRANCHES_SX、CUSTOMERS_SIDX、COMPETITORS_SX。删除空间索引的命令为 DROP INDEX。

(2) 使用 SDO_RELATE 命令确认在缓冲区 COMPETITORS_SALES_REGIONS 表中所有的客户信息 (图 4-10)。

```
SQL> SELECT ct.id, ct.name
FROM customers ct, competitors_sales_regions comp
WHERE SDO_GEOM.RELATE(ct.location, 'INSIDE', comp.geom, 0.5) = 'INSIDE'
AND comp.id=1
ORDER BY ct.id;
```

图 4-10　使用 SDO_RELATE 命令确认在缓冲区中所有的客户信息

在这段代码中使用的 mask 是‘INSIDE’，这就是说在缓冲半径 0.25 千米范围内的数据已经全部返回了，但并不包含 0.25 千米之内的。换成‘ANYINTERACT’结果会是怎样，大家可以自行试一下。同样也可以试下如果没有空间索引时此函数的运行速度如何。

3. 几何组合函数

实验准备：在充分了解几何组合函数的基础上完成本练习，通过使用不同的函数试分析各种几何组合状态下得出的数据值。

实验内容：

(1) 使用 SDO_INTERSECTION 函数查询在 SALES_REGIONS 销售缓冲中不同区域与其他区域的相交情况(图 4-11)。

```
SQL> CREATE TABLE sales_intersection_zones AS
SELECT sra.id id1, srb.id id2,
SDO_GEOM.SDO_INTERSECTION(sra.geom, srb.geom, 0.5) intsxn_geom
FROM sales_regions srb, sales_regions sra
WHERE sra.id<> srb.id
AND SDO_RELATE(sra.geom, srb.geom, 'mask=anyinteract' )='TRUE' ;

表已创建。
```

图 4-11　查询在 SALES_REGIONS 销售缓冲中不同区域与其他区域的相交情况

(2) 利用 GeoRaptor 查看销售缓冲中不同区域与其他区域的相交情况(图 4-12)。

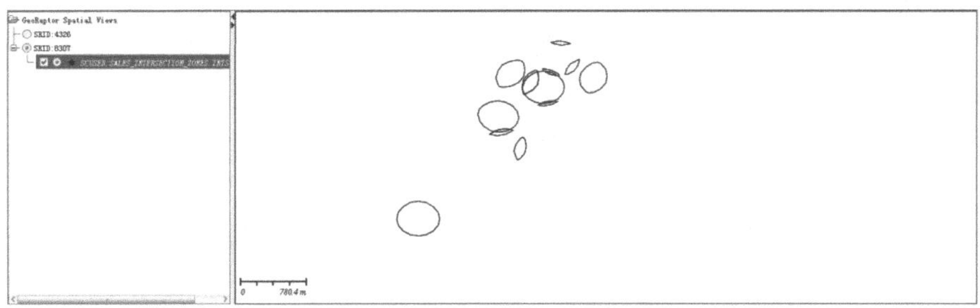

图 4-12　利用 GeoRaptor 查看销售缓冲中不同区域与其他区域的相交情况

(3) 检视其中 ID=51 的销售区域相关的其他区域(图 4-13)。

```
SQL> select id2 from sales_intersection_zones where id1=51;

       ID2
----------
        66
        50
```

图 4-13　检视其中 ID1=51 的销售区域相关的其他区域

(4) 使用 SDO_UNION 函数查询在 ID=51 及 ID=43 的两个销售区域中存在的客户数量(图 4-14)。

```
SQL> SELECT count(*)
FROM
(
SELECT SDO_GEOM.SDO_UNION(sra.geom, srb.geom, 0.5) geom
FROM sales_regions srb, sales_regions sra
WHERE sra.id=51 and srb.id=43
)srb, customers sra
WHERE SDO_RELATE(sra.location, srb.geom, 'mask=anyinteract')='TRUE';

  COUNT(*)
----------
        58
```

图 4-14　查询在 ID=51 及 ID=43 的两个销售区域中存在的客户数量

(5) 现在查询下对方编号为 ID=2 的销售区域有哪些独有的用户资源(图 4-15)。那需要先用 RELATE 函数分析己方有没有和其相交的区域。

```
SQL> Select ct.id
from sales_regions ct,competitors_sales_regions comp
where sdo_geom.relate(ct.geom,'ANYINTERACT',comp.geom,0.5)='TRUE'
and comp.id=2
order by ct.id
/
```

图 4-15　查询对方编号为 ID=2 的销售区域有哪些独有的用户资源

(6) 使用 SDO_DIFFERENCE 函数排除己方与对方 ID=2 的共同区域，查看对方的独有用户(图 4-16)。

```
SQL> CREATE TABLE exclusive_region_for_comp_2 AS
SELECT SDO_GEOM.SDO_DIFFERENCE(csr.geom, sr.geom, 0.5) geom
FROM sales_regions sr, competitors_sales_regions csr
WHERE csr.id=2 and sr.id=6 ;

表已创建。
```

图 4-16　排除己方与对方 ID=2 的共同区域，查看对方的独有用户

(7) 现在查看下对方独有的用户信息(图 4-17)。

```
SQL> SELECT ct.id, ct.name
     FROM exclusive_region_for_comp_2 excl, customers ct
     WHERE SDO_RELATE(ct.location, excl.geom, 'mask=anyinteract')='TRUE'
     ORDER BY ct.id;

        ID NAME
---------- -----------------------------------
        51 STUDENT LOAN MARKETING
       487 GETTY
       795 FOUR SEASONS HOTEL WASHINGTON DC
       796 HOTEL MONTICELLO-GEORGETOWN
       798 GEORGETOWN SUITES
       821 LATHAM HOTEL
      1022 C AND O CANAL BOAT TRIPS
      1153 OLD STONE HOUSE
      1370 BIOGRAPH THEATRE
      1377 FOUNDRY
      2067 WASHINGTON INTERNATIONAL SCHOOL

        ID NAME
---------- -----------------------------------
      6953 FOUNDRY MALL
      7163 GEORGETOWN VISITOR CENTER
      7164 GEORGETOWN VISITOR CENTER
      7176 CHESAPEAKE & OHIO CANAL
      7601 MASONIC LODGE

已选择16行。
```

图 4-17　查看对方独有的用户信息

(8) 使用 SDO_XOR 函数锁定原销售区域 43 与 51 之间非共有的客户(图 4-18)。

```
SQL> SELECT count(*)
     FROM
     (
     SELECT SDO_GEOM.SDO_XOR(sra.geom, srb.geom, 0.5) geom
     FROM sales_regions srb, sales_regions sra
     WHERE sra.id=51 and srb.id=43
     )srb, customers sra
     WHERE SDO_RELATE(sra.location, srb.geom, 'mask=anyinteract')='TRUE';

  COUNT(*)
----------
        58
```

图 4-18　锁定原销售区域 43 与 51 之间非共有的客户

4. 几何分析函数

实验准备：使用几何分析函数分析已经导入的表中各数据信息。

实验内容：

(1) 使用 SDO_AREA 函数测试 ID=51 和 ID=50 两者相交区域的面积(图 4-19)，此处得出的面积单位为平方米。

```
SQL> SELECT SDO_GEOM.SDO_AREA(
  2  SDO_GEOM.SDO_INTERSECTION(sra.geom, srb.geom, 0.5), 0.5, 'unit=sq_meter')ar
ea
  3  FROM sales_regions srb, sales_regions sra
  4  WHERE sra.id=51
  5  AND srb.id=50;

      AREA
----------
2938.58248
```

图 4-19　测试 ID=51 和 ID=50 两者相交区域的面积

(2) 使用 SDO_LENGTH 函数返回小于 1 千米的州际公路(图 4-20)。

```
SQL> SELECT interstate
  2  FROM us_interstates
  3  WHERE SDO_GEOM.SDO_LENGTH(geom, 0.5, 'unit=kilometer')<1;

INTERSTATE
-----------------------------------
I10/I45
I30/I35E
I564
I71/I670
I55B
I670/315
I90/I87

已选择7行。
```

图 4-20　返回小于 1 千米的州际公路

(3) 使用 SDO_MBR 函数计算 SALES_REGIONS 表中任意销售区域的范围信息(即其维度的上界与下界)(图 4-21)。

```
SQL> SELECT SDO_GEOM.SDO_MBR(sr.geom) mbr FROM sales_regions sr
  2  WHERE sr.id=1;

MBR(SDO_GTYPE, SDO_SRID, SDO_POINT(X, Y, Z), SDO_ELEM_INFO, SDO_ORDINATES)
--------------------------------------------------------------------------------

SDO_GEOMETRY(2003, 8307, NULL, SDO_ELEM_INFO_ARRAY(1, 1003, 3), SDO_ORDINATE_ARR

AY(-77.047036, 38.9045816, -77.037759, 38.91183))
```

图 4-21　SALES_REGIONS 表中任意销售区域的范围信息

(4) 使用 SDO_MIN_MBR_ORDINATE 和 SDO_MAX_MBR_ORDINATE 函数返回 SALES_REGIONS 中任意销售区域最小和最大坐标值(图 4-22)。

```
SQL> SELECT SDO_GEOM.SDO_MIN_MBR_ORDINATE(sr.geom, 1) min_extent,
  2  SDO_GEOM.SDO_MAX_MBR_ORDINATE(sr.geom, 1) max_extent
  3  FROM sales_regions sr WHERE sr.id=1;

MIN_EXTENT MAX_EXTENT
---------- ----------
-77.047036 -77.037759
```

图 4-22　返回 SALES_REGION 中任意销售区域最小和最大坐标值

(5) 使用 SDO_CONVEXHULL 函数计算美国新罕布什尔州近似几何形状。需要注意到此函数与 MBR 函数的不同之处。MBR 函数是求几何体的空间矩形坐标，而 SDO_CONVEXHULL 函数是求取几何体凸包简化后的几何体。而其返回值则为经简化后的凸包几何体所有的顶点坐标信息 (图 4-23)。

```
SQL> SELECT SDO_GEOM.SDO_CONVEXHULL(st.geom, 0.5) cvxhl
  2  FROM us_states st
  3  WHERE st.state_abrv='NH';

CVXHL(SDO_GTYPE, SDO_SRID, SDO_POINT(X, Y, Z), SDO_ELEM_INFO, SDO_ORDINATES)
--------------------------------------------------------------------------------

SDO_GEOMETRY(2003, 8307, NULL, SDO_ELEM_INFO_ARRAY(1, 1003, 1), SDO_ORDINATE_ARR

AY(-71.294701, 42.6968992, -71.182304, 42.7374992, -70.817787, 42.8719901, -70.7

12257, 43.042324, -70.703026, 43.057457, -70.7052, 43.0709, -71.084816, 45.30524

78, -71.285332, 45.3018647, -71.301582, 45.2965197, -71.443062, 45.2383418, -72.

068199, 44.273666, -72.379906, 43.5740009, -72.394676, 43.5273279, -72.396866, 4

3.5190849, -72.553307, 42.8848878, -72.556679, 42.8668668, -72.557594, 42.852412

8, -72.542564, 42.8075558, -72.516022, 42.7652279, -72.458984, 42.7267719, -72.4

12491, 42.7253529, -72.326614, 42.722729, -72.283455, 42.721462, -71.98188, 42.7

132071, -71.773003, 42.7079012, -71.652107, 42.7051012, -71.630905, 42.7046012,
-71.458282, 42.7004362, -71.369682, 42.6982082, -71.294701, 42.6968992))
```

图 4-23　返回值简化后几何体现有顶点的坐标信息

利用 GeoRaptor 查看美国新罕布什尔州近似几何形状(图 4-24)。

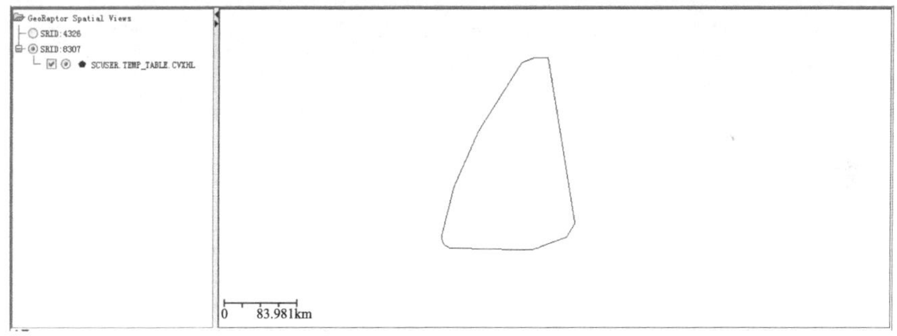

图 4-24　利用 GeoRaptor 查看美国新罕布什尔州近似几何形状

(6) 使用 SDO_CENTROID 计算新罕布什尔州的质心(图 4-25)。

```
SQL> SELECT SDO_GEOM.SDO_CENTROID(st.geom, 0.5) ctrd
  2  FROM us_states st WHERE st.state_abrv='NH';

CTRD(SDO_GTYPE, SDO_SRID, SDO_POINT(X, Y, Z), SDO_ELEM_INFO, SDO_ORDINATES)
--------------------------------------------------------------------------------

SDO_GEOMETRY(2001, 8307, SDO_POINT_TYPE(-71.580917, 43.6792049, NULL), NULL, NUL

L)
```

图 4-25　计算新罕布什尔州的质心

利用 GeoRaptor 查看美国新罕布什尔州质心，图 4-26 中其位于新罕布什尔州近似几何体的中心位置。

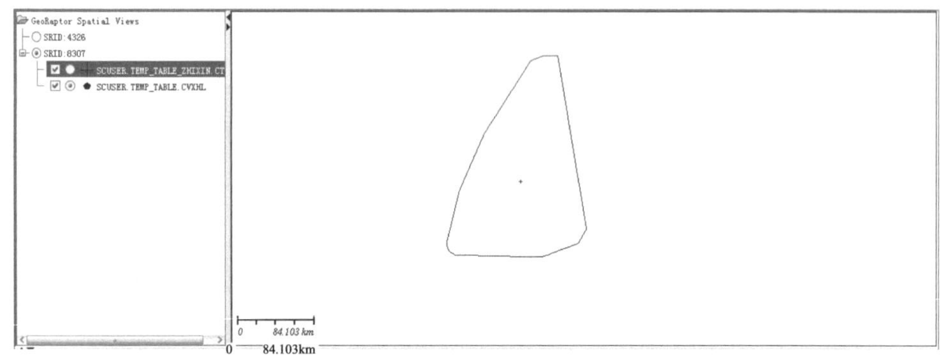

图 4-26　利用 GeoRaptor 查看美国新罕布什尔州质心

(7) 使用 SDO_POINTONSURFACE 获得美国马萨诸塞州几何体表面的一点(图 4-27)。注意此函数与 SDO_CENTROID 的不同之处。这个函数只在几何体内部取点，而质心的取得可能并不在几何体之中。

```
SQL> SELECT SDO_GEOM.SDO_POINTONSURFACE(st.geom, 0.5) pt
  2  FROM us_states st
  3  WHERE state_abrv='MA';

PT(SDO_GTYPE, SDO_SRID, SDO_POINT(X, Y, Z), SDO_ELEM_INFO, SDO_ORDINATES)
--------------------------------------------------------------------------------

SDO_GEOMETRY(2001, 8307, SDO_POINT_TYPE(-73.265411, 42.745861, NULL), NULL, NULL
)
```

图 4-27　获得美国马萨诸塞州几何体表面的一点

同样，可以使用 GeoRaptor 查看马萨诸塞州中这个点的位置，并对比 SDO_CENTROID 与 SDO_POINTONSURFACE 所获得的点的不同之处。在此将这个问题留作大家练习。

5. 聚合函数

实验准备：了解聚合函数的类型和特点。

实验内容：

(1) 使用 SDO_AGGR_MBR 函数计算 BRANCHES 表中所有位置的聚合 MBR (图 4-28)。

```
SQL> SELECT SDO_AGGR_MBR(location) extent FROM branches;

EXTENT(SDO_GTYPE, SDO_SRID, SDO_POINT(X, Y, Z), SDO_ELEM_INFO, SDO_ORDINATES)
--------------------------------------------------------------------------------

SDO_GEOMETRY(2003, 8307, NULL, SDO_ELEM_INFO_ARRAY(1, 1003, 3), SDO_ORDINATE_ARR
AY(-122.49836, 37.7112075, -76.950947, 38.9611552))
```

图 4-28　计算 BRANCHES 表中所有位置的聚合 MBR

利用 GeoRaptor 查看 BRANCHES 表中所有位置的聚合 MBR(图 4-29)。

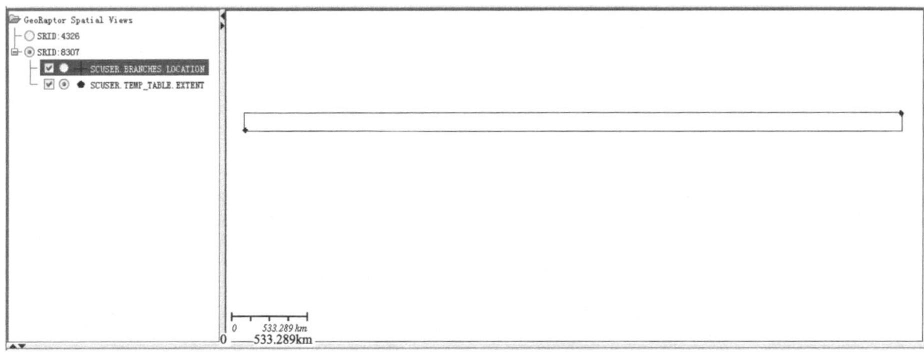

图 4-29　利用 GeoRaptor 查看 BRANCHES 表中所有位置的聚合 MBR

(2) 使用 SDO_AGGR_UNION 查找 BRANCHES 表中数据的覆盖范围(图 4-30)。这里需要注意的是通过使用 SDO_AGGR_UNION 函数将原本分散的数据合并为一个整体。

```
SQL> SELECT SDO_AGGR_UNION(SDOAGGRTYPE(location, 0.5)) coverage
  2  FROM branches;

COVERAGE(SDO_GTYPE, SDO_SRID, SDO_POINT(X, Y, Z), SDO_ELEM_INFO, SDO_ORDINATES)
--------------------------------------------------------------------------------

SDO_GEOMETRY(2005, 8307, NULL, SDO_ELEM_INFO_ARRAY(1, 1, 77), SDO_ORDINATE_ARRAY
(-122.4359, 37.7238284, -122.4886, 37.75362, -122.40145, 37.7881653, -122.40255
```

图 4-30　查找 BRANCHES 表中数据的覆盖范围

利用 GeoRaptor 查看 BRANCHES 表中数据的覆盖范围(图 4-31)。注意看左侧图层列表中，新建图层已经从单点的“+”图标变成多点的图标，意味着分散的数据合并。

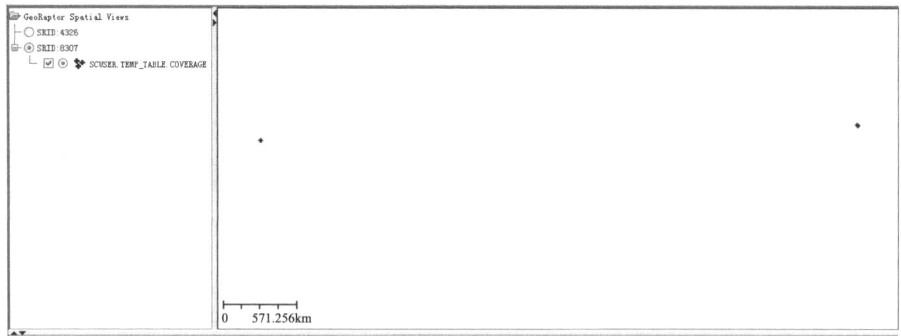

图 4-31　利用 GeoRaptor 查看 BRANCHES 表中数据的覆盖范围

以上是数据集合的部分信息。同样的，可以使用此函数计算 SALES_REGIONS 中三个区域的合并信息，ID 号分别为 43、51、2(图 4-32)。

```
SQL> SELECT SDO_AGGR_UNION(SDOAGGRTYPE(geom, 0.5)) union_geom
  2  FROM sales_regions
  3  WHERE id=51 or id=43 or id=2 ;

UNION_GEOM(SDO_GTYPE, SDO_SRID, SDO_POINT(X, Y, Z), SDO_ELEM_INFO, SDO_ORDINATE

--------------------------------------------------------------------------------

SDO_GEOMETRY(2007, 8307, NULL, SDO_ELEM_INFO_ARRAY(1, 1003, 1, 35, 1003, 1), SD

_ORDINATE_ARRAY(-77.061998, 38.9358866, -77.062351, 38.9344997, -77.061997, 38.

331128, -77.060992, 38.9319371, -77.059486, 38.9311515, -77.057711, 38.9308756,
-77.055935, 38.9311515, -77.05443, 38.9319371, -77.053424, 38.9331128, -77.0530
```

图 4-32　计算 SALES_REGIONS 中三个区域的合并信息

利用 GeoRaptor 查看 SALES_REGIONS 表中数据的覆盖范围，图 4-33 为三个合并区域中的一个，注意看左侧图层列表，新建图层已经从单个的多边形图标变成多个多边形聚合的图标，意味着分散的数据合并。

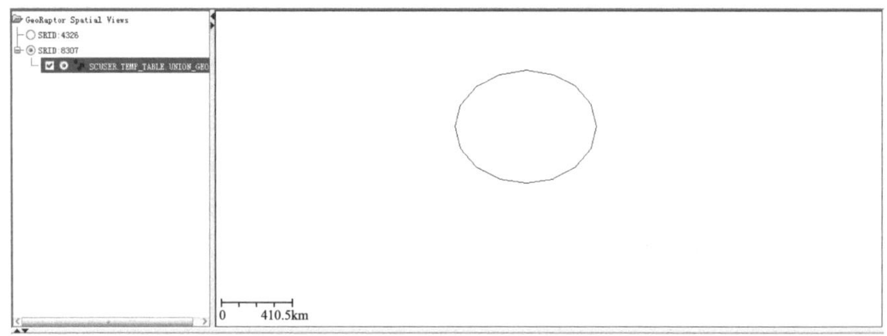

图 4-33　利用 GeoRaptor 查看 SALES_REGIONS 中三个区域的合并

(3) 使用 SDO_AGGR_CONVEXHULL 函数测算 SALES_REGIONS 的覆盖范围(图 4-34)。

```
SQL> SELECT SDO_AGGR_CONVEXHULL(SDOAGGRTYPE(geom, 0.5)) coverage
  2  FROM sales_regions;

COVERAGE(SDO_GTYPE, SDO_SRID, SDO_POINT(X, Y, Z), SDO_ELEM_INFO, SDO_ORDINATES)
--------------------------------------------------------------------------------

SDO_GEOMETRY(2003, 8307, NULL, SDO_ELEM_INFO_ARRAY(1, 1003, 1), SDO_ORDINATE_ARR

AY(-122.42479, 37.7025522, -76.886509, 38.7969251, -76.884708, 38.7966425, -76.8

82908, 38.7969146, -76.881381, 38.7977, -76.88036, 38.798879, -76.880001, 38.800

2723, -76.863361, 38.86627, -76.864197, 38.8779399, -76.864553, 38.8793328, -76.

893823, 38.9429741, -76.894844, 38.9441586, -76.896372, 38.9449524, -122.48938,
37.7926864, -122.58412, 37.7661866, -122.58563, 37.7653886, -122.64509, 37.70110

72, -122.6461, 37.6999183, -122.64645, 37.6985198, -122.6461, 37.6971246, -122.6
```

图 4-34　测算 SALES_REGIONS 的覆盖范围

利用 GeoRaptor 测算 SALES_REGIONS 的覆盖范围(图 4-35)，在这里可以看出在测算中，是将 SALES_REGIONS 所有的数据范围框在一起，形成了一个多边形。

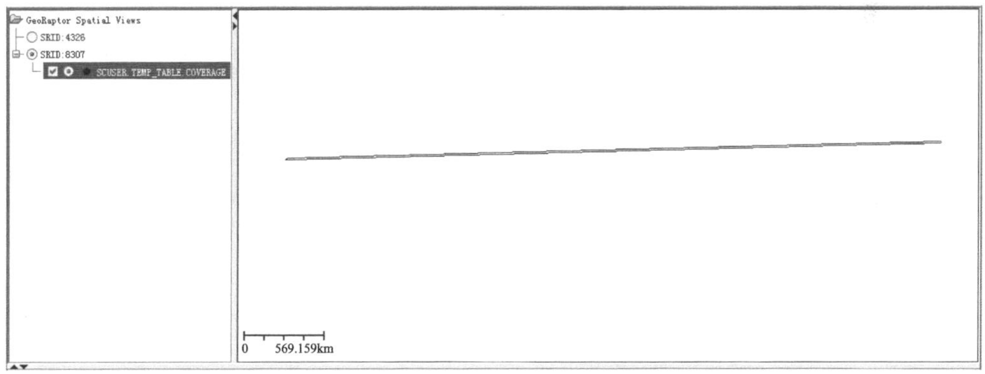

图 4-35　利用 GeoRaptor 查看 SALES_REGIONS 的覆盖范围

(4) 使用 SDO_AGGR_CENTROID 函数求取 CUSTOMERS 表中部分数据集的质心坐标(图 4-36)。

```
SQL> SELECT SDO_AGGR_CENTROID(SDOAGGRTYPE(location, 0.5)) ctrd
  2  FROM customers
  3  WHERE id>100;

CTRD(SDO_GTYPE, SDO_SRID, SDO_POINT(X, Y, Z), SDO_ELEM_INFO, SDO_ORDINATES)
--------------------------------------------------------------------------------

SDO_GEOMETRY(2001, 8307, SDO_POINT_TYPE(-102.88439, 38.0400876, NULL), NULL, NUL

L)
```

图 4-36　求取 CUSTOMERS 表中部分数据集的质心坐标

利用 GeoRaptor 测算 CUSTOMERS 表中部分数据集的焦点坐标。图 4-37 中，图形中央的点即 CUSTOMERS 表中部分数据集的焦点。

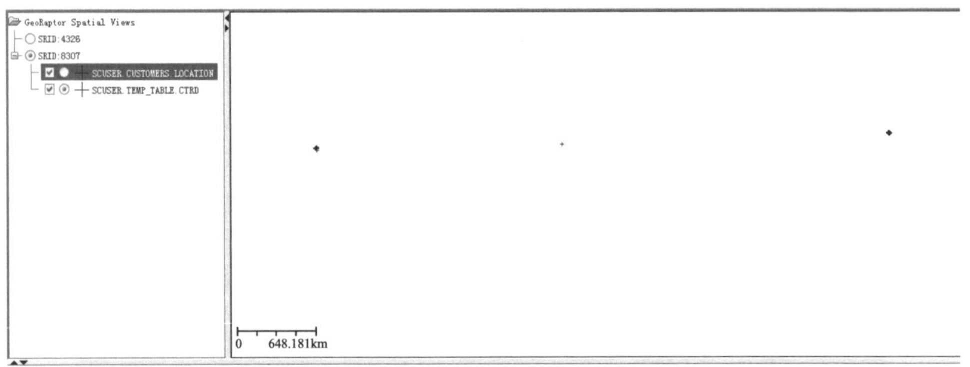

图 4-37　利用 GeoRaptor 测算 CUSTOMERS 表中部分数据集的焦点坐标

实验 4.2　网络建模

一、实验目的

了解网络建模的概念，掌握网络建模工具。

二、实验平台

(1) 操作系统：Windows Server 2003；
(2) 数据库管理系统：Oracle 11g R2；
(3) 地理信息系统：ESRI ArcGIS 10。

三、实验内容和要求

(1) 使用 ArcGIS 网络建模工具，建立网络模型；
(2) 查看两类网络模型的结构及数据存储；
(3) 掌握 Oracle Spatial 与 ArcGIS 网络建模工具；
(4) 能够利用网络模型，对数据进行分析。

四、网络建模

1. 网络建模概念

网络分析是对地理网络(如交通网络)、城市基础设施网络(如各种网线、电缆线、电力线、电话线、供水线、排水管道等)进行地理分析和模型化过程，通过研究网络的状态以及模型和分析资源在网络上的流动和分配情况，实现对网络机构及其资源的优化。网络分析的理论基础是图论和运筹学，它从运筹学的角度来研究、统筹、策划一类具有网络拓扑性质的工程，安排各个要素的运行使其能够充分发挥作用或达到所预想的目标，如资源的最佳分配、最短路径的寻找、地址的查询匹配等。本章将着重对 ArcGIS 的网络组成和建立、网络分析的预处理、网络分析的基本功能和操作三个方面进行介绍。

2. 网络分析

1) 网络模型基础知识

网络是现实世界中由链和结点组成的，带有环路，并伴随着一系列支配网络中流动的约束条件的线网图形。网络的基本组成部分和属性如下。

(1) 线状要素——链。网络中流动的管线，包括有形物体，如街道、河流、水管、电缆线等；无形物体，如无线电通信网络等，其状态属性包括阻力和需求。

(2) 点状要素。①障碍：禁止网络中链上流动的点。②拐角点：出现在网络链中所有的分节点上状态属性的阻力，如拐弯的时间限制(如不允许左拐)。③中心：是接受或分配资源的位置，如水库、商业中心、电站等。其状态属性包括资源容量(如总的资源量)、阻力限额(如中心与链之间的最大距离或时间限制)。④站点：在路径选择中资源增减的站点，如库房、汽车站等。其状态属性有要被运输的资源需求，如产品数。

网络中的状态属性有阻力和需求两项，可通过空间属性和状态属性的转换，根据实际情况赋到网络属性表中。一般情况下，网络是通过将内在的点、线等要素在相应的位置绘出后，然后根据它们的空间位置以及各种属性特征，从而建立它们的拓扑关系，使得它们能成为网络分析中的基础部分，基于其能进行一定的网络空间分析和操作。

而在ArcGIS网络分析中涉及的网络是由一系列要素类别组成的，可以度量并能以图形表达的网络，又称之为几何网络。图形的特征可以在网络上表现出来，同时也可以在同一个网络中表示，如运输线、闸门、保险丝与变压器等不同性质的数据。一个几何网络包含了线段与交点的连结信息且定义出部分规则，如哪一个类别的线段可以连至某一特定类别的交点，或某两个类别的线段必须连至哪一个类别的交点。

一个整的几何网络必须首先建立一个空的空间图形网络，然后再加入其各个属性特征值，一旦网络数据被建立起来，全部数据被存放在地理数据库中，由数据库的生命循环周期来维持其运作。当使用者使用或编辑其部分或全部图形属性特征数据时，都将以原先的地理数据库中调出其已经定义好的连接规则和相互关系为基础。

2) 网络分析的基本功能和操作

网络分析是基于几何网络的特征和属性，利用距离、权重和规划条件进行分析得到结果并且应用在实践中，主要包括路径分析、地址匹配和资源分配三个方面。

(1) 路径分析。①最佳路径分析：分为静态和动态两种。静态方法指给定每条弧段的属性后，求最佳路径；动态方法是指实际网络分析中权值是随着权值关系式变化的，而且可能会临时出现一些障碍点，需要动态的计算最佳路径。②N 条最佳路径分析：确定起点、终点，求代价较小的 N 条路径，因为在实践中由于种种因素需要选择近似最佳路径。③最短路径：确定起点、终点和所要求经历的中间点、中间连线，求最短路径或最小成本路径。

(2) 地址匹配。地址匹配实质是对地理位置的查询，它涉及地址编码。地址匹配与其他网络分析功能结合在一起，可以满足实际工作中非常复杂的分析要求。需要输入的数据包括地址表和含地址范围的街道网络以及待查询地址的属性值。

(3) 资源分配。资源分配网络模型由中心点(分配中心)及其状态属性和网络组成。分配有两种方式：一种是由中心向四周输出；另一种是由四周向中心集中。这种分配功能可以解决资源的有效流动和合理分配问题。例如，为网络中的每一连接寻找最近的中心，以实现最佳的服务，还可以用来指定可能的区域。

五、实验前置

实验数据准备：实验数据来自于随书附加的数据光盘中 Data 文件夹下的 city.gdb 数据集。

六、实验流程

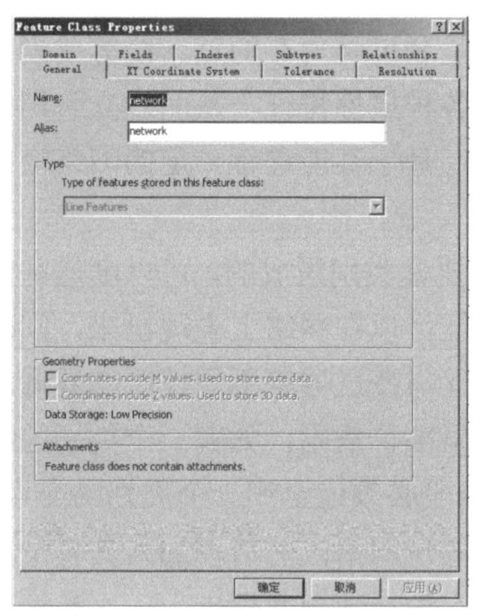

图 4-38　打开 network 线要素 Properties 对话框

实验准备：了解网络建模的基本概念，了解各要素类数据的数据属性情况。

实验数据：实验数据位于随机光盘 DATA 文件夹下的 City 数据集中。

1. 网络模型创建

(1) 了解实验数据的基本情况及内容。打开 ArcCatalog，加载数据所在目录，双击打开 City 数据集，并打开 ExTable 数据组，在 network 线要素类上右键选择“Properties”，打开要素属性对话框(图 4-38)。

(2) 打开“Fields”标签，此标签页中展现了当前要素类中的数据信息(图 4-39)。

在图 4-39 中需要关注的是 MINUTES、SPEED、METERS、Enabled 这四个字段。它们分别代表了该要素类中关于道路的行驶时间、行驶速度、行驶距离、通行性。

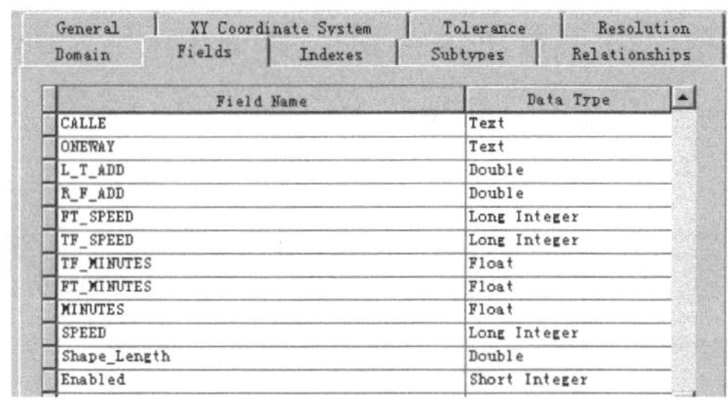

General
XY Coordinate System
Tolerance
Resolution
Domain
Fields
Indexes
Subtypes
Relationships
Field Name
Data Type
CALLE
Text
ONEWAY
Text
L_T_ADD
Double
R_F_ADD
Double
FT_SPEED
Long Integer
TF_SPEED
Long Integer
TF_MINUTES
Float
FT_MINUTES
Float
MINUTES
Float
SPEED
Long Integer
Shape_Length
Double
Enabled
Short Integer

图 4-39　在 Fields 标签下查看数据属性

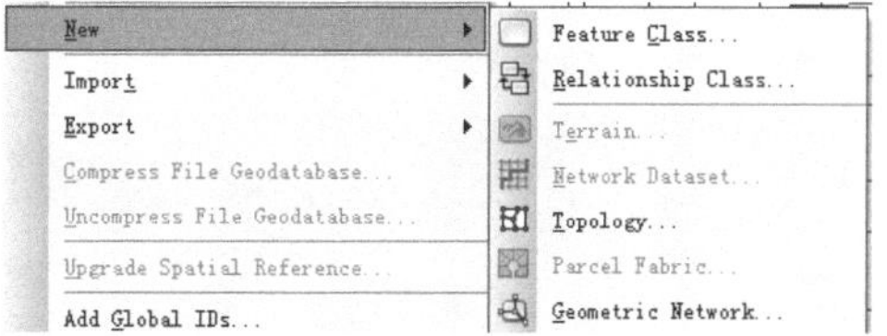

图 4-40 对 ExTable 新建 Geometric Network

(3) 关闭属性窗口，在 ExTable 右键选择“New”→“Geometric Network”(图 4-40)。

(4) 打开“New Geometric Network”对话框，输入新网络的名称及允许的容差范围，在此只设定名称(图 4-41)。

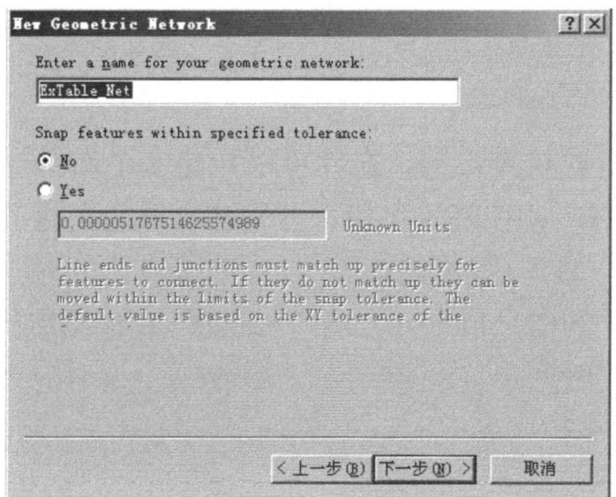

图 4-41　输入新网络的名称及允许的容差范围

(5) 接下来需要选定网络建立所需要的要素类，在这里因为只有 network 这一个要素，因此点击“下一步”(图 4-42)。

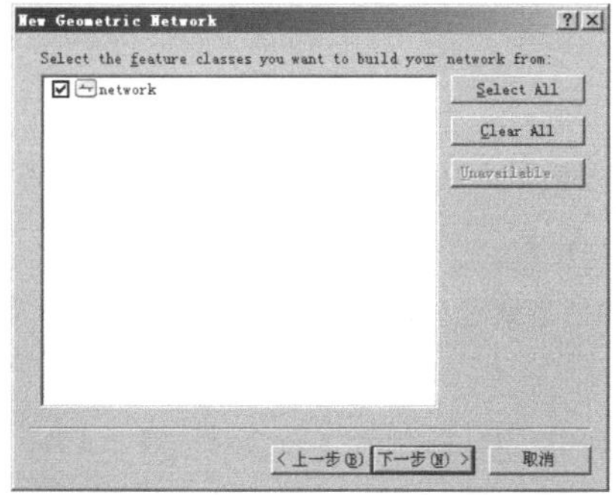

图 4-42　要选定网络建立所需要的要素类

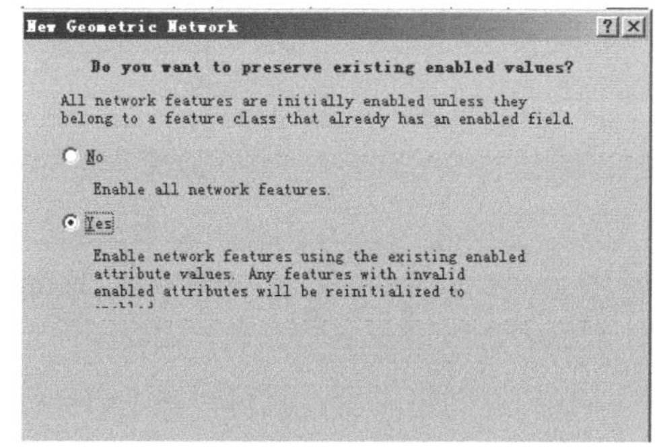

图 4-43　在保留值的对话框中选择保留现有值

(6) 在保留值的对话框中选择保留现有值，并点击“下一步”(图 4-43)。

(7) 在网络特征选择中，对 network 只给予“Simple Edge”的选择，并点击“下一步”(图 4-44)。

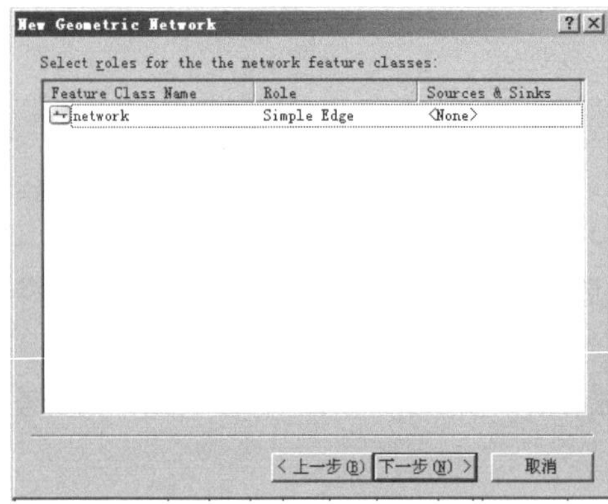

图 4-44　对 network 网络特征选择

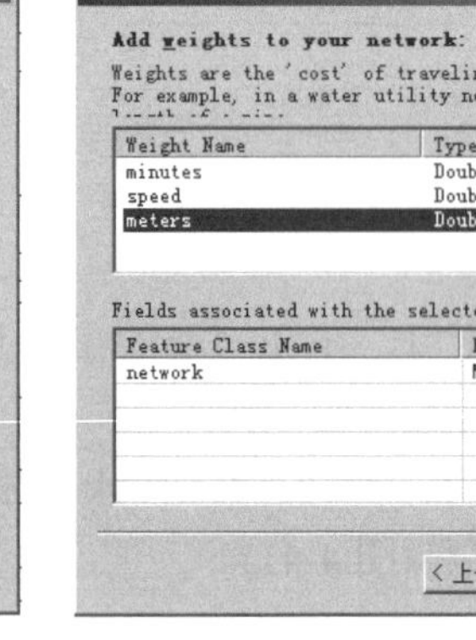

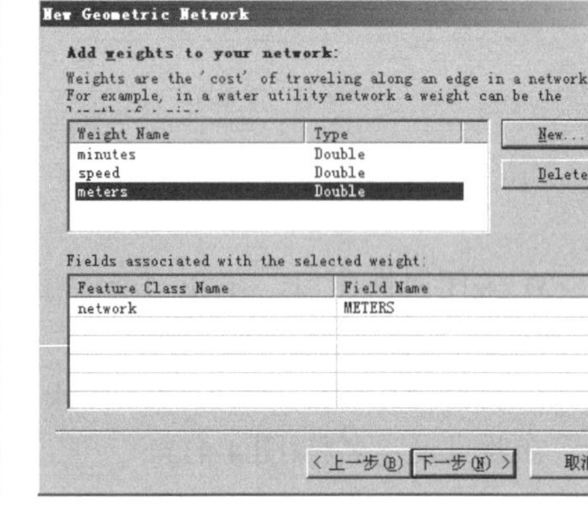

图 4-45　网络分析的权重设置

(8) 添加网络分析的权重设置。在此可以新建多个衡量标准，根据上面所看到的 MINUTES、SPEED、METERS 字段，分别建立三个衡量的标准，并都赋予双精度类型，并点击“下一步”(图 4-45)。

(9) 确认网络建立的信息情况并点击“Finish”完成网络模型的建立(图 4-46)。

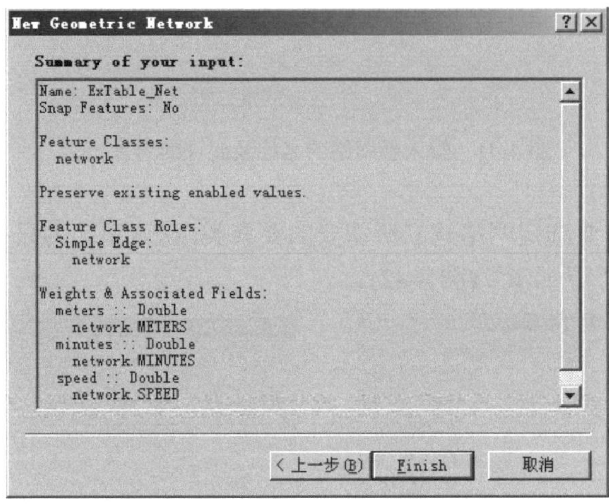

图 4-46　网络建立的信息情况

(10) 建立完成后，就可以在 ExTable 中看到新生成的网络要素类(图 4-47)。

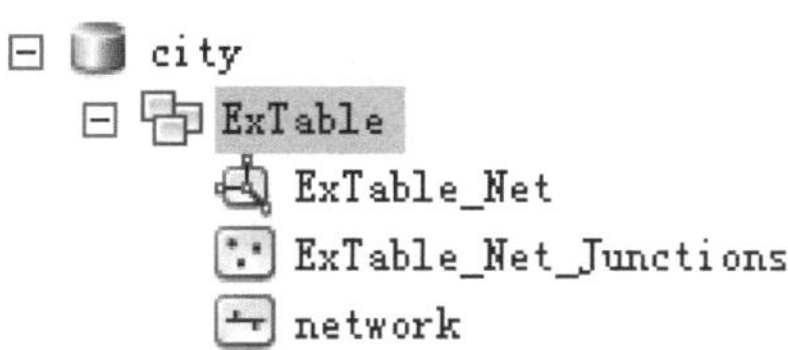

图 4-47　新生成的网络要素类

2. 网络数据的修改

(1) 打开 ArcMap，点击加载数据按钮 ，打开添加数据的对话框，双击包含网络属性要素的数据库，选择需要加载的图层(图 4-48、图 4-49)。

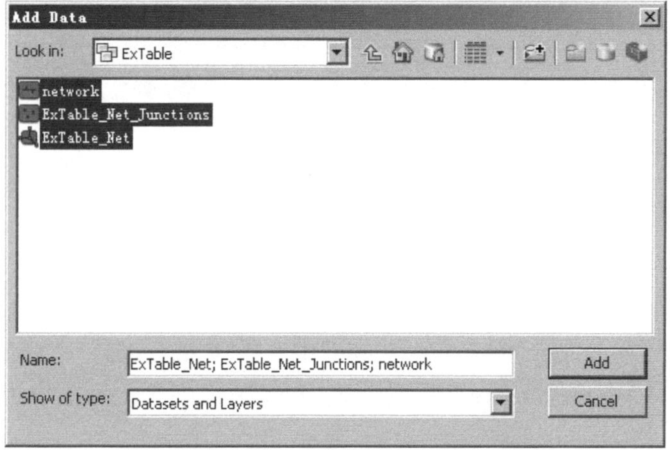

图 4-48　选择网络属性要素的数据库

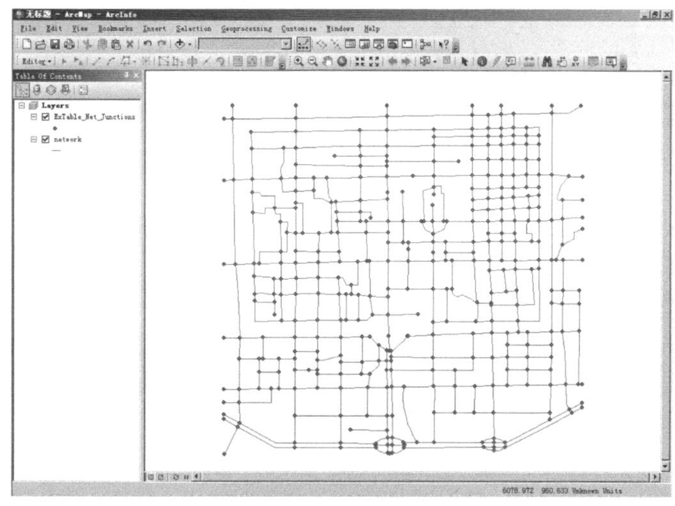

图 4-49　加载网络数据

(2) 双击 network 要素图层，或在图层上右键选择“Properties”选项打开图层属性窗口(图 4-50)。

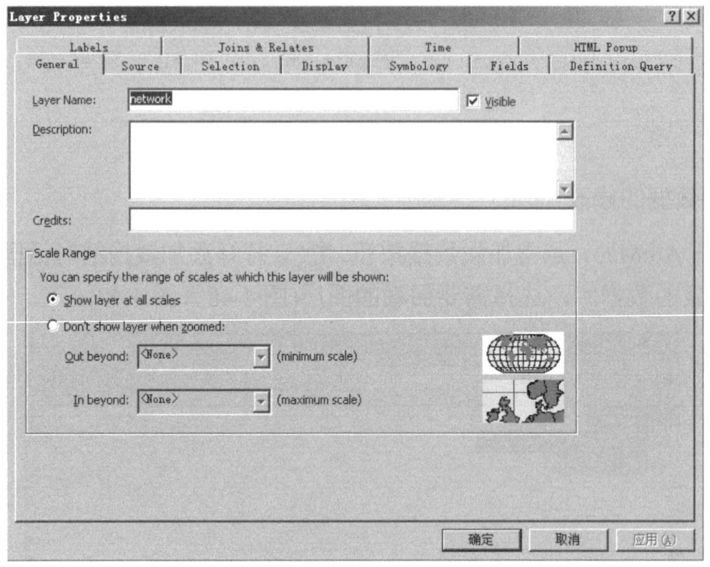

图 4-50　network 图层属性

(3) 选择“Symbology”标签，在“Show”中选择“Categories”→“Unique values”。在“Value Field”中选择 network 要素中的“Enabled”字段，点击“Add All Values”(图 4-51)。

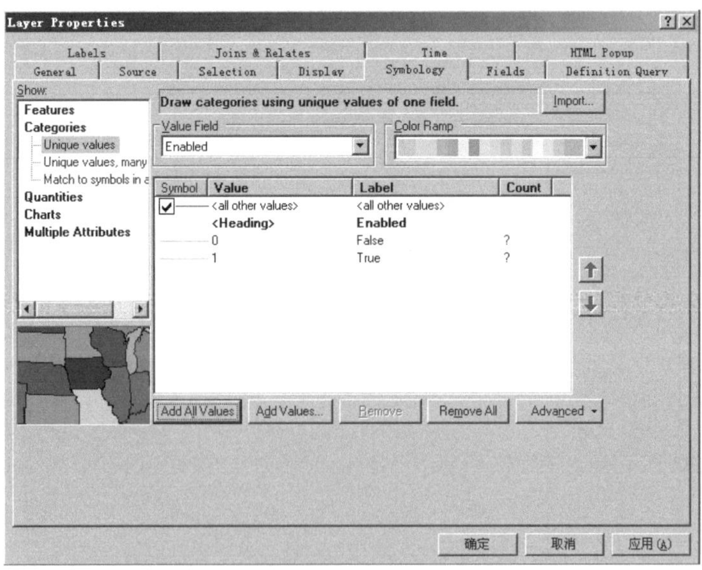

图 4-51　获取 Values

(4) 在 Value 值的列表中“0”代表此路不通，“1”代表此路通行，分别给两个值的图形进行一些设置。不通的路用粗线表示，通的路用细线表示。设定完成点击“确定”退出(图 4-52)。

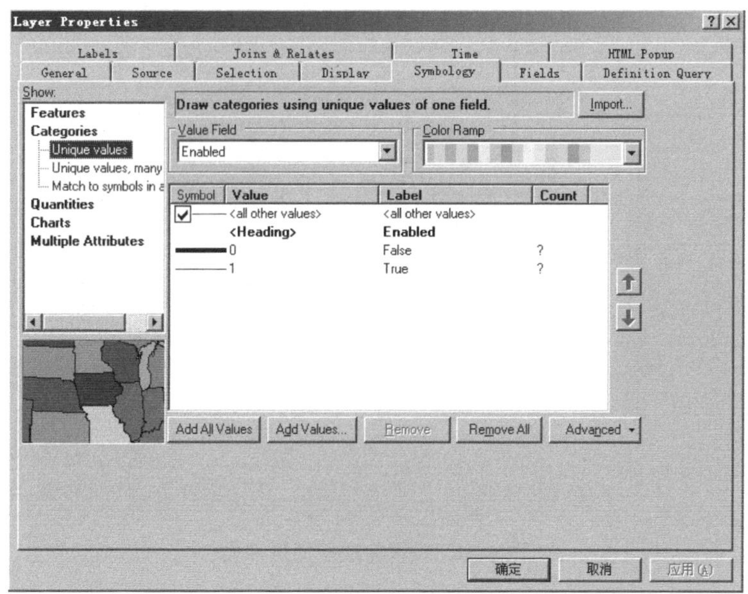

图 4-52　修改图层样式

(5) 点击“Editor”选单并点击“Start Editing”。接着点击工具栏上“修改工具”，并在地图上任意选择几条线路，点击打开属性设置栏，将其线路上的“Enabled”值设定为“False”(图 4-53)。

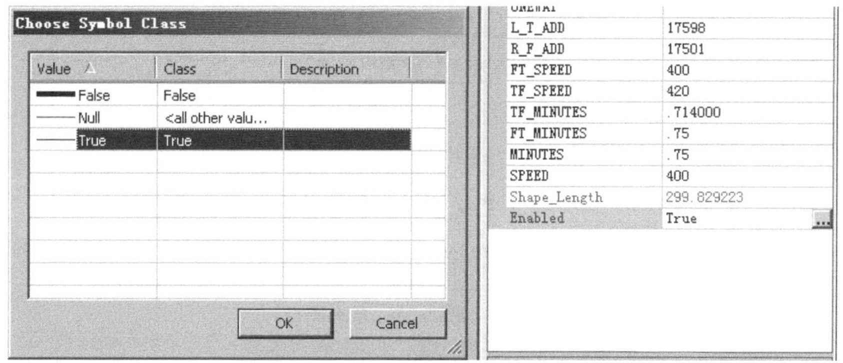

图 4-53　修改 Values 值

(6) 设置完成，network 中的线路图如图 4-54。可以多设几条不通的线路，这样可以在后续的分析中实验不同情况下的网络状态了。

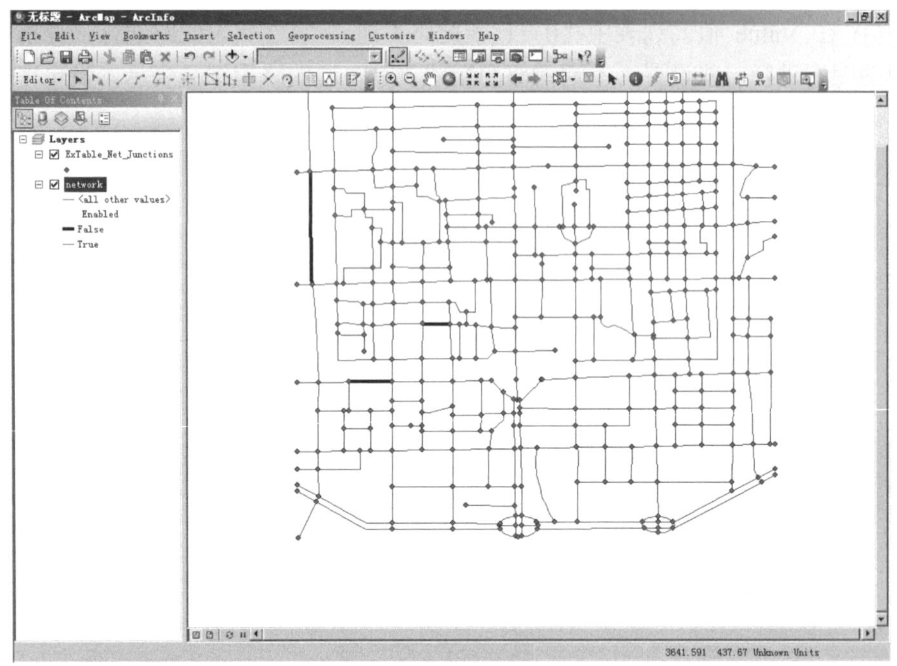

图 4-54　设置完成后图形样式

3. 网络数据的修改

1) 最短路径分析

(1) 在工具栏上点右键，将设施网络分析工具条(Utility Network Analyst)添加进入工具栏(图 4-55)。

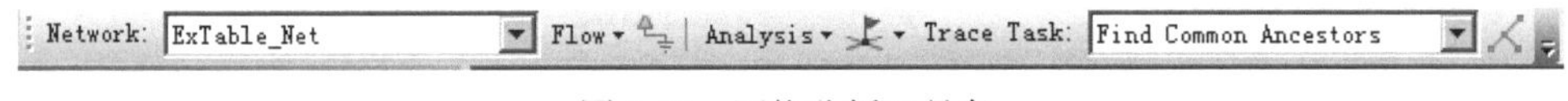

图 4-55　网络分析工具条

(2) 点击“ ”旗标工具，在地图上添加点状要素图标(图 4-56)。

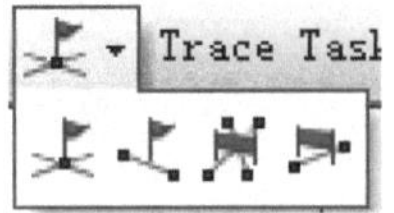

图 4-56　添加点状要素图标

点状要素旗标添加工具；线状要素旗标添加工具；点状要素障碍添加工具；线状要素障碍添加工具

(3) 使用点状要素旗标添加工具，在地图上任意点击两点，分别代表起点与终点，并选择“Trace Task”中为“Find Path” 的选项，最后点击“Solve”生成路径。

在左下角的状态栏中可以看到，当前路径经过的节点数为 16 个。通过分析可以看出，因为在道路通行状态下，将一条直行路的“Enabled”值设为了“False”，因此可以直行的道路出现了不应有的折线(图 4-57)。

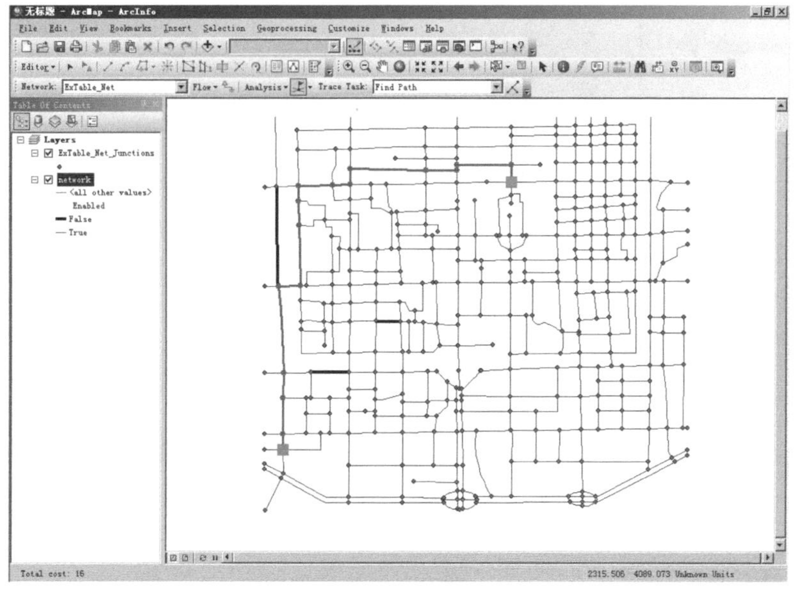

图 4-57　生成路径

(4) 根据图 4-57 发现，路径分析的结果实际上并不是最短路径。这时，可以点击“Analysis”下拉框，选择“Options”，打开“Analysis Options”对话框。在对话框中我们在“Weights”权重标签中，Edge weights 的属性(from-to weight 及 to-from weight)设置为“minutes”(图 4-58)。

(5) 设置完成，再次点击“Solve”按钮，即可生成最短时间路径。在左下角的状态栏中可以看到，这条路总共需要花费 10.173 分钟(图 4-59)。

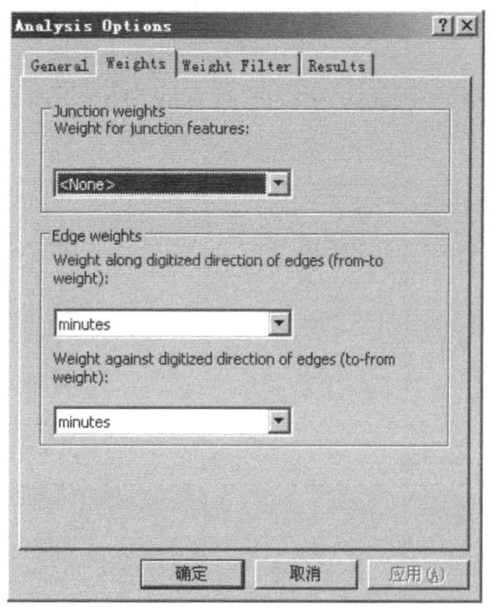

图 4-58　分析属性设置

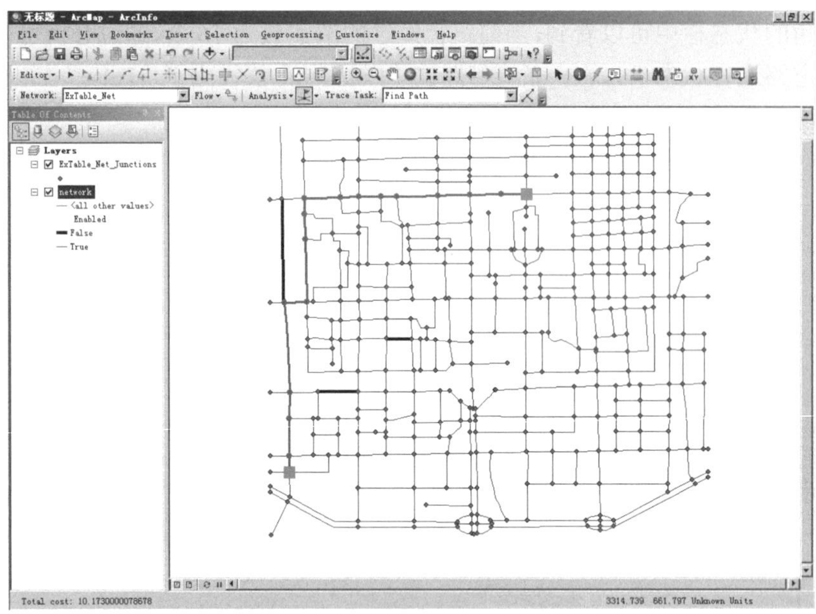

图 4-59　根据权重生成最短路径

2) 障碍路径分析

在最短路径的基础上，通过在必经道路上加 “ ” 点状要素障碍添加工具，然后再次生成道路(图 4-60)。

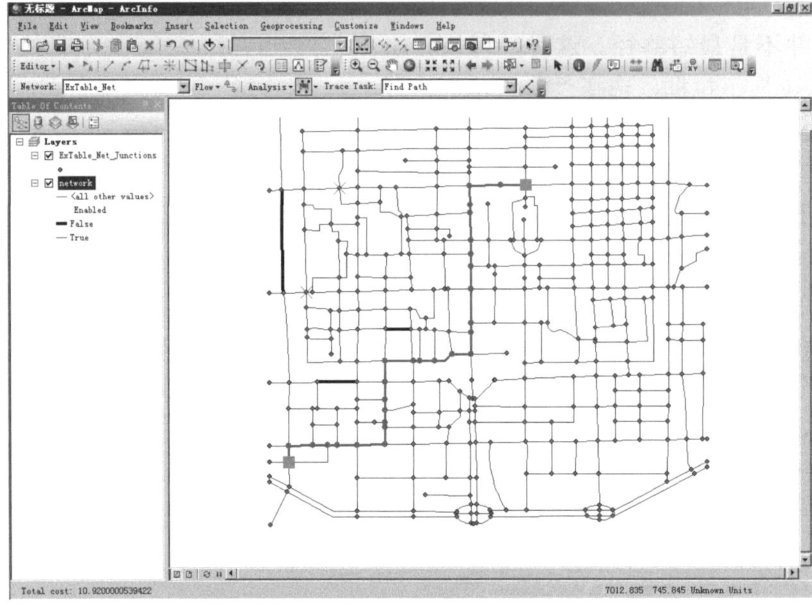

图 4-60　设置障碍点，生成最短路径

通过图 4-60 可以看出，虽然最短路径已经设置障碍，但通过网络分析可得到另一条最短路径，所花时间为 10.920 分钟。

实验 4.3　地 理 编 码

一、实验目的

了解地理编码的概念、存储结构及函数的使用。

二、实验平台

(1) 操作系统：Windows Server 2003；
(2) 数据库管理系统：Oracle 11g R2；
(3) 地理信息系统：ESRI ArcSDE 10；
(4) 数据内容：USA.GDB。

三、实验内容和要求

(1) 熟悉 Oracle Spatial 地理编码结构，了解反地理编码；
(2) 掌握 Oracle Spatial 地理编码函数；
(3) 使用 Oracle Spatial 地理编码函数完成地址查询；
(4) 熟悉 Oracle Spatial 结构化地理编码。

四、Oracle Spatial 地理编码

地理编码是通过对地名/地址信息进行规范化、标准化处理并建立地名/地址与空间坐标之间相互对应的过程。通俗的解释就是将地名/地址映射成地理坐标的过程。

使用地理编码有两个主要目的：一是将地址信息与地理信息相关联，实现两者间的搜索与查询；二是通过地理编码分析地址或地理数据的正确性。

1. Oracle 地理编码的体系结构

地理编码需要参考数据——一系列带有坐标值的地址，通过这些参考数据地理编码执行以下三步。

1) 地址解析

地理编码对于输入的信息首先将这组地址信息进行拆分，并把它们分隔成可识别的元素。Oracle 地址编码自身可以识别大量的不同国家和不同语言的地址格式。这种格式在 GC_PARSER_PROFILEAFS 表中定义。以下面例子作说明：

```
全地址信息：3746 Connecticut Avenue NW Washington D.C. 20008
其被分成以下若干的部分：
门牌号为 3746
```

```
街道名称为Connecticut
街道类型为Avenue
街道后缀为NW
城市为Washington
邮编为20008
区域为D.C.
```

2) 地址匹配及搜索

地址被解析成可识别的元素后，地理编码就可以从街道名称的列表中搜索出一个与这个地址最匹配的编码。

但这个搜索是模糊的，有时在用 Oracle 查找地址时，即使错拼(简拼)仍可以找到匹配的地址编码。这其中的原因在于，对于地址中的各部分元素都会有一个关键词数据，因此搜索结果是"近似的"。因为对于未知的门牌，地理编码也无能为力。仅能通过地址信息中的其他信息进行关系搜索，或直接给出一个可确定的信息值。

3) 计算出空间坐标

当定位街道后，地理编码就需要把它转换成地理点。Oracle 地理编码中使用的地理编码参考数据包含了每个街道两侧末尾的门牌号。通过地理编码的插补法，将包含有门牌号的地址通过合理计算分布到对应的地理位置上。这里需要注意的是，给出的数据值并非是精确的地理点，而是估算后获取的平均值坐标。

当门牌号与其沿路的距离之间有很好的对应关系时，结果将会相当准确。否则，结果将会是近似的，但误差也很小。

2. 为地理编码设置参考数据

Oracle 地理编码所有的参考数据是一套特定结构的表，所有的表都有同样的前缀 GC_，有两种类型的表。

1) 参数表

参数表的作用是控制地理编码的操作。它包含了关于 Oracle 地理编码所支持的每个国家的地址结构信息。在这里仅做参考，不要对其进行更改。

(1) GC_COUNTRY_PROFILE：此表包含了 Oracle 地理编码所知道的各国一般信息，如国家的行政级别划分等，一个重要的信息就是这个国家数据表的后缀。

(2) GC_PARSER_PROFILEASF：这张表描述了 Oracle 地理编码所支持的每个国家的地址结构，一个国家一行，通过 XML 格式对地址结构进行定义。

(3) GC_PARSER_PROFILES：Oracle 地理编码用这张表来识别一些地理元素。它通过它们的同义字来定义地址元素，包含可能的误拼。另外，它还定义了 1ST 与 FIRST 是同义的。

2) 数据表

数据表包含地名和相应的地理坐标。数据表的名称包含特定国家的后缀。

(1) GC_AREA_xx：该表中存储了所有行政区域的信息。Oracle 地理编码定义了三个级别的行政区，为 REGION、MUNICIPALITY、SETTLEMENT。行政区对这三级的映射根据国家的不同而不同。

(2) GC_POSTAL_CODE_xx：这张表中是对所有邮政编码的描述，并包含每个邮政编码的中心坐标。当输入地址中的街名无效时，地理编码将返回该地址邮政编码的中心。

(3) GC_POL_xx：这张表中包含了对感兴趣的点的选择。

(4) GC_ROAD_xx：这是一张主要用于地址搜索的表。表中的每行包含一条路的信息，一个居住点和一个邮政编码的信息。如果一条路穿越多个邮政编码区，它将在这张表中多次出现。

(5) GC_ROAD_SEGMENT_xx：这张表提供了需要通过插值计算地址坐标的信息。它的每一行就是路的一段信息，包含路段的形状和路两侧末尾的门牌号。

(6) GC_INTERSECTION_xx：当多个路段相遇的时候，形成一个交点。这张表的每一行表示该类路段的信息。

3. 地理编码函数据使用

地理编码的 API 较为简单，它由 PL/SQL 程序包(SDO_GCDR)和一些函数组成。这个函数的输入都是一个地址，并返回地理坐标信息作为输出结果。它们之间的不同之处在于返回信息的量和输入地址的格式，如表 4-2 所示。

表 4-2　地址编码函数及描述

函　　数	地址转换	地址纠正	描　　述
GEOCODE_AS_GEOMETRY	Yes	No	返回一个地理点。并不对返回结果的质量和精度做出说明。最好用在输入地址有效的情况下
GEOCODE	Yes	Yes	返回一个地理坐标和纠正后的地址。后者包含详细的信息表示结果的质量。其输入表示为一系统地址行的非结构化地址
GEOCODE_ADDR	Yes	Yes	与 GEOCODE 一样，但是其输入的是结构化的地址
GEOCODE_ALL	Yes	Yes	与 GEOCODE 相似，但是如果输入地址是模糊的，其返回多个匹配结果
GEOCODE_ADDR_ALL	Yes	Yes	与 GEOCODE_ALL 相似，但是输入的是结构化的地址

1) GEOCODE_AS_GEOMETRY

此为最易使用的函数。仅需向它传递需要进行地理编码的地址，它就会以 SDO_GEOMETRY 的形式返回一个与其对应的地理位置。其函数语法如下：

```
SDO_GCDR.GEOCODE_AS_GEOMETRY
```

```
(
        username        IN      VARCHAR2,
        addr_lines      IN      SDO_KEYWORDARRAY,
        country         IN      VARCHAR2
)
RETURN SDO_GEOMETRY
```

在其函数语法中包含三个参数。

(1) username。这是包含特定国家地理编码表的 Oracle 模式的名称，它是一个必需有的参数。如果数据所在的模式与调用函数所在的模式相同，也可以用 SQL 内置的 USER。

(2) add_lines。其类型为 SDO_KEYWORDARRAY，这是一个简单的字符串数据，用来向地理编码函数传递地址。每行地址必须根据 GC_PARSER_PROFILEAFS 的结构，按照合适的顺序和格式填写，每个国家格式都有不同。如果地址没有正确的格式化，那么地理编码将不对它进行编码。但是这种格式化也是有一定的灵活度的。

例如，美国地址为 1250 Clay Street, San Francisco, CA94808。在这段中，1250 Clay Street 是街道信息；San Francisco 是城市名；CA 94808 是国家和邮编。一般而言，排列顺序为街道、城市名、国家、邮编。但国家、邮编、城市名放在一行中也是允许，即如下代码：

```
SDO_KEYWORDARRAY(
'1250 Clay street',
'San Francisco CA 94808')
```

但如果将三种放在一行，则这种情况是不被允许的。

(3) country。是由两字符的 ISO 编码组成，用于表示被地理编码的地址所属的国家。

此函数的结果是一个包含点几何体的简单的 SDO_GEOMETRY 对象。如果函数不能对输入的地址进行解析或地理编码，则会返回一个 NULL 几何体。

2) GEOCODE

这是一个主要的地理编码函数。与 GEOCODE_AS_GEOMETRY 函数不同，此函数返回一个完全格式化的地址和编码，根据返回的值可以准确地知道地址的匹配度。GEOCODE 的函数语法如下：

```
SDO_GCDR.GEOCODE
(
        username        IN      VARCHAR2,
        addr_lines      IN      SDO_KEYWORDARRAY,
        country         IN      VARCHAR2,
        match_mode      IN      VARCHAR2
)
```

```
RETURN SDO_GEO_ADDR;
```

其部分函数类型与 GEOCODE_AS_GEOMETRY 相同，函数参数如下：

(1) username。这是包含特定国家地理编码表的 Oracle 模式的名称。它是一个必需有的参数。如果数据所在的模式与调用函数所在的模式相同，也可以用 SQL 内置的 USER。

(2) add_lines。其类型为 SDO_KKEYWORDARRAY，这是一个简单的字符串数据，用来向地理编码函数传递地址。

(3) country。是由两字符的 ISO 编码组成，用于表示被地理编码的地址所属的国家。

(4) match_mode。该参数可由使用者输入地址元素与地理编码目录中的数据的匹配程度。匹配模式如表 4-3。

表 4-3　match_mode 匹配模式及意义

匹配模式	意　义
EXACT	所提供的所有域都必须被精确匹配
RELAX_STREET_TYPE	街道类型可以与官方街道类型不同
RELAX_POI_NAME	POI 名称无需精确匹配
RELAX_HOUSE_NUMBER	门牌号和街道类型无需精确匹配
RELAX_BASE_NAME	街道名称、门牌号和街道类型无需匹配
RELAX_POSTAL_CODE	邮编、街道名称、门牌号和街道类型无需匹配
RELAX_BUILTUP_AREA	这个模式在规定城市外进行搜索(在同一个国家中)，并包含 RELAX_POSTAL_CODE
RELAX_ALL	与 RELAX_BUILTUP_AREA 相同
EFAULT	与 RELAX_POSTAL_CODE 相同

此函数返回的结果为 SDO_GEO_ADDR，其结构包含了地理编码操作的详细结果。在这个结构包含了大量信息，包括以下五个方面：①LONGITUDE 和 LATITUDE：地址的坐标；②MATCHCODE 和 ERRORMESSAGE：它们在一起表示了匹配的接近程度；③SIDE：地址位于道路的哪一侧(L 表示左，R 表示右)；④PERCENT：当方向是从较低门牌号到较高门牌号时，该值表示给定地址在这个路段相对位置，它是一个百分数，50%表示地址位于这个路段的中部；⑤EDGE_ID：地址所在路段的 ID。

(5) 以地理编码操作结果的解释。GEOCODE 函数的返回结果表明了输入地址与参考数据中地址列表的匹配方式。而这些在 GEOCODE_AS_GEOMETRY 函数中只是一个点。从 GEOCODE 函数中可以找出输入地址中是否有错误 。这个信息来源于 SDO_GEO_ADD 结构中的三个属性：MATCHCODE、ERRORMESSAGE 和 MATCHVECTOR。

A. MATCHCODE。MATCHCODE 属性表明了匹配的大体效果，见表 4-4。

表 4-4　MATCHCODE 属性匹配代码及含义

匹配码	含义
1	精确匹配，城市名称、邮编、街道名称、街道类型/前缀/后缀和门牌号都匹配
2	城市名称、邮编、街道名称和门牌号都匹配，街道类型和前缀/后缀不匹配
3	城市名称、邮编、街道名称匹配，门牌号不匹配
4	城市名称和邮编匹配，街道地址不需匹配
10	城市名称匹配，但是邮编不匹配
11	邮编匹配，但城市名称不匹配

需要注意的一点是，MATCHCODE 只是根据规定的数据来确定当前的数据是否匹配，并不包含其他的要素。假设邮编不匹配，其他属性都是匹配的话，取值可能只有 10。

B. ERRORMESSAGE。通过每个单独的地址元素的匹配方式实现对地址更为精确的匹配。ERRORMESSAGE 就是一个字符串，每个字符串用来决定每个地址元素的匹配方式。如果地址元素没有匹配成功，其相应的字符串位置将出现一个问号，匹配结果见表 4-5。

通过同时使用 MATCHCODE 属性和 ERRORMESSAGE 属性可以决定是否接受地理编码操作的结果并标记包含的记录。拒绝地理编码的原因一般为地理编码无法纠正地址中的错误；不能接受地理编码在邮编或城市名的等级上进行，更不能在街道一级。

C. MATCHVECTOR。ERRORMESSAGE 可以帮助我们找到地址中的错误，但

表 4-5　ERRORMESSAGE 定义信息及对应值

位置	含义	匹配成功时的值
5	门牌号	#
6	街道前缀	E
7	街道名称	N
8	街道后缀	U
9	街道类型	T
10	第二单元	S
11	建筑区域或城市	B
14	区域	1
15	国家	C
16	邮编	P
17	邮政附件代码	A

表 4-6　MATCHVECTOR 定义值及含义

位置	含义
5	门牌号
6	街道前缀
7	街道名称
8	街道后缀
9	街道类型
10	第二单元
11	建筑区域或城市
14	区域
15	国家
16	邮编
17	邮政附件代码

并不能准确地对结果进行说明。有时返回的地址并不精确也并不符号使用要求。MATCHVECTOR 则可以满足相对于 ERRORMESSAGE 的不足点。而 MATCHVECTOR 也是一组字符串，该字符串中的每个字符表明地址属性的匹配状态见表 4-6。

可以看到 MATCHVECTOR 和 ERRORMESSAGE 的字符串表示信息都是一样的，不同在于 MATCHVECTOR 的位置取值有多种，见表 4-7。

表 4-7　MATCHVECTOR 定义值及意义

值	意　义	例　子
0	MATCHED=地址元素被定义且被成功匹配	地址中包含正确的邮编
1	ABSENT=地址元素没有被定义且没有被替换	地址中没有包含邮编且地理编码器也没有提供
2	CORRECTED=地址元素被定义但是没有被匹配，且被数据库中的一个不同值所替换	地址中包含无效的邮编，且这个邮编被正确的所替换
3	IGNORED=地址元素被定义，但没有被匹配，且没有被替换	地址中包含门牌号，但没有找到街道，所以忽略门牌号
4	SUPPLIED=地址元素没有被定义，用数据库中的值进行填充	地址没有任何的邮编，而数据库提供了正确的邮编

3) GEOCODE_ALL

假如地址本身信息不全，很模糊，则返回信息也会是多样的。对于 GEOCODE 只会返回其中匹配度最高的，而 GEOCODE_ALL 则是返回所有匹配的值。

GEOCODE_ALL 函数与 GEOCOD 函数类似，它们接收的输入参数都相同。但是一个返回的是 SDO_GEO_ADDR 的单个匹配字段，一个是返回 SDO_ADDR_ARRAY 类型的 SDO_GEO_ADDR 的数组对象。其函数语法如下：

```
SDO_GCDR.GEOCODE_ALL
(
        username        IN      VARCHAR2,
        addr_lines      IN      SDO_KEYWORDARRAY,
        country         IN      VARCHAR2,
        match_mode      IN      VARCHAR2
)
RETURN SDO_ADDR_ARRAY;
```

4. 用结构化的地址进行地理编码

GEOCODE 和 CGOCODE_ALL 函数对没有格式化的地址也有效。当把地址作为一个字符串数组传入时，每个字符串表示一个地址。然后地理编码需要把这些行解析成独立的地址元素。但是一般而言数据库的地址编码都已经格式化，因此把地址元素以结构化的方式提供给地理编码函数是较为简单而有效的方法。这就使地理编码器无需对这些地址进行解析，省去了对不同地址都必须正确格式化的麻烦。要用这项技术，需要 GEOCODE_ADDR 和 GEOCODE_ADDR_ALL。

1) GEOCODE_ADDR

GEOCODE_ADDR 和 GEOCODE 函数一样，除了它以 SDO_GEO_ADDR 对象代替了 SDO_KEYWORDARRAY 作为输入外，其他的参数仍然被传入 SDO_GEO_ADDR 对象中。下面是它的函数语法：

```
SDO_GCDR.GEOCODE_ADDR
(
        username            IN        VARCHAR2,
        address             IN        SDO_GEO_ADDR
)
RETURN SDO_GEO_ADDR_ARRAY;
```

2) GEOCODE_ADDR_ALL

GEOCODE_ADDR_ALL 和 GEOCODE_ALL 函数一样，它用 SDO_GEO_ADDR 对象来代替 SDO_KEYWORDARRAY 作为输入，其他的参数仍然被传入 SDO_GEO_ADDR 对象中。下面是它的函数语法：

```
SDO_GCDR.GEOCODE_ADDR_ALL
(
        username            IN        VARCHAR2,
        address             IN        SDO_GEO_ADDR
)
RETURN SDO_GEO_ADDR_ARRAY;
```

5. 反地理编码

顾名思义，反地理编码(reverse geocoding)是地理编码的反过程：组定一个空间位置，返回街道地址。

反编码有以下四个步骤：①路段定位，这将用邻近搜索法完成；②输入地址向路段投影，也就是在这个路段中找到一点，与输入位置最接近；③通过插补法来计算该点所在的门牌号，返回的门牌号所在的街道的位置将会在输入的地理点的一侧；④寻找所有其他地址的细节。

可以通过使用 REVERSE_GEOCODE 函数来实现反地理编码。

REVERSE_GEOCODE 的函数结构如下：

```
SDO_GCDR.REVERSE_GEOCODE
(
        username            IN        VARCHAR2,
        location            IN        SDO_GEOMETRY,
        country             IN        VARCHAR2
)
RETURN SDO_GEO_ADDR;
```

函数参数如下：

(1) username。这是包含特定国家的地理编码表的 Oracle 模式的名称。它是一个必需有的参数，如果数据所在的模式与调用函数所在的模式相同，也可以用 SQL 内置的 USER。

(2) location。这是要定位的地理点。

(3)country。由两字符的 ISO 编码组成，用于表示被地理编码的地址所属的国家。

五、实验前置

准备工作：新建 SCUSER 用户。

实验内容：导入空间实验用数据给 SCUSER 用户。

请从附带光盘的 Data 文件夹中导入空间试验数据 GC.DMP 文件。命令格式如图 4-61 所示。

```
C:\>imp scuser/scuser@orcl file=C:\dmp\gc.dmp fromuser=spatial touser=scuser
```

图 4-61　导入空间试验数据 gc.dmp 文件

六、实验流程

1. 使用 GEOCODE_AS_GEOMETRY 函数

实验准备：无

实验内容：使用 GEOCODE_AS_GEOMETRY 函数查看已知门牌 1250 Clay Street，San Francisco，CA 的坐标，并测试各种值状态下坐标的变化情况。

(1) 查看已知门牌 1250 Clay Street，San Francisco，CA 的坐标(图 4-62)。

```
SQL> SELECT SDO_GCDR.GEOCODE_AS_GEOMETRY
  2  (
  3    'SCUSER',
  4    SDO_KEYWORDARRAY('1250 Clay Street', 'San Francisco, CA'),
  5    'US'
  6  )
  7  FROM DUAL;

SDO_GCDR.GEOCODE_AS_GEOMETRY('SCUSER',SDO_KEYWORDARRAY('1250CLAYSTREET','SANFRAN
--------------------------------------------------------------------------------
SDO_GEOMETRY(2001, 8307, SDO_POINT_TYPE(-122.41356, 37.7932878, NULL), NULL, NUL
L)
```

图 4-62　查看已知门牌 1250 Clay Street，San Francisco，CA 的坐标

虽然这段代码给出了一个地理坐标，但并不代表它给予的位置是正确的。这只是数据库通过已知的门牌进行插补算法获得的位置坐标。

(2) 测试错误门牌时的返回坐标值(图 4-63)。

```
SQL> SELECT SDO_GCDR.GEOCODE_AS_GEOMETRY
  (
    'SCUSER',
    SDO_KEYWORDARRAY('4500 Clay Street', 'San Francisco, CA'),
    'US'
  )
  FROM DUAL;

SDO_GCDR.GEOCODE_AS_GEOMETRY('SCUSER',SDO_KEYWORDARRAY('4500CLAYSTREET','SANFRAN

--------------------------------------------------------------------------------

SDO_GEOMETRY(2001, 8307, SDO_POINT_TYPE(-122.42592, 37.79173, NULL), NULL, NULL)
```

图 4-63　测试错误门牌时的返回坐标值

因为门牌不存在，则返回的坐标是街道的中心点坐标。以此类推，如果街道不存在，则返回的是城市的中心点。

2. 使用 GEOCODE 函数

实验准备：无

实验内容：调用 GEOCODE 函数测试已知门牌 Clay Street, San Francisco, CA，查看其地址匹配度。

(1) 调用 GEOCODE 函数测试门牌在数据库中的匹配度(图 4-64)。

```
SQL> SELECT SDO_GCDR.GEOCODE
  (
    'SCUSER',
    SDO_KEYWORDARRAY('Clay Street', 'San Francisco, CA'),
    'US',
    'DEFAULT'
  )
  FROM DUAL;

SDO_GCDR.GEOCODE('SCUSER',SDO_KEYWORDARRAY('CLAYSTREET','SANFRANCISCO,CA'),'US',

--------------------------------------------------------------------------------

SDO_GEO_ADDR(0, SDO_KEYWORDARRAY(), NULL, 'CLAY ST', NULL, NULL, 'SAN FRANCISCO'

, NULL, 'CA', 'US', '94109', NULL, '94109', NULL, '1698', 'CLAY', 'ST', 'F', 'F'

, NULL, NULL, 'L', 0, 23600700, '????#ENUT?B281CP?', 1, 'DEFAULT', -122.42093, 3

7.79236, '???14101010??004?')
```

图 4-64　调用 GEOCODE 函数测试门牌在数据库中的匹配度

(2) 使用 FORMAT_GEO_ADDR 函数及 DBMS_OUTPUT 对上面的代码进行格式化整理。

```
CREATE OR REPLACE PROCEDURE format_geo_addr
(address SDO_GEO_ADDR)
AS
BEGIN
```

```
dbms_output.put_line ('- ID ' || address.ID);
dbms_output.put_line ('- ADDRESSLINES');
if address.addresslines.count() > 0 then
   for i in 1..address.addresslines.count() loop
      dbms_output.put_line ('- ADDRESSLINES['||i||'] ' || address.ADDRESSLINES(i));
    end loop;
end if;
dbms_output.put_line ('- PLACENAME' || address.PLACENAME);
dbms_output.put_line ('- STREETNAME' || address.STREETNAME);
dbms_output.put_line ('- INTERSECTSTREET' || address.INTERSECTSTREET);
dbms_output.put_line ('- SECUNIT' || address.SECUNIT);
dbms_output.put_line ('- SETTLEMENT' || address.SETTLEMENT);
dbms_output.put_line ('- MUNICIPALITY' || address.MUNICIPALITY);
dbms_output.put_line ('- REGION' || address.REGION);
dbms_output.put_line ('- COUNTRY' || address.COUNTRY);
dbms_output.put_line ('- POSTALCODE' || address.POSTALCODE);
dbms_output.put_line ('- POSTALADDONCODE' || address.POSTALADDONCODE);
dbms_output.put_line ('- FULLPOSTALCODE' || address.FULLPOSTALCODE);
dbms_output.put_line ('- POBOX' || address.POBOX);
dbms_output.put_line ('- HOUSENUMBER' || address.HOUSENUMBER);
dbms_output.put_line ('- BASENAME' || address.BASENAME);
dbms_output.put_line ('- STREETTYPE' || address.STREETTYPE);
dbms_output.put_line ('- STREETTYPEBEFORE' || address.STREETTYPEBEFORE);
dbms_output.put_line ('- STREETTYPEATTACHED' || address.STREETTYPEATTACHED);
dbms_output.put_line ('- STREETPREFIX ' || address.STREETPREFIX);
dbms_output.put_line ('- STREETSUFFIX' || address.STREETSUFFIX);
dbms_output.put_line ('- SIDE' || address.SIDE);
dbms_output.put_line ('- PERCENT' || address.PERCENT);
dbms_output.put_line ('- EDGEID' || address.EDGEID);
dbms_output.put_line ('- ERRORMESSAGE' || address.ERRORMESSAGE);
dbms_output.put_line ('- MATCHVECTOR' || address.MATCHVECTOR);
dbms_output.put_line ('-    '|| substr (address.errormessage,5,1)  ||' '||
substr (address.matchvector,5,1)  ||' House or building number');
dbms_output.put_line ('-    '|| substr (address.errormessage,6,1)  ||' '||
substr (address.matchvector,6,1)  ||' Street prefix');
dbms_output.put_line ('-    '|| substr (address.errormessage,7,1)  ||' '||
substr (address.matchvector,7,1)  ||' Street base name');
dbms_output.put_line ('-    '|| substr (address.errormessage,8,1)  ||' '||
substr (address.matchvector,8,1)  ||' Street suffix');
dbms_output.put_line ('-    '|| substr (address.errormessage,9,1)  ||' '||
substr (address.matchvector,9,1)  ||' Street type');
dbms_output.put_line ('-    '|| substr (address.errormessage,10,1) ||' '||
substr (address.matchvector,10,1) ||' Secondary unit');
```

```
dbms_output.put_line ('-    '||  substr (address.errormessage,11,1) ||' '||
substr (address.matchvector,11,1) ||' Built-up area or city');
dbms_output.put_line ('-    '||  substr (address.errormessage,14,1) ||' '||
substr (address.matchvector,14,1) ||' Region');
dbms_output.put_line ('-    '||  substr (address.errormessage,15,1) ||' '||
substr (address.matchvector,15,1) ||' Country');
dbms_output.put_line ('-    '||  substr (address.errormessage,16,1) ||' '||
substr (address.matchvector,16,1) ||' Postal code');
dbms_output.put_line ('-    '||  substr (address.errormessage,17,1) ||' '||
substr (address.matchvector,17,1) ||' Postal add-on code');
dbms_output.put_line ('- MATCHCODE                  ' || address.MATCHCODE || ' = ' ||
    case address.MATCHCODE
      when  1 then 'Exact match'
      when  2 then 'Street type not matched'
      when  3 then 'House number not matched'
      when  4 then 'Street name not matched'
      when 10 then 'Postal code not matched'
      when 11 then 'City not matched'
    end );
dbms_output.put_line ('- MATCHMODE ' || address.MATCHMODE);
dbms_output.put_line ('- LONGITUDE' || address.LONGITUDE);
dbms_output.put_line ('- LATITUDE' || address.LATITUDE);
end;
/
show errors
```

(3) 调用新建的过程，如图 4-65 所示。

```
SQL> SET SERVEROUTPUT ON
SQL> BEGIN
  2    FORMAT_GEO_ADDR (
  3      SDO_GCDR.GEOCODE (
  4        'SCUSER',
  5        SDO_KEYWORDARRAY('Clay Street', 'San Francisco, CA'),
  6        'US',
  7        'DEFAULT'
  8      )
  9    );
 10  END;
 11  /
```

图 4-65　调用新建的过程

(4) 数据信息分析，如图 4-66 所示。

```
- ID                     0
- ADDRESSLINES
- PLACENAME
- STREETNAME             CLAY ST
- INTERSECTSTREET
- SECUNIT
- SETTLEMENT             SAN FRANCISCO
- MUNICIPALITY
- REGION                 CA
- COUNTRY                US
- POSTALCODE             94109
- POSTALADDONCODE
- FULLPOSTALCODE         94109
- POBOX
- HOUSENUMBER            1698
- BASENAME               CLAY
- STREETTYPE             ST
- STREETTYPEBEFORE       F
- STREETTYPEATTACHED     F
- STREETPREFIX
- STREETSUFFIX
- SIDE                   L
- PERCENT                0
- EDGEID                 23600700
- ERRORMESSAGE           ????#ENUT?B281CP?
- MATCHVECTOR            ???14101010??004?
-    # 4 House or building number
-    E 1 Street prefix
-    N 0 Street base name
-    U 1 Street suffix
-    T 0 Street type
-    ? 1 Secondary unit
-    B 0 Built-up area or city
-    1 0 Region
-    C 0 Country
-    P 4 Postal code
-    ? ? Postal add-on code
- MATCHCODE              1 = Exact match
- MATCHMODE              DEFAULT
- LONGITUDE              -122.42093
- LATITUDE               37.79236
```

图 4-66　返回分析数据

由图 4-66 得到一个位于 Clay 街道的地理点。同时也得到一个修正后的地址，其中街道名称为 CLAY ST，邮编是 94108，返回的门牌号与邮编 94018 内的 Clay 街的中点相对应。

MATCHCODE 的返回值是 1，表示这个地址是全匹配的。ERRORMESSAGE 是????#ENUT?B281CP?且 MATCHVECTOR 为???14101010??004?，可以对照两者的结构表查明其自匹配情况说明。

注意：ERRORMESSAGE 属性中的字母 T 表示这是一个街道类型的匹配，尽管输入地址用了“Street”而实际类型是“St.”。

同时 ERRORMESSAGE 也包含了#和 P，它们分别表明在门牌号级和邮编级的匹配。MATCHVECTOR 正确反映了这一点，门牌号和邮编的值为 4 表示输入中缺少这两个域。

接下来，可以单独测试每输入一个有效的门牌号使用 GEOCODE 函数、输入一个无效门牌号使用 GEOCODE 函数、输入一个无效邮编号使用 GEOCODE 函数的结果。需要注意的是，当前我使用的是默认匹配模式 RELAX_BASE_NAME。接下来是三个输入的代码，结果请自行比对。

(5) 输入一个有效的门牌号使用 GEOCODE 函数。

```
SET SERVEROUTPUT ON
BEGIN
  FORMAT_GEO_ADDR (
    SDO_GCDR.GEOCODE (
    'SCUSER',
    SDO_KEYWORDARRAY('1350 Clay', 'San Francisco, CA'),
    'US',
    'DEFAULT'
    )
  );
END;
```

(6) 输入一个无效门牌号使用 GEOCODE 函数。

```
SET SERVEROUTPUT ON
BEGIN
  FORMAT_GEO_ADDR (
    SDO_GCDR.GEOCODE (
      'SCUSER',
      SDO_KEYWORDARRAY('4500 Clay Street', 'San Francisco, CA'),
      'US',
      'DEFAULT'
    )
  );
END;
```

(7) 输入一个无效邮编号使用 GEOCODE 函数。

```
SET SERVEROUTPUT ON
BEGIN
  FORMAT_GEO_ADDR (
    SDO_GCDR.GEOCODE (
      'SCUSER',
      SDO_KEYWORDARRAY('1350 Clay St', 'San Francisco, CA 99130'),
      'US',
      'DEFAULT'
    )
  );
END;
```

(8) 接下来可以试一下，如果强制匹配模式为 EXACT，在同样查询状态下会有何种结果，其代码如下：

```
SET SERVEROUTPUT ON
BEGIN
  FORMAT_GEO_ADDR (
      SDO_GCDR.GEOCODE (
      'SCUSER',
      SDO_KEYWORDARRAY('1350 Clay St', 'San Francisco, CA 99130'),
      'US',
      'EXACT'
    )
  );
END;
```

3. 调用 GEOCODE_ALL 函数

实验准备：无

实验内容：在前面的知识准备中已经知道，通过该函数可以返回多个数据值。在此可以另写一个过程来调用前面的 FORMAT_GEO_ADDR 过程，完成地址匹配数据的输出。

(1) 制作新过程，循环调用 FORMAT_GEO_ADDR 过程，如图 4-67 所示。

```
SQL> CREATE OR REPLACE PROCEDURE format_addr_array
  (
    address_list SDO_ADDR_ARRAY
  )
  AS
  BEGIN
    IF address_list.count() > 0 THEN
      FOR i IN 1..address_list.count() LOOP
        dbms_output.put_line ('ADDRESS['||i||']');
        format_geo_addr (address_list(i));
      END LOOP;
    END IF;
  END;
  /
```

图 4-67　循环调用 FORMAT_GEO_ADDR 过程

(2) 以一个模糊地址使用 GEOCODE_ALL 函数。

```
SET SERVEROUTPUT ON SIZE 32000
BEGIN
  FORMAT_ADDR_ARRAY (
    SDO_GCDR.GEOCODE_ALL (
      'SCUSER',
      SDO_KEYWORDARRAY('12 Presidio', 'San Francisco, CA'),
      'US',
      'DEFAULT'
    )
  );
END;
/
```

4. 使用 GEOCODE_ADDR 函数进行地理编码。

实验准备：无

实验内容：

(1) 实现简单的 GEOCODE_ADDR 函数的调用，如图 4-68 所示。

```
SQL> SELECT SDO_GCDR.GEOCODE_ADDR
(
  'SCUSER',
  SDO_GEO_ADDR
  (
    'US',                   -- COUNTRY
    'DEFAULT',              -- MATCHMODE
    '1200 Clay Street',     -- STREET
    'San Francisco',        -- SETTLEMENT
    NULL,                   -- MUNICIPALITY
    'CA',                   -- REGION
    '94108'                 -- POSTALCODE
  )
)
FROM DUAL;

SDO_GCDR.GEOCODE_ADDR('SCUSER',SDO_GEO_ADDR('US',--COUNTRY'DEFAULT',--MATCHMODE'

--------------------------------------------------------------------------------

SDO_GEO_ADDR(0, SDO_KEYWORDARRAY(), NULL, 'CLAY ST', NULL, NULL, 'SAN FRANCISCO'

, NULL, 'CA', 'US', '94108', NULL, '94108', NULL, '1200', 'CLAY', 'ST', 'F', 'F'

, NULL, NULL, 'L', 1, 23600695, '????#ENUT?B281CP?', 1, 'DEFAULT', -122.41272, 3

7.7934, '???10101014??000?')
```

图 4-68　实现 GEOCODE_ADDR 函数的调用

在这里需要指出的是，SDO_GEO_ADDR 的结构是较为复杂的，不可能对应其结构将其中的所有参数值填上数据。因此，不能对应的参数可以使用 NULL 来代替。

(2) 自定义存储函数填充 SDO_GEO_ADDR 对象的 PLACENAME 属性，实现对 POI(兴趣点)的地理编码(图 4-69)。

```
SQL> CREATE OR REPLACE FUNCTION geo_addr_poi (
  country  VARCHAR2,
  poi_name VARCHAR2
)
RETURN SDO_GEO_ADDR
AS
  geo_addr SDO_GEO_ADDR := SDO_GEO_ADDR();
BEGIN
  geo_addr.country := country;
  geo_addr.placename  := poi_name;
  geo_addr.matchmode  := 'DEFAULT';
return geo_addr ;
end;
/
```

图 4-69　填充 SDO_GEO_ADDR 对象的 PLACENAME 属性

(3) 调用新建的存储函数，完成对 Moscone Center 的地址编码查询(图 4-70)。

```
SQL> SELECT SDO_GCDR.GEOCODE_ADDR
  (
    'SCUSER',
    GEO_ADDR_POI
    (
      'US',                   -- COUNTRY
      'Moscone Center'        -- POI_NAME
    )
  )
  FROM DUAL;

SDO_GCDR.GEOCODE_ADDR('SCUSER',GEO_ADDR_POI('US',--COUNTRY'MOSCONECENTER'--POI_N

--------------------------------------------------------------------------------

SDO_GEO_ADDR(0, SDO_KEYWORDARRAY(), 'MOSCONE CENTER', 'HOWARD ST', NULL, NULL, '

SAN FRANCISCO', NULL, 'CA', 'US', '94103', NULL, '94103', NULL, '747', NULL, NUL

L, 'F', 'F', NULL, NULL, 'R', 0, 23607005, '???O#ENUT?B281CP?', 1, 'DEFAULT', -1

22.40137, 37.7841, '???04141114??404?')
```

图 4-70　调用新建的存储函数，完成对 Moscone Center 的地址编码查询

5. 使用 REVERSE_GEOCODE 完成反地理编码

实验准备：无

实验内容：

为了使 REVERSE_GEOCODE 有更好的可读性，可以使用 FORMAT_GEO_ADDR 过程来对其进行格式化(图 4-71)。

```
SQL> SET SERVEROUTPUT ON
SQL> BEGIN
    FORMAT_GEO_ADDR (
      SDO_GCDR.REVERSE_GEOCODE (
        'SCUSER',
        SDO_GEOMETRY (
          2001,
          8307,
          SDO_POINT_TYPE (-122.4152166, 37.7930, NULL),
          NULL, NULL
        ),
        'US'
      )
    );
  END;
  /
```

图 4-71　用 FORMAT_GEO_ADDR 过程来对其进行坐标信息格式化

其结果如图 4-72 所示。

```
- ID                      0
- ADDRESSLINES
- PLACENAME
- STREETNAME              CLAY ST
- INTERSECTSTREET
- SECUNIT
- SETTLEMENT              SAN FRANCISCO
- MUNICIPALITY
- REGION                  CA
- COUNTRY                 US
- POSTALCODE              94109
- POSTALADDONCODE
- FULLPOSTALCODE          94109
- POBOX
- HOUSENUMBER             1351
- BASENAME                CLAY
- STREETTYPE              ST
- STREETTYPEBEFORE        F
- STREETTYPEATTACHED      F
- STREETPREFIX
- STREETSUFFIX
- SIDE                    R
- PERCENT                 .484531914156248
- EDGEID                  23600696
- ERRORMESSAGE
- MATCHVECTOR             ???14141414??404?
-    4 House or building number
-    1 Street prefix
-    4 Street base name
-    1 Street suffix
-    4 Street type
-    1 Secondary unit
-    4 Built-up area or city
-    4 Region
-    0 Country
-    4 Postal code
-    ? Postal add-on code
- MATCHCODE               1 = Exact match
- MATCHMODE               DEFAULT
- LONGITUDE               -122.415225677046
- LATITUDE                37.7930717518897
```

图 4-72　返回数据结果

可以发现此处的坐标值与输入的值是有差距的，原因在于输入的坐标值并非是道路中心线上的坐标。

第 5 章　空间数据库编程

实验 5.1　函数和存储过程

一、实验目的

掌握使用 PL/SQL 语言创建和调用函数和存储过程的基本方法。

二、实验平台

(1) 操作系统：Windows Server 2003；

(2) 数据库管理系统：Oracle 11g R2。

三、实验内容和要求

(1) 函数的编写及调用；

(2) 存储过程的编写及调用；

(3) 学会编写 Oracle 函数；

(4) 学会 Oracle 存储过程的编写。

四、过程、函数、程序包与匿名块

将复杂的业务规则和应用逻辑作为 Oracle 内的过程(Procedure)进行存储。存储过程能够将实现业务规则的代码从应用程序中移植到数据库内，结果可以是多个应用使用的代码只需存储一次即可。因为 Oracle 支持存储过程，所以应用程序内的代码更为一致，也更容易维护。之后再将过程和其他 PL/SQL 命令组成程序包(Package)。下面将一起逐一介绍过程、函数、程序包及匿名块。

1) 过程与程序包

程序包是由成组的过程、函数、变量和 SQL 语句组成的一个单元。为了执行程序包中的某个过程，首先必须列出程序包名，然后列出过程名。例如：

```
execute book_inventory.new_book('once removed');
```

这里，执行 BOOK_INVENTORY 程序包中的 NEW_BOOK 过程。

程序包允许多个过程使用相同的变量和游标。程序包中的过程可以是公有的，也可以是私有的。在私有的情况下，只能通过程序包中的命令访问它们。

程序包也包括每次调用该包时所执行的命令，而不管在程序包内调用的是过程还是函数。因此，程序包不但可以组织过程，而且还具有提供执行非特定过程命令的能力。

建立过程的语法如下：

```
CREATE [ OR REPLACE] PROCEDURE procedure_name
[parameter_lister]
{AS|IS}
declaration_section
BEGIN
executable_section
[EXCEPTION
exception_section]
END [procedure_name]
```

2) 函数

创建函数的语法和过程的语法基本相同，唯一的区别在于函数有 RETURN 子句。

```
CREATE [ OR REPLACE] FINCTION function_name
[parameter_list]
RETURN returning_datatype
{AS|IS}
declaration_section
BEGIN
executable_section
[EXCEPTION]
exception_section
END [function_name]
```

RETURN 关键字指定函数返回值的数据类型，它可以是任何有效的 PL/SQL 数据类型，每个函数必须有一个 RETURN 子句。因为根据定义，函数必须给调用环境返回一个值。

3) 程序包

包是一种将过程、函数和数据结构捆绑在一起的容器；包由两个部分组成：程序包说明和程序包本体。程序包说明包括函数、过程、变量、常量、游标和异常；程序包本体包含了所有被捆绑的过程和函数的声明、执行、异常处理部分。

打包的 PL/SQL 程序和没有打包的有很大差异，包数据在用户的整个会话期间都一直存在，当用户获得包的执行授权时，就等于获得包规范中的所有程序和数据结构的权限。但不能只对包中的某一个函数或过程进行授权。包可以重载过程和函数，在包内可以用同一个名字声明多个程序，在运行时根据参数的数目和数据类型调用正确的程序。

(1) 创建包必须首先创建程序包说明，创建程序包说明的语法如下：

```
CREATE [OR REPLACE] PACKAGE package_name
{AS|IS}
```

```
public_variable_declarations |
public_type_declarations |
public_exception_declarations |
public_cursor_declarations |
function_declarations |
procedure_specifications
END [package_name]
```

(2) 创建程序包主体使用 CREATE PACKAGE BODY 语句，语法如下：

```
CREATE [OR REPLACE] PACKAGE BODY package_name
{AS|IS}
private_variable_declarations |
private_type_declarations |
private_exception_declarations |
private_cursor_declarations |
function_declarations |
procedure_specifications
END [package_name]
```

私有数据结构是指那些在包主体内部，对被调用程序而言是不可见的数据结构。

4) 匿名块

匿名块是只使用一次的 PL/SQL 程序块，也是过程的最基本组成单位。匿名块没有名称，也不被存储在数据库中。其本身由 PL/SQL 的四个基本组成部分构成，在 SQL*Plus 中通过“/”编译并且执行，而且不能被重复使用，以下是匿名块的语法结构：

```
DECLARE
…… —变量、常量声明
BEGIN
pl/sql_block;
EXCEPTIONS
…… —异常捕捉
END;
```

五、实验前置

为了创建一个过程化对象，用户必须要拥有 CREATE　PROCEDURE 系统权限(它是 RESOURCE 角色的一部分)。如果过程化对象位于其他用户模式内，那么必须拥有 CREATE　PROCEDURE 系统权限。

过程对象可以引用表。为了正确运行表，被执行的过程、程序包或函数的拥有者必须拥有它们所使用的表的权限。除非采用调用者的权限，否则执行相应过程化对象的用户不需要具有这些基表上的权限。而且过程、程序包和函数所需的权限不能来自角色，它们必须直接授予过程、程序包或函数的拥有者。

准备工作：创建 SCUSER 用户，并使用 SYS 用户对其授权。

实验内容：利用 SQL*Plus 工具使用 SYS 用户创建一个新的账户，账户名称为 SCUSER，密码为 SCUSER，给其授权于 CREATE PROCEDURE 系统权限及

EXECUTE 的过程使用权限。导出 SCOTT 用户下的所有表，并将其导入 SCUSER 用户库之中为后续实验做准备。

(1) 新建用户及密码，授予表空间、临时空间等信息(图 5-1)。

```
SQL> create user scuser identified by scuser
  2  default tablespace users
  3  temporary tablespace temp
  4  profile default
  5  ;

用户已创建。
```

图 5-1　新建用户及密码，授予表空间、临时空间等信息

(2) 权限赋予(图 5-2)。

```
SQL> grant connect, resource,unlimited tablespace,execute any procedure to scuse
r;

授权成功。
```

图 5-2　权限赋予

在图 5-2 中，赋予用户很多的权限，其中包括高级管理权限 DBA 和过程运行权限 EXECUTE ANY PROCEDURE。在实际使用中，如果只是普通使用者，建议不要授予高级管理权限及不限制的过程执行权限。如果只想授予单个过程执行权，可以使用以下语句：

```
grant execute on my_procedure to scuser;
```

这句话中，仅将过程 MY_PROCEDURE 的执行权授予 SCUSER 用户。

注意：如果在使用过程中出现提示“对表空间‘USERS’无权限”，需在 SYS 账户下使用以下语句处理此问题：

```
alter user 用户名 quota unlimited on users;
```

```
SQL> alter user scuser account unlock
  2  ;
```

图 5-3　账户解锁

(3) 账户解锁。当相关的操作都完成后，使用解锁命令对用户解锁(图 5-3)。需要注意的是这里是在分步完成所有账户新建任务后实施解锁，解锁命令也可以在账户新建时执行。

(4) 将 SCOTT 用户所有表导出及导入 SCUSER 用户。

导出 SCOTT 用户下的所有表，如图 5-4 所示。

```
C:\>exp scott/tiger@orcl file=c:\scott_table.dmp
```

图 5-4　导出 SCOTT 用户下的所有表

将 SCOTT 用户的表导入 SCUSER 用户，如图 5-5 所示。

```
C:\>imp scuser/scuser@orcl file=c:\scott_table.dmp fromuser=scott touser=scuser
```

图 5-5　将 SCOTT 用户的表导入 SCUSER 用户

六、实验流程

1. 匿名块的建立

实验准备：将 EMP 表导入 SCUSER 用户。

实验内容：

(1) 创建一个匿名块，完成 EMP 表中职工编号、职工姓名、职工工作类型的数据插入操作(图 5-6)。

(2) 运行该匿名块，完成数据录入(图 5-7)。

```
SQL> declare
  2  aNO number;
  3  aNAME nvarchar2(10);
  4  aJOB nvarchar2(9);
  5  begin
  6  insert into emp(empno,ename,job)
  7  values (&aNO,&aNAME,&aJOB);
  8  end;
```

图 5-6　创建一个匿名块完成 EMP 表数据插入操作

```
SQL> declare
  2  aNO number;
  3  aNAME nvarchar2(10);
  4  aJOB nvarchar2(9);
  5  begin
  6  insert into emp(empno,ename,job)
  7  values (&aNO,&aNAME,&aJOB);
  8  end;
  9  /
输入 ano 的值:  7689
输入 aname 的值:  'TOMASHI'
输入 ajob 的值:  'SALESMAN'
原值    7: values (&aNO,&aNAME,&aJOB);
新值    7: values (7689,'TOMASHI','SALESMAN');

PL/SQL 过程已成功完成。
```

图 5-7　运行该匿名块，完成数据录入

注意：字符格式的变量在值输入时应以单引号输入。最后命名用 COMMIT 命令将数据提交。

2. 创建函数

实验内容：

(1) 创建名为 COUNT_SAL 的函数(图 5-8)。它根据 EMP 表的计算，返回高于 500 的 SAL 总计信息。输入为 SAL 数值，输出为 SAL 总和。

```
SQL> create or replace function COUNT_SAL(aSAL IN NUMBER)
  2  return number
  3  is
  4  salcount number(10);
  5  begin
  6  select sum(sal)
  7  into salcount
  8  from emp
  9  where SAL>aSAL;
 10  return(salcount);
 11  end;
 12  /

函数已创建。
```

图 5-8　创建名为 COUNT_SAL 的函数

```
SQL> variable salsql number;
SQL> execute :salsql :=COUNT_SAL(500);

PL/SQL 过程已成功完成。

SQL> print salsql

    SALSQL
----------
     28225
```

图 5-9　调用 COUNT_SAL 函数

(2) 通过建立一个变量并设置其值等于函数返回值的方式来调用该函数(图 5-9)。

(3) 如果在调用过程中遇到问题，SQL*Plus 的 SHOW ERRORS 命令将显示所有与最近建立的过程化对象有关的 SHOW ERRORS，可以通过 SELECT 命令，查阅其中出现的问题(图 5-10)。

```
SQL> select line,position,text from user_errors
where name='salsql'
and type ='function'
order by sequence;

未选定行
```

图 5-10　通过 SELECT 命令查阅出现的问题

在此可以看到 TYPE 列，TYPE 列的有效值为 VIEW、PROCEDURE、PACKAGE、FUNCTION 和 PACKAGE BODY。通过指定查询类型及名称完成对问题的收集。在这里可以得到的结果是“未选定行”，表示当前相关条件下错误信息为空。

(4) 错误定制。通过 RAISE_APPLICATION_ERROR 过程设置向用户显示的错误编号和消息，可以在任何过程化对象中调用这个过程。从过程、程序包和函数中调用 RAISE_APPLICATION_ERROR 需要两个输入：消息编号和消息文本，可以指定显示给用户的消息编号和消息。

接下来重新制作上面定义的 COUNT_SAL 函数。其中标题为 EXCEPTION 的部分告诉 Oracle 如何处理非标准的异常。图 5-11 是通过 RAISE_APPLICATION_ERROR 过程覆盖 NO_DATA_FOUND 异常的标准信息。

```
SQL> create or replace function COUNT_SAL(aSAL IN NUMBER)
return number
is
salcount number(10);
begin
select sum(sal)
into salcount
from emp
where SAL>aSAL;
return(salcount);
exception
when no_data_found then
raise_application_error(-20100,
'no books borrowed.');
end;
/

函数已创建。
```

图 5-11　通过 RAISE_APPLICATION_ERROR 过程覆盖 NO_DATA_FOUND 异常的标准信息

在此段代码中使用了 NO_DATA_FOUND 异常，这个异常属于 EXCEPTION 自带的异常属性。如果想自定义一个定制的异常，则必须在 BEGIN 前面进行声明，并且类型为 EXCEPTION 显示(图 5-12)。

在上段代码中，表明了一个 SOME_CUSTOM_ERROR 的自定义异常，并使用了 EXCEPTION 类型声明。在代码后半段，通过 EXCEPTION 声明异常段后，新建了一个异常信息提示。在这里需要大家在课后自行对 EXCEPION 的异常代码参数进行了解。在此需要指出的是，调用的 RAISE_APPLICATION_ERROR 的过程需要两个输入参数：错误编号(必须在－20001~－20999)和要显示的错误信息。如果是并列的多个异常，也可以利用 WHEN OTHER 子句处理所有未指定的异常。

```
SQL> create or replace function COUNT_SAL(aSAL IN NUMBER)
return number
is
salcount number(10);
some_custom_error EXCEPTION;
begin
select sum(sal)
into salcount
from emp
where SAL>aSAL;
return(salcount);
exception
when no_data_found then
raise_application_error(-20100,
'no books borrowed.');
when some_custom_error then
raise_application_error(-20101,
'some custom error message.');
end;
/

函数已创建。
```

图 5-12　自定义定制的异常

3. 创建存储过程

实验内容：

(1) 使用 SQL*Plus 登录 SCUSER 用户，创建一个 NEW_BOOK 的过程，以员工号、员工名、工作内容作为它的输入，可以从任何一个应用中调用它(图 5-13)。

```
SQL> create or replace procedure NEW_BOOK (aEMPNO IN NUMBER,aENAME IN VARCHAR2,a
JOB IN VARCHAR2,aDelname IN VARCHAR2)
as
begin
   insert into EMP(EMPNO,ENAME,JOB)
          values (aEMPNO, aENAME, aJOB);
          delete from EMP
          WHERE ENAME = aDelname;
end;
/

过程已创建。
```

图 5-13　创建 NEW_BOOK 的过程

(2) 插入需要添加的数据和需要删除的数据。使用 EXECUTE 命令可以执行已经存储的过程(图 5-14)，在过程名中加入相关参数即可执行过程命令。

```
SQL> execute new_book(7589,'JIM','SALESMAN','SMITH');

PL/SQL 过程已成功完成。
```

图 5-14　使用 EXECUTE 命令执行已经存储的过程

(3) 最后来看 EMP 表的执行结果(图 5-15)。

在图 5-15 中可以看到，新的 JIM 属性已经加入到 EMP 表中，而原表中的 SMITH 已经被删除了。

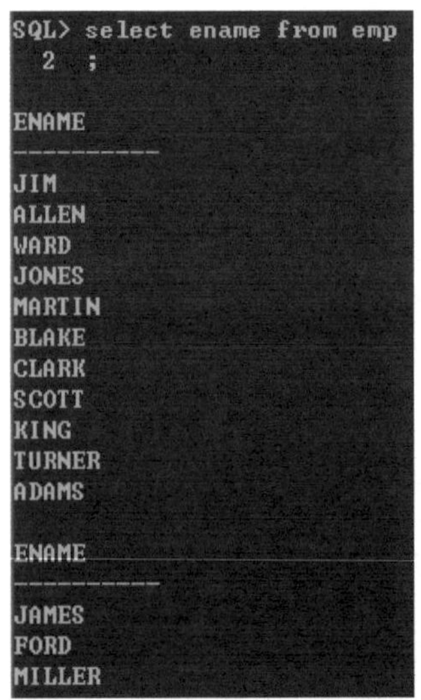

图 5-15　查询 EMP 表的执行结果

4. 创建程序包

实验内容：

(1) 使用 CREATE PACKAGE 新建一个程序包说明(图 5-16)。这个程序包中包含本章前面实验中提到的 NEW_BOOK 过程和 COUNT_SAL 函数。

```
SQL> create or replace package BOOK_MANAGEMENT
  2  as
  3  function COUNT_SAL(aSAL IN NUMBER) return NUMBER;
  4  procedure NEW_BOOK(aEMPNO IN NUMBER,aENAME IN VARCHAR2,aJOB IN VARCHAR2,aDe
lname IN VARCHAR2);
  5  end BOOK_MANAGEMENT;
  6  /

程序包已创建。
```

图 5-16　使用 CREATE PACKAGE 新建一个程序包说明

(2) 利用 CREATE PACKAGE BODY 命令建立它的程序包体(图 5-17)。

(3) 修改 BOOK_MANAGEMENT 程序包体的内容(图 5-18)，使其包括记录当前用户的用户名和在此会话中程序包开始执行的时间戳的 SQL 语句。为了记录这些值，还必须在程序包体中声明两个新变量。这两个新变量在程序包体中声明，不属于公用变量，它们独立于函数和过程。

(4) 程序包的执行，在 EXECUTE 命令中指定程序包名和过程或函数的名字。

5. 删除过程、函数和程序包

(1) 删除一个过程，可使用 DROP PROCEDURE 命令，如：

```
drop procedure new_book;
```

要删除一个过程，必须拥有该过程或具有 DROP ANY PROCEDURE 系统权限。

(2) 删除一个函数，可使用 DROP FUNCTION 命令，如：

```
drop function count_sal;
```

要删除一个过程，必须拥有该过程或具有 DROP ANY PROCEDURE 系统权限。

(3) 删除一个程序包(包括包体和包说明)，可使用 DROP PACKAGE 命令，例如：

```
SQL> create or replace package body BOOK_MANAGEMENT
as function COUNT_SAL(aSAL IN NUMBER)
return number
is
salcount number(10);
begin
select sum(sal)
into salcount
from emp
where SAL>aSAL;
return(salcount);
exception
when no_data_found then
raise_application_error(-20100,
'no books borrowed.');
end COUNT_SAL;
procedure NEW_BOOK (aEMPNO IN NUMBER,aENAME IN VARCHAR2,aJOB IN VARCHAR2,aD
elname IN VARCHAR2)
as
begin
   insert into EMP(EMPNO,ENAME,JOB)
          values (aEMPNO, aENAME, aJOB);
          delete from EMP
          WHERE ENAME = aDelname;
end NEW_BOOK
;
end BOOK_MANAGEMENT;
/

程序包体已创建。
```

图 5-17　利用 CREATE PACKAGE BODY 命令建立程序包体

```
SQL> create or replace package body BOOK_MANAGEMENT
as
User_Name VARCHAR2(30);
Entry_Date DATE;
function COUNT_SAL(aSAL IN NUMBER)
return number
is
salcount number(10);
begin
select sum(sal)
into salcount
from emp
where SAL>aSAL;
return(salcount);
exception
when no_data_found then
raise_application_error(-20100,
'no books borrowed.');
end COUNT_SAL;
procedure NEW_BOOK (aEMPNO IN NUMBER,aENAME IN VARCHAR2,aJOB IN VARCHAR2,aD
elname IN VARCHAR2)
as
begin
insert into EMP(EMPNO,ENAME,JOB)
values (aEMPNO, aENAME, aJOB);
delete from EMP
WHERE ENAME = aDelname;
end NEW_BOOK;
begin
select User,Sysdate
into User_Name,Entry_Date
from DUAL;
end BOOK_MANAGEMENT;
/

程序包体已创建。
```

图 5-18　修改 BOOK_MANAGEMENT 程序包体的内容

```
drop package book_management;
```

要删除一个过程，必须拥有该过程或具有 DROP ANY PROCEDURE 系统权限。

(4) 若只想删除程序包体，可使用 DROP PACKAGE 命令和 BODY 子句，例如：

```
drop package body book_management;
```

要删除一个过程，必须拥有该过程或具有 DROP ANY PROCEDURE 系统权限。

实验 5.2　触　发　器

一、实验目的

了解触发器的类型、使用场景及编写方法。

二、实验平台

(1) 操作系统：Windows Server 2003；

(2) 数据库管理系统：Oracle 11g R2。

三、实验内容和要求

(1) 触发器执行权限授权；

(2) 触发器的创建及启用；

(3) 学习触发器的类型、权限及创建方法；

(4) 了解触发器的执行方式。

四、触发器的类型

1. 触发器的介绍

触发器定义与数据库有关的处理事件发生时数据库将要执行的操作。触发器可以用来补充声明的参照完整性，强制实施复杂的业务项，或审计数据的变化。触发器内的代码(称为触发器体)由 PL/SQL 块构成。

触发器的执行对用户来说是透明的。当数据库在特定的表上执行特定的数据操作命令时，调用触发器。这样的命令包括 INSERT、UPDATE 和 DELETE(又称 DML 语句)等。特殊列的更新也可以作为触发事件，触发事件还包括 DDL 命令和数据库事件(如关闭和登录等)。

2. 触发器类型

触发器的类型是由触发事务处理的类型和执行该触发器的级别来定义的。

1) 行级触发器

行级触发器(Row-Level Trigger)对 DML 语句影响的每个行执行一次。行级触发器是触发器中最常见的一种，通常用于数据审计中。一般在 CREATE TRIGGER 命令中利用 FOR EACH ROW 子句创建行级触发器。

2) 语句级触发器

语句级(Statement-Level)触发器对每个 DML 语句执行一次。语句级触发器不常用于与数据相关的活动，它们通常用于强制实施能在一个表上执行的各种操作的额外安全性措施。

语句级触发器是由 CREATE TRIGGER 命令创建的触发器的默认类型。

3) BEFORE 和 AFTER 触发器

由于触发器是事件驱动的，因此可以设置触发器在这些事件之间或之后立即执行。因为执行触发器的事件包括数据库的 DML 语句，所以触发器可以在 INSERT、UPDATE 和 DELETE 之前或之后立刻执行。对于数据库级的事件，最重要的限制在于不能触发一个在登录或启动之前发生的事件。

在触发器中，可以引用 DML 语句中涉及的旧值或新值。新旧数据所需的访问决定了所需的触发器类型。“旧”是指在 DML 语句前存在的数据；“新”是指由 DML 语句创建的数据值(如插入记录的列)。

如果需要通过触发器在插入行中设置一个列值，就应该使用 BEFORE INSERT 触发器访问“新”值。使用 AFTER INSERT 触发器不允许设置插入值，因为该行已经插入表中。

在审计应用程序中经常使用 AFTER 行级触发器，因为直到行被修改时才会触发它们。行成功修改表示此行已经通过该表定义的参照完整性约束。

4) INSTEAD OF 触发器

使用 INSTEAD OF 触发器可以告诉 Oracle 要做什么，而不是执行调用触发器的操作。例如，可使用某个视图上的 INSTEAD OF 触发器将 INSERT 重定向到一个表，或者 UPDATE 一个视图的多个表。既可以在对象视图又可以在关系视图上使用 INSTEAD OF 触发器。例如，如果一个视图涉及两个表的连接，则在视图中的记录上使用 UPDATE 命令是受限制的。然而，如果使用 INSTEAD OF 触发器，就可以在用户试图通过视图更改值时，告诉 Oracle 怎样 INSERT、UPDATE 或 DELETE 视图基表中的记录。执行 INSTEAD OF 触发器中的代码来代替输入的 INSERT、UPDATE 或 DELETE 命令。

5) 模式级触发器

在模式级的操作上建立触发器，如 CREATE TABLE、ALTER TABLE、DROP TABLE、AUDIT、RENAME、TRUNCATE 和 REVOKE。用户甚至可以创建触发器来防止删除他们自己的表。在大多数情况下，模式级触发器主要提供两种功能：阻止 DLL 操作以及在发生 DLL 操作时提供额外的安全监控。

6) 数据库级触发器

像 DML 事件一样，数据库事件也能执行触发器。在一个数据库事件发生时，可以执行引用事件属性的触发器。可以在每个数据库启动后，立即用数据库事件执行系统维护功能。

创建在数据库系统事件上触发的触发器，包括错误、注册、注销、关闭和启动，可以用这种类型的触发器自动进行数据库维护或审计活动。

3. 创建触发器

(1) 创建触发器的一般语法如下：

```
CREATE [OR REPLACE] TRIGGER trigger_name
{BEFORE | AFTER }
{INSERT | DELETE | UPDATE [OF column [, column ……]]}
[OR {INSERT | DELETE | UPDATE [OF column [, column ……]]}……]
ON [schema.]table_name | [schema.]view_name
[REFERENCING {OLD [AS] old | NEW [AS] new| PARENT as parent}]
[FOR EACH ROW ]
[WHEN condition]
{PL/SQL_BLOCK | CALL procedure_name;}
```

其中，BEFORE 和 AFTER 指触发器的触发时序分别为前触发和后触发方式，前触发是在执行触发事件之前触发当前所创建的触发器，后触发是在执行触发事件之后触发当前所创建的触发器。

FOR EACH ROW 选项说明触发器为行触发器。行触发器和语句触发器的区别表现在，行触发器要求当一个 DML 语句操作影响数据库中的多行数据时，对于其中的每个数据行，只要它们符合触发约束条件，均激活一次触发器；而语句触发器将整个语句操作作为触发事件，当它符合约束条件时，激活一次触发器。当省略 FOR EACH ROW 选项时，BEFORE 和 AFTER 触发器为语句触发器，而 INSTEAD OF 触发器则只能为行触发器。

REFERENCING 子句说明相关名称，在行触发器的 PL/SQL 块和 WHEN 子句中可以使用相关名称参照当前的新、旧列值，默认的相关名称分别为 OLD 和 NEW。触发器的 PL/SQL 块中应用相关名称时，必须在它们之前加冒号(:)，但在 WHEN 子句中则不能加冒号。

WHEN 子句说明触发约束条件。Condition 为一个逻辑表达时，其中必须包含相关名称，而不能包含查询语句，也不能调用 PL/SQL 函数。WHEN 子句指定的触发约束条件只能用在 BEFORE 和 AFTER 行触发器中，不能用在 INSTEAD OF 触发器和其他类型的触发器中。

当一个基表被修改(INSERT, UPDATE, DELETE)时要执行的存储过程，执行时根据其所依附的基表改动而自动触发，因此与应用程序无关，用数据库触发器可以保证数据的一致性和完整性。

(2) 创建系统事件触发器的一般语法是：

```
CREATE OR REPLACE TRIGGER trigger_name
{BEFORE|AFTER}
{ddl_event_list | database_event_list}
ON { DATABASE | [schema.]SCHEMA }
[WHEN condition]
PL/SQL_block | CALL procedure_name;
```

其中，ddl_event_list 表示一个或多个 DDL 事件，事件间用 OR 分开；

database_event_list 表示一个或多个数据库事件，事件间用 OR 分开；

系统事件触发器既可以建立在一个模式上，又可以建立在整个数据库上。当建立在模式(SCHEMA)之上时，只有模式所指定用户的 DDL 操作和它们所导致的错误才激活触发器, 默认时为当前用户模式。当建立在数据库(DATABASE)之上时，该数据库所有用户的 DDL 操作和他们所导致的错误，以及数据库的启动和关闭均可激活触发器。要在数据库之上建立触发器时，要求用户具有 ADMINISTER DATABASE TRIGGER 权限。

五、实验前置

1. 必需的系统权限

为了在一个表上创建触发器，必须具有更改这个表的能力。因此，必须拥有该表或对该表有 ALTER 权限，或者有 ALTER ANY TABLE 系统权限。此外，还必须有 GREATE TRIGGER 系统权限。为了在其他用户的账户 (也称模式) 中创建触发器，还必须具有 CREATE ANY TRIGGER 系统权限。CREATE ANY TRIGGER 系统权限是由 Oracle 提供的 RESOURCE 角色的组成部分。

要想更改一个触发器，必须拥有该触发器或者具有 ALTER ANY TRIGGER 系统权限。还可以通过更改触发器所依赖的表来更改触发器，这要求拥有该表的 ALTER 权限，或者具有 ALTER ANY TABLE 系统权限。为了在数据库级事件上建立触发器，必须具有 ADMINISTER DATABASE TRIGGER 系统权限。

为 SCUSER 用户授予触发器相关权限如图 5-19 所示。

```
SQL> grant alter any table to scuser;
授权成功。
SQL> grant create any trigger to scuser;
授权成功。
SQL> grant resource to scuser;
授权成功。
SQL> grant alter any trigger to scuser;
授权成功。
SQL> grant administer database trigger to scuser;
授权成功。
```

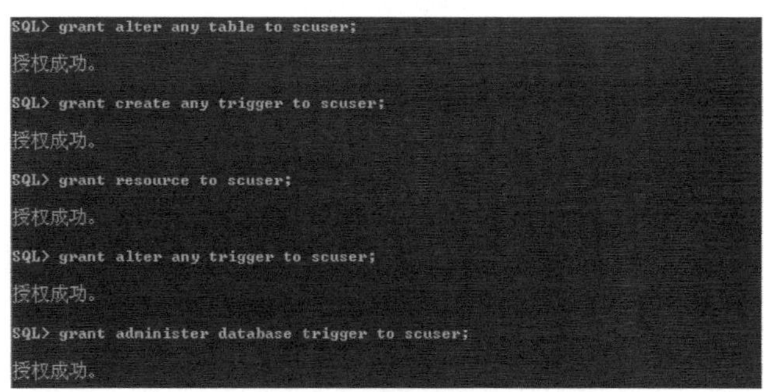

图 5-19　为用户授予触发器相关权限

2. 必备的表权限

除了初始触发事件的表外，触发器还可以引用其他的表，为此还需要触发器具有对这些表的操作权限。

通过刚才的 ALTER ANY TABLE 权限赋予，已经完成了所有表的操作功能。

六、创建触发器

1. 行级触发器

实验准备：利用实验 5.1 中导入的表新建触发器，当 EMP 表被删除一条记录时，把被删除记录写到 EMP_HIS 删除日志表中。

实验内容：

(1) 新建职工删除日志表(图 5-20)。

```
SQL> create table emp_his as select * from emp where 1=2;

表已创建。
```

图 5-20　新建职工删除日志表

(2) 新建触发器，使 EMP 表被删除一条记录时，把被删除的记录写到 EMP_HIS 表中(图 5-21)。

```
SQL> create or replace trigger TR_DEL_EMP
  2  before delete
  3  on emp
  4  for each row
  5  begin
  6  insert into emp_his(deptno,empno,ename,job,mgr,sal,comm,hiredate)
  7  values(:old.deptno,:old.empno,:old.ename,:old.job,:old.mgr,:old.sal,:old.co
mm,:old.hiredate);
  8  end;
  9  /

触发器已创建
```

图 5-21　新建触发器，使 EMP 表被删除一条记录时被删除的记录写到 EMP_HIS 表中

(3) 测试新建的 TR_DEL_EMP 触发器(图 5-22)。

```
SQL> delete emp where empno=7899;

已删除 1 行。
```

图 5-22　测试新建的 TR_DEL_EMP 触发器

(4) 在删除的过程中可能存在表空间权限不足的情况，因此需要对原先定义的用户表空间进行授权，这里切换为 SYS 用户，解除表空间限制(图 5-23)。

```
SQL> alter user scuser quota unlimited on users;

用户已更改。
```

图 5-23　解除用户空间表授权

2. 语句级触发器

实验准备：为 SCUSER 用户下 EMP 表新建触发器，为现有的员工进行工资调整，将 SALESMAN 的工资由现在的 1500 元改到 2000 元。

实验内容：

(1) 新建触发器，使 EMP 表的记录被修改时，把修改的内容和修改的数量显示出来(图 5-24)。

```
SQL> create or replace trigger TR_UPD_DEL_EMP
before delete or update of sal
on emp
begin
if deleting then
dbms_output.put_line('您正在删除EMP表数据');
else
dbms_output.put_line('您正在更新EMP表数据');
end if;
end;
/

触发器已创建
```

图 5-24　新建触发器，使 EMP 表的记录被修改时，把修改的内容和修改的数量显示出来

(2) 测试触发器(图 5-25)。

```
SQL> update emp set sal=1900 where job='SALESMAN';
您正在更新EMP表数据

已更新6行。
```

图 5-25　测试触发器

在测试的过程中，如果发现触发器中使用服务命令没有提示，可以使用以下命令打开服务过程信息提示功能。

```
Set serverout on;
```

3. 模式触发器

实验准备：创建一个起保护作用的触发器，建立一个对每个 DROP TABLE 命令执行的触发器。这个触发器必须是一个“BEFORE DROP”触发器。

实验内容：

(1) 新建一张测试空表，表名为 SALESMAN(图 5-26)。

```
SQL> create table salesman
(
sman nvarchar2(10),
sal number(4),
work_time date);

表已创建。
```

图 5-26　新建一张测试空表，表名为 SALESMAN

(2) 创建触发器，使用户不能删除此表(图 5-27)。

```
SQL> create or replace trigger TR_DROP
before drop on scuser.schema
begin
if ora_dict_obj_owner='scuser'
and ora_dict_obj_name like 'SALES%'
and ora_dict_obj_type='TABLE'
then
RAISE_APPLICATION_ERROR(
-20002,'operation not permitted.');
end if ;
end;
/

触发器已创建
```

图 5-27　创建触发器，使用户不能删除此表

(3) 测试删除表 SALESMAN(图 5-28)。

```
SQL> drop table SALESMAN;
drop table SALESMAN
*
第 1 行出现错误:
ORA-00604: 递归 SQL 级别 1 出现错误
ORA-20002: operation not permitted.
ORA-06512: 在 line 6
```

图 5-28　测试删除表 SALESMAN

注意：在实际操作中，请注意大小写不同所带来的结果差异。

4. 数据库触发器

实验准备：创建登录、退出触发器。

实验内容：

(1) 创建操作日志，记录登录账户及退出时间(图 5-29)。

```
SQL> create table TR_LOG_EVENT
(
user_name varchar2(20),
address varchar(20),
logon_data timestamp,
logoff_date timestamp);

表已创建。
```

图 5-29　创建操作日志，记录登录账户及退出时间

(2) 创建登录触发器(图 5-30)。

```
SQL> create or replace trigger TR_LOGON_SCUSER
after logon on database
begin
insert into TR_LOG_EVENT (user_name, address,logon_data)
values (ora_login_user, ora_client_ip_address,sysdate);
end;
/

触发器已创建
```

图 5-30　创建登录触发器

(3) 创建退出触发器(图 5-31)。

```
SQL> CREATE OR REPLACE TRIGGER TR_LOGOFF_SCUSER
BEFORE LOGOFF ON DATABASE
BEGIN
INSERT INTO tr_log_event (user_name, address, logoff_date)
VALUES (ora_login_user, ora_client_ip_address, sysdate);
END;
/

触发器已创建
```

图 5-31　创建退出触发器

(4) 通过多次的登录及退出进行触发器测试(图 5-32)。

```
SQL> select user_name,logon_data from tr_log_event where user_name='SCUSER';

USER_NAME
--------------------
LOGON_DATA
---------------------------------------------------------------------------
SCUSER


SCUSER
23-2月 -12 04.27.05.000000 下午

SCUSER
23-2月 -12 04.18.23.000000 下午
```

图 5-32　通过多次登录及退出进行触发器测试

5. 定制错误条件

实验准备：给 EMP 表加一个语句级的 BEFORE DELETE 触发器。在用户试图从 EMP 表中删除一个记录时，该触发器执行并检查两个系统条件，即该日期既不是星期六也不是星期天，并且执行 DELETE 账户的 Oracle 用户名以字母“LIB”开始。

实验内容：

(1) 建立定制错误触发器(图 5-33)。

```
SQL> create or replace trigger TR_BEF_DEL
before delete on emp
declare
weekend_error EXCEPTION;
not_library_user EXCEPTION;
begin
if TO_CHAR(SysDate,'DY')='SAT' or
TO_CHAR(SysDate,'DY')='SUN' then
raise weekend_error;
end if;
if SUBSTR(User,1,3)<>'LIB' then
raise not_library_user;
end if;
EXCEPTION
WHEN weekend_error then
raise_application_error (-20001,'Deletions not allowed on weekends');
WHEN not_library_user then
raise_application_error (-20002,'Deletions only allowed by library users');

end;
/

触发器已创建
```

图 5-33　建立定制错误触发器

(2) 测试触发器(图 5-34)。

```
SQL> delete from emp
  where ename='tom';
delete from emp
            *
第 1 行出现错误:
ORA-20002: Deletions only allowed by library users
ORA-06512: 在 "SCUSER.TR_BEF_DEL", line 16
ORA-04088: 触发器 'SCUSER.TR_BEF_DEL' 执行过程中出错
```

图 5-34　测试触发器

6. 在触发器中创建过程

实验准备：不在触发器体内建立较大的代码块，而是将代码块放在一个存储过程中，并在触发器内使用 CALL 命令调用此存储过程。

实验内容：

(1) 创建一个新的插入过程，向 EMP 中插入数据(图 5-35)。

```
SQL> create or replace procedure PRO_INS_EMP
(aEMPNO IN NUMBER,
aENAME IN VARCHAR2,
aJOB IN VARCHAR2)
IS
BEGIN
INSERT INTO EMP(EMPNO,ENAME,JOB)
VALUES(aEMPNO,aENAME,aJOB);
end;
/

过程已创建。
```

图 5-35　创建一个新的插入过程，向 EMP 中插入数据

(2) 创建触发器，使 EMP 在更新后插入原始值(图 5-36)。

```
SQL> create or replace trigger TR_INS_EMP
after UPDATE of EMPNO,ENAME on emp
for each row
begin
PRO_INS_EMP(:old.EMPNO,:old.ENAME,:old.JOB);
end;
/

触发器已创建
```

图 5-36　创建触发器，使 EMP 在更新后插入原始值

(3) 测试触发器(图 5-37)。

```
SQL> insert into emp(EMPNO,ENAME,JOB)
VALUES(7999,'JIMS','SALESMAN');

已创建 1 行。

SQL> commit
;

提交完成。
```

图 5-37　测试触发器

(4) 查询结果(图 5-38)。

```
SQL> select ENAME from emp;

ENAME
----------
TOM
ALLEN
WARD
JONES
MARTIN
BLAKE
CLARK
SCOTT
KING
TURNER
ADAMS
```

图 5-38　查询结果

七、启用与禁用触发器

与声明完整性约束(如 NOT NULL 和 PRIMARY KEY)不同，触发器不影响表中所有的行，它们只影响特定类型的操作，并且仅在启用触发器时影响。在触发器建立之前创建的任何数据都不受该触发器的影响。

在默认情况下，触发器在创建时被启用。可是，在有些情况下，可能需要禁用触发器。两个最常见的原因都涉及数据加载。

(1) 加载数据时停用触发器，加载完成后再手工处理数据，在加载过程中需要停止触发器。

(2) 数据加载失败，二次加载过程中原有数据插入被干涉，且后期处理仍需手工完成时，停止触发器。

为了启用触发器，可使用带 ENABLE 关键词的 ALTER TRIGGER 命令。使用此命令，必须拥有表或者拥有 ALTER ANY TRIGGER 系统权限。ALTER TRIGGER 命令如下所示：

```
alter trigger bookshelf_bef_upd_ins_row enable;
```

启用触发器的另一个方法是使用自带 ENABLE ALL TRIGGER 子句的 ALTER TABLE 命令。使用此命令有可能无法启用特定的触发器，因此还是必须使用 ALTER TRIGGER 命令。例如：

```
alter table bookshelf enable all triggers;
```

为了使用 ALTER TABLE 命令，必须拥有表，或者拥有 ALTER ANY TABLE 系统权限。

同样，也可以使用相同的基本命令来禁用触发器(需要相同的权限)。对于 ALTER TRIGGER 命令可以使用 DISABLE 子句，例如：

```
ALTER TRIGGER BOOKSHELF_BEF_UPD_INS_ROW DISABLE;
```

对于 ALTER TABLE 命令，可以使用 DISABLE ALL TRIGGERS 子句，例如：

```
ALTER TALBE BOOKSHELF DISABLE ALL TRIGGERS;
```

手工编译触发器可以使用 ALTER TRIGGER COMPILE 命令。通过该命令编译由于依赖关系转变而造成失效的触发器。在触发器重新编译时，ALTER TRIGGER DEBUG 命令允许重新生成 PL/SQL 信息。

八、替换及删除触发器

1. 修改触发器

通过 CREATE OR REPLACE TRIGGER 命令修改触发器。

2. 删除触发器

通过 DROP TRIGGER 命令来删除触发器，删除触发器必须具有 DROP ANY TRIGGER 系统权限。删除触发器命令如下：

DROP TRIGGER BOOKSHELF_BEF_UPD_INS_ROW;

第 6 章　空间数据库管理

实验 6.1　数据库事务处理

一、实验目的

(1) 理解 Oracle 数据库事务概念；
(2) 掌握 Oracle 数据库处理事务的方法；
(3) 掌握 Oracle 数据库事务与锁的关系。

二、实验平台

(1) 操作系统：Windows Server 2003；
(2) 数据库管理系统：Oracle 11g R2。

三、实验内容和要求

(1) 了解 Oracle 数据库事务与锁的关系；
(2) 掌握 Oracle 数据库事务的提交与撤销方法；
(3) 了解 Oracle 数据库对锁的处理机制；
(4) 掌握 Oracle 数据库解锁的办法。

四、数据库事务与锁

1. 数据库事务

1) 事务的概念及内容

事务(Transaction)是 Oracle 系统中进行数据库操作的基本单位。事务包含一个或多个 SQL 语句的逻辑单位。一个事务的逻辑工作单元必须具有以下四种属性。

(1) 原子性(Atomicity)：一个事务必须作为 Oracle 系统工作的原子单位(在化学中，原子称为“不可再分的微粒”)，事务要么全部执行，要么全部不执行。

(2) 一致性(Consistency)：当事务完成之后，所有数据必须处于一致性状态，事务所修改的数据必须遵循 Oracle 数据库的各种完整性约束。

(3) 隔离性(Isolation)：一个事务所做的更新操作必须与其他事务所做的更新操作保持完全隔离，在并发处理过程中，一个事务所开始处理的数据必须是另一个事务处理前或者处理后的数据，而不能是另一个事务正在处理的数据。这种隔离性是通过 Oracle 的锁机制来实现的。

(4) 永久性(Durability)：事务完成后，事务对数据库所做的更新被永久保存。

事务的上述四种属性也称为事务的 ACID(取每种属性的英文名称的首字母组成)属性。

一个事务从第一个执行的 SQL 语句开始，结束事务可以使用 COMMIT 或者 ROLLBACK 语句或执行一个 DDL 语句(隐含着事务结束)。事务处理控制语句由以下六个部分组成：①COMMIT；②ROLLBACK；③SAVEPOINT；④ROLLBACK TO SAVEPOINT；⑤SET TRANSACTION；⑥SET CONSTRAINTS。

在此只介绍 COMMIT、ROLLBACK 及 SAVEPOINT。

(1) COMMIT：事务提交用于提交自上次提交以后对数据库中数据所做的改动。在 Oracle 数据库中，为了维护数据的一致性，系统为每个用户分别设置了一个工作区，对数据表中数据所做的添加、修改和删除操作都在工作区内完成。只有在输入 COMMIT 命令后，工作区内的修改内容才写入到数据库上，称为物理写入。这样可以保证在任意的客户机没有物理提交修改以前，别的客户机读取的后台数据库中的数据是完整的、一致的。数据读取流程如图 6-1 所示。

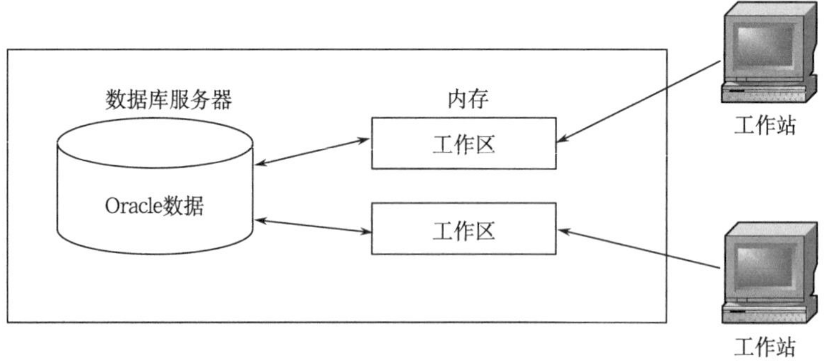

图 6-1　数据存储/读取流程简略图

(2) ROLLBACK：事务回滚是指当事务中的某一条 SQL 语句执行失败时，将对数据库的操作恢复到事务执行前或者某个指定位置。ROLLBACK 语法如下：

```
ROLLBACK [TO <保存点>];
```

(3) SAVEPOINT：如果让事务回滚到指定位置，需要在事务中预先设置事务保存点。所谓保存点，是指在其所在位置之前的事务语句不能回滚的位置，回滚事务后，保存点之后的事务语句被回滚，但保存点之前的事务语句依然被有效执行，即不能回滚。SAVEPOINT 语法结构如下：

```
SAVEPOINT <保存点名>;
```

事务的概念可以用银行数据库来说明。当一个银行客户从储蓄账号中取出钱到活期账号中，整个过程(事务)由三个独立的操作组成：储蓄账户减值、活期账户增值、在事务日志中记录事务。

对于事务的处理，Oracle 必须适合两种情况。如果三个 SQL 语句都按照正确的执行顺序来维护账号，事务的结果可以应用到数据库中。虽然如此，如果发生一个账户资金不足、无效账号或者硬件错误的问题让事务中的一个或者两个语句没有完成，则整个事务必须回滚以确保账户余额是正确的。

2) 语句执行和事务控制

一个成功运行的 SQL 语句和提交的事务不同。成功执行意味着单个语句是：①解析；②创建有效的 SQL 结构；③作为一个原子单位正确运行。例如，多行更新的所有行都被修改。

虽然如此，在包含语句的事务提交之前，事务都是可以回滚的，所有事务做的修改都可以撤销。一个语句能够成功运行，而事务不能，因为事务不是语句，只有开始和结束，只有提交和回滚，没有成功和失败的说法。

提交意味着一个用户要求事务的变化持久化。提交请求分为显式及隐式两种：①显式请求是当用户执行 COMMIT 语句时；②隐式请求是应用程序正常结束或者一个 DDL 操作完成后。事务包含的 SQL 语句造成的修改变得持久，并对事务之后的其他用户可见。事务提交之后执行的 SQL 可以看到已经提交的修改。

用户可以用 SET TRANSACTION……NAME 语句在开始事务之前设置事务名称，这使得监控长时间运行的事务更加容易。解决出现问题的分布式事务也是如此。

3) 语句级别的回滚

如果 SQL 语句执行的时候出现错误，这个语句造成的所有影响都会回滚，回滚的结果就好像语句从没有运行过一样，这个操作是语句级别的回滚。

SQL 语句执行时遇到的错误导致语句级别回滚。当向主键内插入重复的数据，就会产生这样的错误例子。死锁(对同一数据的争用)的 SQL 语句也会导致语句级别的回滚。如果在 SQL 语句解析时遇到了错误，如语法错误，因为还没有运行，所以不会导致语句级别回滚。

一个 SQL 语句的失败只会损失它想要执行的任务本身，不会导致损失当前事务之前的任何任务。如果一个语句是 DDL 语句，然后就会隐含提交还没有撤销的操作(即使这个 DDL 语句有错误)。

2. 数据库锁

数据库是一个多用户使用的共享资源。当多个用户并发地存取数据时，在数据库中就会产生多个事务同时存取同一数据的情况。若对并发操作不加控制就可能会出现读取和存储不正确的数据，破坏数据库的一致性。

加锁是实现数据库并发控制的一个非常重要的技术。当事务在对某个数据对象进行操作前，先向系统发出请求，对其加锁。加锁后事务就对该数据对象有了一定的控制，在该事务释放锁之前，其他事务不能对此数据对象进行更新操作。

在数据库中有两种基本的锁类型：排他锁(EXCLUSIVE LOCKS，X 锁)和共享锁(SHARE LOCKS，S锁)。当数据对象被加上排他锁时，其他事务不能对它读取和修改；加了共享锁的数据对象可以被其他事务读取，但不能修改。数据库利用这两种基本的锁类型来对数据库的事务进行并发控制。

根据保护的对象不同，Oracle 数据库锁可以分为以下三大类。

(1) DML 锁(data locks，数据锁)，用于保护数据的完整性。DML 锁的目的在于保证并发情况下的数据完整性，主要包括 TM 锁、TX 锁及死锁。

A. TM 锁又被称为表级锁：当事务获得行锁后，此事务也将自动获得该行的表锁(共享锁),以防止其他事务进行 DDL 语句影响记录行的更新。事务也可以在进行过程中获得共享锁或排他锁，只有当事务显式使用 LOCK TABLE 语句的定义一个排他锁时，事务才会获得表上的排他锁，也可使用 LOCK TABLE 显式的定义一个表级的共享锁。

B. TX 锁又被称为事务锁或行级锁。当事务执行数据库插入、更新、删除操作时，该事务自动获得操作表中操作行的排它锁。

C. 死锁。当两个事务需要一组有冲突的锁，而不能将事务继续下去的话，就出现死锁。

(2) DDL 锁(dictionary locks，字典锁)，用于保护数据库对象的结构，如表的结构定义等。DDL 锁也被分为排他 DDL 锁、共享 DDL 锁、分析锁。

A. 排他 DDL 锁。创建、修改、删除一个数据库对象的 DDL 语句获得操作对象的排他锁，如使用 ALTER TABLE 语句时，为了维护数据的完整性、一致性、合法性，该事务获得排他 DDL 锁。

B. 共享 DDL 锁。需在数据库对象之间建立相互依赖关系的 DDL 语句，通常需共享获得 DDL 锁，如创建一个包，该包中的过程与函数引用了不同的数据库表，当编译此包时，该事务就获得了引用表的共享 DDL 锁。

C. 分析锁。Oracle 使用共享池存储分析与优化过的 SQL 语句及 PL/SQL 程序，使运行相同语句的应用速度更快。一个在共享池中缓存的对象获得它所引用数据库对象的分析锁，分析锁是一种独特的 DDL 锁类型，Oracle 使用它追踪共享池对象及它所引用数据库对象之间的依赖关系。当一个事务修改或删除了共享池持有分析锁的数据库对象时，Oracle 使共享池中的对象作废，下次再引用这条 SQL/PLSQL 语句时，Oracle 重新分析编译此语句。

(3) 内部锁和闩(internal locks and latches)。保护数据库的内部结构，应用于 SGA。当 Oracle 执行 DML 语句时，系统自动在所要操作的表上申请 TM 类型的锁。当 TM 锁获得后，系统再自动申请 TX 类型的锁，并将实际锁定的数据行的锁标志位进行置位。这样在事务加锁前检查 TX 锁相容性时就不用再逐行检查锁标志，而只需检查 TM 锁模式的相容性即可，大大提高了系统的效率。TM 锁包括了多种模式，在数据库中用 0~6 来表示。不同的 SQL 操作产生不同类型的 TM 锁（表 6-1）。

表 6-1　锁模式操作类型及说明列表

锁模式	锁描述	解释	SQL 操作
0	NONE		
1	NULL	空	SELECT
2	SS(Row-S)	行级共享锁，其他对象只能查询这些数据行	SELECT FOR UPDATE、LOCK FOR UPDATE、LOCK ROW SHARE
3	SX(Row-X)	行级排他锁，在提交前不允许做 DML 操作	INSERT、UPDATE、DELETE、LOCK ROW SHARE
4	S(Share)	共享锁	CREATE INDEX、LOCK SHARE
5	SRX(S/Row-X)	共享行级排他锁	LOCK SHARE ROW EXCLUSIVE
6	X(Exclusive)	排他锁	ALTER TABLE、DROP TABLE、DROP INDEX、TRUNCATE TABLE、LOCK EXCLUSIVE

在数据行上只有 X 锁(排他锁)，所以与 RS 锁(通过 SELECT …… FOR UPDATE 语句获得)对应的行级锁也是 X 锁(但是该行数据实际上还没有被修改)。在 Oracle 数据库中，当一个事务首次发起一个 DML 语句时就获得一个 TX 锁，该锁保持到事务被提交或回滚。当两个或多个会话在表的同一条记录上执行 DML 语句时，第一个会话在该条记录上加锁，其他的会话处于等待状态。当第一个会话提交后，TX 锁被释放，其他会话才可以加锁。

在大概了解 Oracle 的锁机制之后，请注意以下三个常见问题。

(1) UPDATE/DELETE 操作会将 RS 锁定，直至操作被 COMMIT 或者 ROLLBACK。若操作未 COMMIT 之前，其他会话对同样的 RS 做变更操作，则操作会被保持，直至之前会话的 UPDATE/DELETE 操作被 COMMIT。

(2) 会话内外 SELECT 的 RS 范围。前提是 INSERT、UPDATE 操作未 COMMIT 之前进行 SELECT。若在同一会话内，SELECT 出来的 RS 会包括之前 INSERT、UPDATE 影响的记录。若不在同一会话内，SELECT 出来的 RS 不会包括未被 COMMIT 的记录。

(3) SELECT……FOR UPDATE [OF cols] [NOWAIT/WAIT] [SKIP LOCKED]:

OF cols 表示只锁定指定字段所在表的 RS，而没有指定的表则不会锁定，只会在多表联合查询时出现。

NOWAIT 表示语句不会 hold，而是直接返回错误 ORA-00054: resource busy and acquire with NOWAIT specified。

WAIT N 表示语句被 hold N 秒，之后返回错误 ORA-30006: resource busy; acquire with WAIT timeout expired。

SKIP LOCKED 表示不提示错误，而是直接返回 no rows selected。

以上几个选项可以联合使用，常用的有以下两个。

```
SELECT……FOR UPDATE NOWAIT —表示对同一 RS 执行该 SQL 时，直接返回错误。
SELECT……FOR UPDATE NOWAIT SKIP LOCKED —表示对同一 RS 执行该 SQL 时，直接返回空行。
```

注意：当 RS 被 LOCK 住之后，只对同样请求 LOCK 的语句有效，对无需 LOCK 的 SELECT 语句并没有任何影响。

五、实验前置

1. 实验用户准备

为测试锁的特性，创建一个 SWUSER 用户，并授予该用户 DBA 的权限。

(1) 使用 SQL*Plus 命令控制台状态转变到 SQL 命令行状态，并以 SYS 用户登录系统，新建用户 SWUSER(图 6-2)。

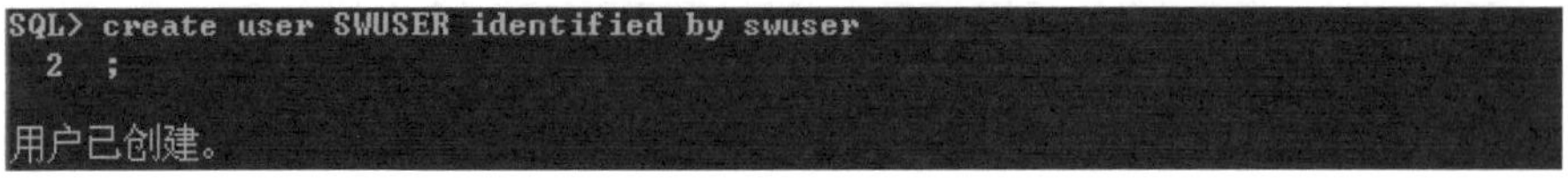

```
SQL> create user SWUSER identified by swuser
  2  ;

用户已创建。
```

图 6-2　新建用户 SWUSER

(2) 给其指定表空间为 USER，临时表空间为 TEMP(图 6-3)。

```
SQL> alter user swuser
  2  default tablespace users
  3  temporary tablespace temp;

用户已更改。
```

图 6-3　指定表空间为 USER，临时表空间为 TEMP

(3) 为其授予 CONNECT、RESOURCE、DBA 角色(图 6-4)。

```
SQL> grant resource,connect,dba to swuser;

授权成功。
```

图 6-4　为其授予 CONNECT、RESOURCE、DBA 角色

(4) 解除 SWUSER 账户的锁定(图 6-5)。

```
SQL> alter user swuser account unlock;

用户已更改。
```

图 6-5　解除 SWUSER 账户的锁定

至此，SWUSER 用户就准备完成了。在这个过程中可能大家会比较在意为什么

授予 SWUSER 用户 DBA 权限，在后面的数据导入过程中将为大家作说明。

2. 实验数据准备

数据准备阶段需将数据库中 SCOTT 用户下的表导入到 SWUSER 中。备用数据位于教学光盘中“数据库数据”目录下，文件名为 scott_table.dmp，或者可以照以下步骤完成 SCOTT 用户下数据表的导出及导入 SWUSER 用户过程。

在先前的实验中，已经多次对不同用户执行导入 SCOTT 用户数据，因此，SCOTT 用户处于解锁状态。如果不能正常执行导出命令，请从账户解锁从头做起。

(1) 使用 SYS 账户对 SCOTT 账户进行解锁(图 6-6)。

```
SQL> alter user scott account unlock;

用户已更改。
```

图 6-6　使用 SYS 账户对 SCOTT 账户进行解锁

(2) 使用 EXIT 命令退至控制台命令符下，导出 SCOTT 账户下的表和所有数据(图 6-7)。一般情况下不需要导出其索引、约束条件及权限等内容。

```
C:\>exp scott/tiger@orcl file=c:\scott_table.dmp owner=scott
```

图 6-7　导出 SCOTT 账户下的表和所有数据

(3) 导入实验用数据给 SWUSER 用户(图 6-8)。

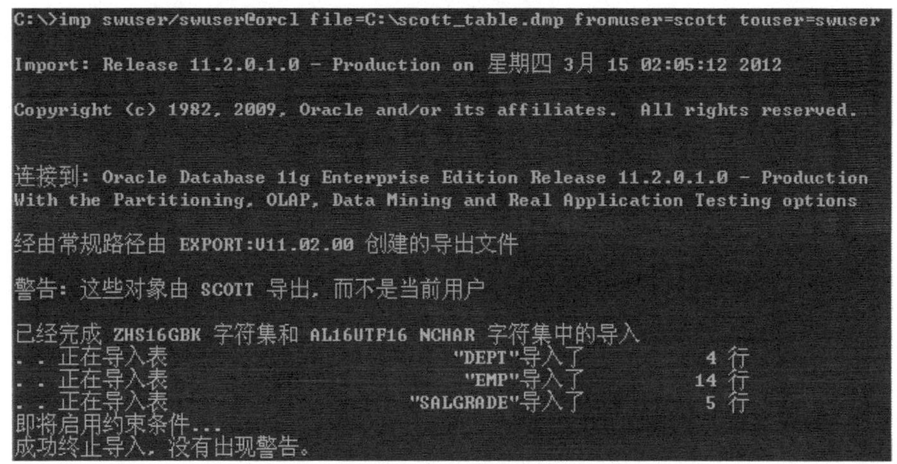

C:\>imp swuser/swuser@orcl file=C:\scott_table.dmp fromuser=scott touser=swuser
Import: Release 11.2.0.1.0 - Production on 星期四 3月 15 02:05:12 2012
Copyright (c) 1982, 2009, Oracle and/or its affiliates. All rights reserved.
连接到: Oracle Database 11g Enterprise Edition Release 11.2.0.1.0 - Production
With the Partitioning, OLAP, Data Mining and Real Application Testing options
经由常规路径由 EXPORT:V11.02.00 创建的导出文件
警告: 这些对象由 SCOTT 导出, 而不是当前用户
已经完成 ZHS16GBK 字符集和 AL16UTF16 NCHAR 字符集中的导入
. . 正在导入表 "DEPT"导入了 4 行
. . 正在导入表 "EMP"导入了 14 行
. . 正在导入表 "SALGRADE"导入了 5 行
即将启用约束条件...
成功终止导入, 没有出现警告。

图 6-8　导入实验用数据给 SWUSER 用户

在导入过程中，将被导入的对象 SWUSER 设置为 DBA 用户是因为 SCOTT 用户是 DBA 用户，它的数据是不能被非 DBA 用户导入的。感兴趣的话，大家都可以试验重建一个新的用户或撤销 SWUSER 的 DBA 角色，然后重新导入 SCOTT 账户下的数据表，Oracle 将会弹出系统错误信息。

(4) 使用SWUSER用户为已经建立的SCUSER用户授予SWUSER用户下EMP表的更新权限(图6-9)。

```
SQL> grant update on emp to scuser;

授权成功。
```

图 6-9　为已经建立的SCUSER用户授予SWUSER用户下EMP表的更新权限

(5) 使用SWUSER用户为已经建立的SCUSER用户授予SWUSER用户下DEPT表的更新权限(图6-10)。

```
SQL> grant update on dept to scuser;

授权成功。
```

图 6-10　为已经建立的SCUSER用户授予SWUSER用户下DEPT表的更新权限

六、实验流程

1. 事务提交及撤销实验

实验准备：熟悉了解数据库事务的特性，并基本了解COMMIT、ROLLBACK、SAVEPOINT的使用。

实验过程：

(1) 在SCUSER用户下，查看EMP表中所有JOB为“SALESMAN”的人员及其工资(图6-11)。

```
SQL> select ename,job,sal from emp where job='SALESMAN';

ENAME      JOB              SAL
---------- --------- ----------
JIM        SALESMAN
ALLEN      SALESMAN        1600
WARD       SALESMAN        1250
MARTIN     SALESMAN        1250
TURNER     SALESMAN        1500
```

图 6-11　查看EMP表中所有JOB为“SALESMAN”的人员及其工资

(2) 使用UPDATE语句，将工资为1250元的员工工资提高到1400元(图6-12)。

```
SQL> update emp set sal=1400 where sal=1250;

已更新2行。
```

图 6-12　将工资为1250元的员工工资提高到1400元

(3) 再次查看“SALESMAN”员工的工资情况(图 6-13)。

```
SQL> select ename,job,sal from emp where job='SALESMAN';

ENAME      JOB              SAL
---------- --------- ----------
JIM        SALESMAN
ALLEN      SALESMAN        1600
WARD       SALESMAN        1400
MARTIN     SALESMAN        1400
TURNER     SALESMAN        1500
```

图 6-13　查看“SALESMAN”员工的工资情况

在此表中，可以看到刚刚的更新操作已经成功完成了。而且，通过 SELECT 语句也证实了数据库的更新已经完成，但事实是否如此呢？

(4) 打开另一个命令框，使用 SWUSER 用户登录，并使用同样的语句查询工资情况(图 6-14)。答案明显是否定的，并没有真正实现工资的更改。

```
SQL> select ename,job,sal from emp where job='SALESMAN'
  2  ;

ENAME      JOB              SAL
---------- --------- ----------
JIM        SALESMAN
ALLEN      SALESMAN        1600
WARD       SALESMAN        1250
MARTIN     SALESMAN        1250
TURNER     SALESMAN        1500
```

图 6-14　重新登录 SWUSER 用户并查询 EMP 表中工资情况

这是因为现在的数据编辑仅在内存中，它并没有形成最终的物理数据返回到数据库中。准确地说，还需要对数据执行 COMMIT 命令，使数据提交。

(5) 在 SCUSER 用户下，执行 COMMIT 命令(图 6-15)。

```
SQL> commit
  2  ;

提交完成。
```

图 6-15　执行 COMMIT 命令

(6) 在 SWUSER 用户下，重新查看工资情况(图 6-16)。

```
SQL> select ename,job,sal from emp where job='SALESMAN'
  2  ;

ENAME      JOB              SAL
---------- --------- ----------
JIM        SALESMAN
ALLEN      SALESMAN        1600
WARD       SALESMAN        1400
MARTIN     SALESMAN        1400
TURNER     SALESMAN        1500
```

图 6-16　查询 EMP 表

此时再执行相同命令，SWUSER 用户查询的数据就已经不同了。由此可见 DML 的操作都是在内存中完成的。如果不执行提交的话，数据不可能改变。

(7) 同样的，将 SCUSER 用户下的所有员工工资改到 1500 元(图 6-17)。

```
SQL> update emp set sal=1500 where job='SALESMAN';

已更新5行。
```

图 6-17　将 SCUSER 用户下的所有员工工资改到 1500 元

(8) 在 SCUSER 用户下执行查询功能，查看“SALESMAN”的工资情况(图 6-18)。

```
SQL> select ename,job,sal from emp where job='SALESMAN';

ENAME      JOB              SAL
---------- --------- ----------
JIM        SALESMAN        1500
ALLEN      SALESMAN        1500
WARD       SALESMAN        1500
MARTIN     SALESMAN        1500
TURNER     SALESMAN        1500
```

图 6-18　在 SCUSER 用户下查询 “SALESMAN” 的工资情况

(9) 在 SWUSER 用户下查看工资变化情况(图 6-19)。

```
SQL> select ename,job,sal from emp where job='SALESMAN'
  2  ;

ENAME      JOB              SAL
---------- --------- ----------
JIM        SALESMAN
ALLEN      SALESMAN        1600
WARD       SALESMAN        1400
MARTIN     SALESMAN        1400
TURNER     SALESMAN        1500
```

图 6-19　在 SWUSER 用户下查看工资变化情况

(10) 此时在 SCUSER 用户下使用 ROLLBACK 命令(图 6-20)。

```
SQL> rollback;

回退已完成。
```

图 6-20　在 SCUSER 用户下使用 ROLLBACK 命令

(11) 在 SCUSER 用户下再次执行查看“SALESMAN”工资情况的操作(图 6-21)。

```
SQL> select ename,job,sal from emp where job='SALESMAN';

ENAME      JOB              SAL
---------- --------- ----------
JIM        SALESMAN
ALLEN      SALESMAN        1600
WARD       SALESMAN        1400
MARTIN     SALESMAN        1400
TURNER     SALESMAN        1500
```

图 6-21　在 SCUSER 用户下再次执行查询 “SALESMAN”的工资情况

由此可见，回滚操作已经将未保存的数据全部撤销。

(12) 在 SCUSER 用户下更新所有“SALESMAN”的工资为 1500 元(图 6-22)。

```
SQL> update emp set sal=1500 where job='SALESMAN';

已更新5行。
```

图 6-22　在 SCUSER 用户下更新所有“SALESMAN”的工资为 1500 元

(13) 在 SCUSER 用户下执行 EMP 表的查询，并将其记录为保存点 1(图 6-23)。

```
SQL> select ename,job,sal from emp where job='SALESMAN';

ENAME      JOB              SAL
---------- --------- ----------
JIM        SALESMAN        1500
ALLEN      SALESMAN        1500
WARD       SALESMAN        1500
MARTIN     SALESMAN        1500
TURNER     SALESMAN        1500

SQL> savepoint xp1;

保存点已创建。
```

图 6-23　在 SCUSER 用户下执行 EMP 表的查询，并将其记录为保存点 1

(14) 在 SCUSER 用户下将工资再降至 1100 元，并查看工资信息，并记录为保存点 2(图 6-24)。

```
SQL> update emp set sal=1100 where job='SALESMAN';

已更新5行。

SQL> select ename,job,sal from emp where job='SALESMAN';

ENAME      JOB              SAL
---------- --------- ----------
JIM        SALESMAN        1100
ALLEN      SALESMAN        1100
WARD       SALESMAN        1100
MARTIN     SALESMAN        1100
TURNER     SALESMAN        1100

SQL> savepoint xp2;

保存点已创建。
```

图 6-24　在 SCUSER 用户下将工资再降至 1100 元查看工资信息，并记录为保存点 2

(15) 使用 ROLLBACK 命令回滚到 XP1 的状态下，并查看数据状态(图 6-25)。

```
SQL> rollback to xp1
  2  ;

回退已完成。

SQL> select ename,job,sal from emp where job='SALESMAN';

ENAME      JOB              SAL
---------- --------- ----------
JIM        SALESMAN        1500
ALLEN      SALESMAN        1500
WARD       SALESMAN        1500
MARTIN     SALESMAN        1500
TURNER     SALESMAN        1500
```

图 6-25　使用 ROLLBACK 命令回滚到 XP1 的状态下，并查看数据状态

经过这些过程，读者应该已初步了解了事务的三大控制语句的用法。对于 ROLLBACK 到指定保存点的用法，读者可以自己多做些练习，以更好地了解其使用特性。

2. 查询锁及解锁

实验准备：了解锁的形成及定义。

实验过程：

(1) 尝试实现死锁，了解死锁的形成原因。在 SWUSER 用户下对 EMP 表执行 FOR UPDATE 操作(图 6-26)。

```
SQL> select ename from emp for update;

ENAME
----------
JIM
ALLEN
WARD
JONES
MARTIN
```

图 6-26　在 SWUSER 用户下对 EMP 表执行 FOR UPDATE 操作

(2) 使用 SCUSER 用户对 SWUSER 中的 DEPT 表执行 FOR UPDATE 操作(图 6-27)。

```
SQL> select * from swuser.dept for update;

    DEPTNO DNAME          LOC
---------- -------------- -------------
        10 ACCOUNTING     NEW YORK
        20 RESEARCH       DALLAS
        30 SALES          CHICAGO
        40 OPERATIONS     BOSTON
```

图 6-27　使用 SCUSER 用户对 SWUSER 中的 DEPT 表执行 FOR UPDATE 操作

(3) 使用 SWUSER 用户对其 DEPT 表执行 FOR UPDATE 操作(图 6-28)。

```
SQL> select * from dept for update
  2  ;
```

图 6-28　使用 SWUSER 用户对其 DEPT 表执行 FOR UPDATE 操作

这时会发现命令执行后数据并未被更新，原因是因为当前的 DEPT 表已经被锁，所以对其的操作实际上处于延时执行的状态，即自动等待锁定的表被提交而解除锁定。这里需要注意的是，现在的状态只是延时，而不是死锁。对于这样的状态，可以通过设定返回信息而结束。

(4) 在 SCUSER 用户下对 SWUSER 的 EMP 表执行 FOR UPDATE 操作(图 6-29)。

```
SQL> select * from swuser.emp for update
  2  ;
```

图 6-29　在 SWUSER 用户下对 SWUSER 的 EMP 表执行 FOR UPDATE 操作

这时，在 SCUSER 用户下的命令框中，原有的延时等待变成了死锁的警示(图 6-30)。

```
SQL> select * from dept for update
  2  ;
select * from dept for update
              *
第 1 行出现错误:
ORA-00060: 等待资源时检测到死锁
```

图 6-30　在 SCUSER 用户下的命令框中延时等待变成了死锁的警示

在实际使用过程中，死锁遇到的概率很低，在进行程序设计及数据库设计时也应该尽量避免这类低级错误。

(5) 通过对视图 V$LOCK 的查询，检查锁定信息(图 6-31)。

```
SQL> select sid,id1,id2,lmode from v$lock;

       SID        ID1        ID2      LMODE
---------- ---------- ---------- ----------
         6          4          0          1
         6          1          0          1
         6          0          0          2
       140        100          0          4
         6         25          1          2
       130          1          0          6
       138        100          0          4
       131          3          1          3
       132        100          0          4
         5          1          0          4
         5          2          0          4
```

图 6-31　通过查询视图 V$LOCK 检查锁定信息

V$LOCK 视图列出当前系统持有的或正在申请的所有锁的情况，其主要字段说明见表 6-2。

表 6-2　V$LOCK 视图结构

字段名称	类型	说明
SID	NUMBER	会话(SESSION) 标识
TYPE	VARCHAR(2)	区分该锁保护对象的类型
ID1	NUMBER	锁标识 1
ID2	NUMBER	锁标识 2
LMODE	NUMBER	锁模式:0(NONE), 1(NULL), 2(ROW SHARE), 3(ROW EXCLUSIVE), 4(SHARE), 5(SHARE ROW EXCLUSIVE), 6(EXCLUSIVE)
REQUEST	NUMBER	申请的锁模式：具体值同上面的 LMODE
CTIME	NUMBER	已持有或等待锁的时间
BLOCK	NUMBER	是否阻塞其他锁申请

上面返回数据的一部分，根据全部列表可知 SCUSER 用户和 SWUSER 用户分别对应的 SID，而根据 LMODE 值的说明可知锁的类型。

注意：如果用户没有 DBA 权限，则不能查看 V$LOCK 中的数据。

(6) 通过查询 V$LOCKED_OBJECT 视图查看相关用户信息及当前正被锁定的资源信息(图 6-32)，其结构可以使用 DESCRIBE 来查看。

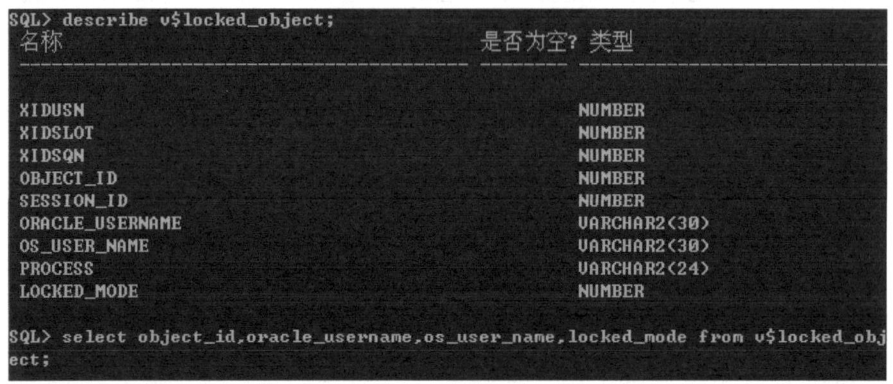

图 6-32　查询 V$LOCKED_OBJECT 确认相关用户信息及当前正被锁定的资源信息

在图 6-32 中，可以看到 V$LOCKED_OBJECT 的结构，现在只返回其 ID 号、Oracle 账户号、操作系统的用户名称及锁模式。根据图 6-32 查询 V$LOCKED_OBJECT 确认相关用户信息及当前正被锁定的资源信息最后的查询操作可知，当前的锁共有三个，两个为 SCUSER 用户所占有，一个为 SWUSER 用户所占有，锁等级都为 3。

注意：如果用户没有 DBA 权限，则不能查看 V$LOCKED_OBJECT 中的数据。

(7) 结合动态性能视图 V$SESSEION 查看当前的用户会话和对应的锁信息(图 6-33)。

```
SQL> select s.sid,s.serial#,s.username,s.status,l.id1,l.lmode,l.request from v$session s,v$lock
 l where s.sid=l.sid and s.username is not null;

       SID    SERIAL# USERNAME                       STATUS          ID1      LMODE    REQUEST
---------- ---------- ------------------------------ -------- ---------- ---------- ----------
        11        730 SWUSER                         ACTIVE          100          4          0
        10         21 SYSMAN                         INACTIVE        100          4          0
        14          1 SYSMAN                         INACTIVE        100          4          0
       137          1 SYSMAN                         INACTIVE        100          4          0
        12          1 SYSMAN                         INACTIVE        100          4          0
       136          1 SYSMAN                         INACTIVE        100          4          0
       125         26 SYSMAN                         INACTIVE        100          4          0
```

图 6-33　查看当前的用户会话和对应的锁信息

(8) 使用 KILL 命令解锁(图 6-34)。图 6-34 中，‘135，8’由上个查询命令中 SID 及 SERIAL#两个部分组成。

```
SQL> alter system kill session '135,8';

系统已更改。
```

图 6-34　使用 KILL 命令解锁

实验 6.2　数据库备份与恢复

一、实验目的

(1) 熟悉数据库备份与恢复；
(2) 熟悉空间数据库备份与恢复；
(3) 空间数据库备份与恢复实验。

二、实验平台

(1) 操作系统：Windows Server 2003；
(2) 数据库管理系统：Oracle 11g R2；
(3) 地理信息系统：ESRI ArcSDE 10。

三、实验内容和要求

(1) 空间数据库的备份与恢复；
(2) 数据备份与恢复工具的使用；
(3) 了解数据库备份与恢复的方式；

(4) 掌握数据库的备份与恢复方法。

四、Oracle 数据库备份与恢复

1. Oracle 数据库备份

备份就是把数据库复制到转储设备的过程。其中，转储设备是指用于放置数据库拷贝的磁带或磁盘，通常也将存放于转储设备中的数据库的拷贝称为原数据库的备份或转储，如图 6-35 所示。

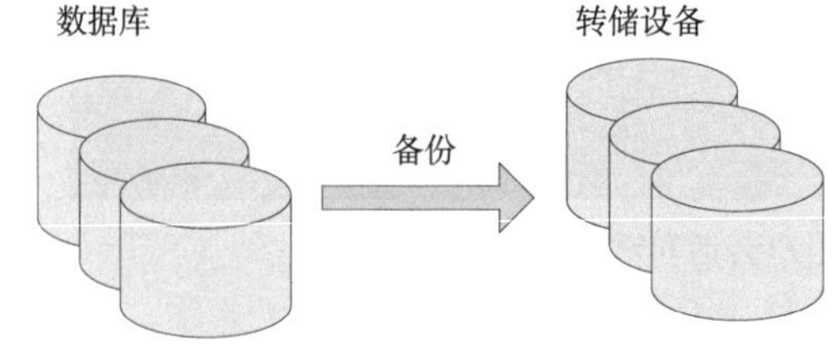

图 6-35　Oracle 备份示意图

Oracle 数据库的备份分为物理备份和逻辑备份两种。

(1) 物理备份是将实际组成数据库的操作系统文件从一处拷贝到另一处的备份过程，通常是从磁盘到磁带。可以使用 Oracle 的恢复管理器(Recovery Manager，RMAN)或操作系统命令进行数据库的物理备份。

根据在物理备份时数据库的状态，可以将备份分为一致性备份(consistent backup)和不一致性备份(inconsistent backup)两种。

一致性备份：一致性备份是当数据库的所有可读写的数据库文件和控制文件具有相同的系统改变号(SCN)，并且数据文件不包含当前 SCN 之外的任何改变。在做数据库检查时，Oracle 使所有的控制文件和数据文件一致。对于只读表空间和脱机的表空间，Oracle 也认为它们是一致的。使数据库处于一致状态的唯一方法是数据库正常关闭(用 SHUTDOWN NORMAL 或 SHUTDOWN IMMEDIATE 命令关闭)，这种方法也被称为冷恢复。

不一致性备份：不一致性备份是当数据库的可读写的数据库文件和控制文件的系统改变号(SCN)在不一致条件下的备份。对于一个 7×24 小时工作的数据库来说，由于不可能关机，而数据库数据是不断改变的，因此只能进行不一致备份。在 SCN 号不一致的条件下，数据库必须通过应用重做日志，使 SCN 号一致的情况下才能启动。因此，如果进行不一致备份，数据库必须设为归档状态，并对重做日志归档才有意义，这种方法也被称为热恢复。在以下条件具有的备份是不一致性备份。①数据库处于打开状态；②数据库处于关闭状态，但是用非正常手段关闭的。例如，数据库是通过 SHUTDOWN ABORT 或机器掉电等方法关闭的。

(2) 逻辑备份是利用 SQL 语言从数据库中抽取数据并存于二进制文件的过程。Oracle 提供的逻辑备份工具是 EXP，数据库逻辑备份是物理备份的补充。

2. Oracle 数据库恢复

恢复就是把数据库由存在故障的状态转变为无故障状态的过程。根据故障出现

的原因，恢复分为两种类型。

(1) 实例恢复：这种恢复是 Oracle 实例出现失败后，由 Oracle 自动进行的恢复。

(2) 介质恢复：这种恢复是当存放数据库的介质出现故障时所做的恢复。本书后面提到的恢复都是指介质恢复。

装载(Restore)物理备份与恢复物理备份是介质恢复的手段。装载是将备份拷回到磁盘，恢复是利用重做日志(物理备份的一部分)修改拷回到磁盘的数据文件(物理备份的另一部分)，从而恢复数据库的过程，如图 6-36 所示。

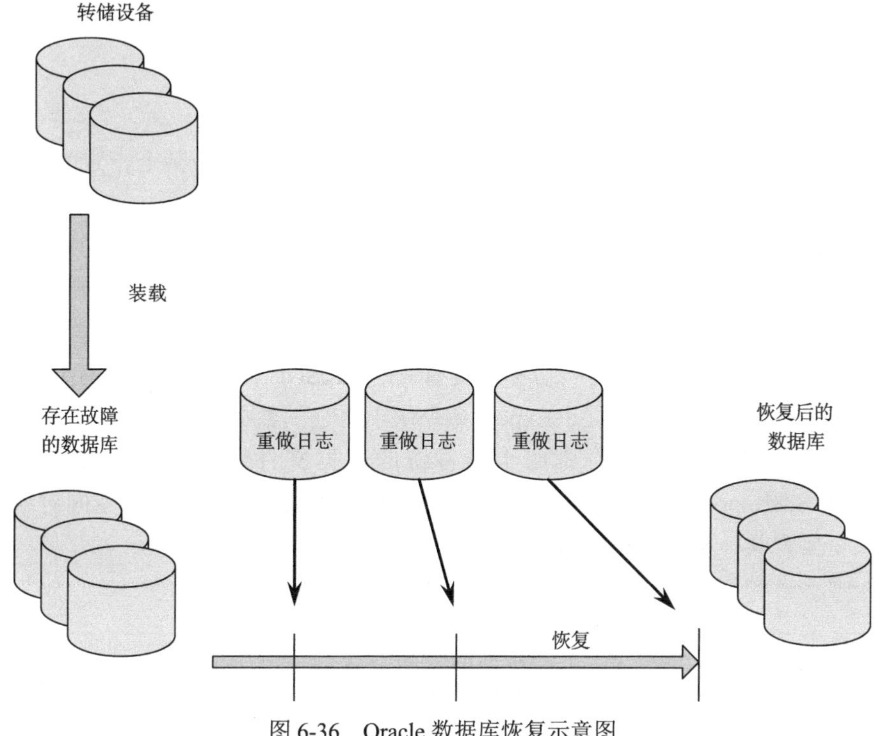

图 6-36　Oracle 数据库恢复示意图

根据数据库的恢复程度，将恢复方法分为两种类型。

(1) 完全恢复：将数据库恢复到数据库失败时数据库的状态。这种恢复是通过装载数据库备份并应用全部的重做日志做到的。

(2) 不完全恢复：将数据库恢复到数据库失败前的某一时刻数据库的状态。这种恢复是通过装载数据库备份并应用部分的重做日志做到的。进行不完全恢复后必须在启动数据库时用 RESETLOGS 选项重设联机重做日志。

例如，在上午 10：00，由于磁盘损坏导致数据库中止使用。现在使用两种方法进行数据库的恢复，第一种方法使数据库可以正常使用，且使恢复后与损坏时(10：00)数据库中的数据相同，那么第一种恢复方法就属于完全恢复类型；第二种方法能使数据库正常使用，但只能使恢复后与损坏前(如 9：00)数据库中的数据相同，没能恢复到数据库失败时(10：00) 的数据库状态，那么第二种恢复方法就属于不完全恢复类型。事实上，如果数据库备份是一致性的备份，则装载后的数据库即可使用，从而也可以不用重做日志恢复到数据库备份时的点，这也是一种不完全恢复。

五、ArcSDE 空间数据备份与恢复

传统的空间数据备份方法比较简单，直接利用操作系统中的拷贝命令复制数据文件即可。引入了空间数据引擎和关系数据库后，空间数据的备份则更多地依赖于一些备份工具和关系数据库的备份机制。

1. 用备份工具备份与恢复空间数据

通常这种方式主要用于备份指定的空间数据对象，如备份某个指定的要素类。常用的备份工具有 ArcToolBox 工具和 ArcSDE 管理命令等。

ArcToolBox 工具一般用于本地空间数据与空间数据库之间的转换，其使用简单直观，容易操作。打开 ArcToolBox，选择 Conversion Tools，然后根据转换的文件类型选择相应的转换工具即可。例如，可以选择 To ShapeFile 工具将数据库中的要素类备份成 ShapeFile 文件。与备份和恢复有关的 ArcSDE 管理命令主要有 SdeExport 和 SdeImport 两个命令。其中 SdeExport 命令用于将空间数据备份为一个单独的二进制文件，而 SdeImport 命令则用于将备份的数据文件恢复到空间数据库中。SdeExport/SdeImport 命令的用法非常灵活，几乎可以用来备份所有的空间对象，可以是某个要素类、某张栅格影像，甚至是某些满足特定条件的记录，如：

```
SdeExport -o create -t Road -f d:\temp\Road.exp -w level= ‘3’ -i ESRI_sde -s server -u sde -p sde
命令
```

上面这条程序表示将 Road 图层内的公路等级为 3 的公路备份到文件 d:\temp\Road.exp 中。但是这种方式不能同时备份多个空间对象，只能逐个进行备份。这样在备份空间数据时，为了确保数据内容的一致性，应该尽量限制用户对数据库的访问。

除了以上介绍的工具和方法外，通过 Copy 和 Paste 操作命令也可以达到备份的目的。打开 ArcCatalog，直接在目录树下拷贝空间数据到个人数据库(CTeodatabase)中，不但操作简单，而且可以将要素数据集及其要素类一并备份起来。但是考虑到个人数据库的容量一般不超过 2G，因此备份时，可以建立多个个人数据库来存储大容量的数据。

2. 用关系数据库的备份机制备份与恢复

通过 ArcSDE 建立好空间数据库后，不难看出整个空间数据库实际上都存放在关系数据库中，因此完全可以利用关系数据库的备份机制来备份与恢复空间数据库。

1) 空间数据库的逻辑备份与恢复

Oracle 提供了 Export/Import 命令来完成数据库的逻辑备份与恢复，其中 Export 命令用于数据的备份，而 Import 命令则用于数据的恢复。用这种方法备份时，能够压缩数据碎片，数据量小，并且可以在不同的 Oracle 数据库实例中实现数据的迁移。虽然 Export 命令备份的方式很多，但对于整个空间数据库来说，由于涉及很多相关的表和 Oracle 对象，因此对空间数据库作一个整体备份无疑是最省事并安全的做法。需要注意的是，利用 Import 命令恢复空间数据库前，要保证 Oracle 数据库中所有与 ArcSDE 用户相关的对象都被清除。因为数据恢复的过程中，Import 命令遇到已经存在的对象会产生错误，这样就无法保证 ArcSDE 在恢复结束后能够正常工作。

2) 空间数据库的脱机备份与恢复

脱机备份是指在数据库已经正常关闭的情况下对数据库进行备份。备份数据库时，利用操作系统的拷贝命令将数据库的相关文件复制到指定的目录下。恢复数据库时，按照各类文件的位置复制回来即可。脱机备份可以与归档日志相结合，将数据库恢复到介质损坏之前的时间点上。但单独使用时，就只能恢复到上一次备份的时间点上。对于备份整个数据库而言，脱机备份是最简单安全的方法。一般情况下，错误的空间图层可以利用 ArcSDE 工具或逻辑备份来恢复数据。但是如果整个数据库都已崩溃无法使用时，就必须通过物理备份来恢复数据库。脱机备份所要备份的文件通常包括：数据文件、控制文件、当前重做日志、归档日志(数据库处于归档模式)。对于 ArcSDE 空间数据库来讲，还应备份 ArcSDE 服务的相关文件，以便 ArcSDE 服务坏掉时，可以快速恢复。当数据库处于非归档模式时，数据库备份与恢复都比较简单，只需要关闭数据库后，拷贝和覆盖数据文件、控制文件、当前重做日志文件即可。当数据库处于归档模式时，其备份与前者一样，只是备份的文件稍有不同，应当备份当前数据文件、控制文件和归档日志文件。恢复数据库时，先将备份的数据文件、控制文件覆盖其原文件，然后再利用恢复命令结合归档日志来完成恢复工作。此时，由于有了记录数据库操作和事务的归档日志，因此数据库的恢复可以按完全恢复或不完全恢复两种方式进行。前者可以将数据库恢复到介质损坏之前的时间点上，而后者可以将数据库恢复到用户指定的任何时间点上。如果是完全恢复，可以用以下命令来进行：Recover Database Using Backup Controlfile Until Cancel；如果是不完全恢复，如将数据库恢复到 2006 年 02 月 10 日 08 点，则命令为 Recover Database Using Backup Controlfile Until Time' 2006-02-10 08:00:00'。需要指出的是，进行完全恢复时，在所有的归档日志都用来恢复数据库之后，最后还必须使用当前重做日志来继续完成恢复工作。这是因为数据库被破坏时，有一部分数据并没有进行归档，仍然保留在当前重做日志中，如果仅用归档日志来恢复数据库，那么就会将当前重做日志中的那部分数据丢失。一般说来，脱机备份方便简单，执行起来安全度高且容易维护，能满足一般用户的需求。但执行脱机备份时数据库必须关闭，因此要求数据库 24 小时都处于打开状态的用户，就只能采用联机备份的方式了。

3. 空间数据库的联机备份与恢复

联机备份是指在不关闭数据库系统的情况下对数据库进行备份。备份期间，用户仍然可以对数据库进行操作，由操作引起的内容变化将被保留到日志文件中，备份结束后再将相关文件更新，从而保证数据库内容的一致性，因此联机备份必须在归档模式下执行。联机备份的方式比较灵活，可按数据库级、表空间级 、数据文件和归档日志级来备份。但为了防止数据库性能下降，应选择业务量较低的时间段进行备份。

六、实验前置

准备完成本实验前，建议如果本机条件许可，尽量使用 VMware 虚拟机工具软件。通过 VMware 设置 Snapshot 可以更好地保护系统，避免因误操作对数据库系统造成的不正常损坏及数据丢失。同时，也可以通过不断地 Snapshot 恢复功能，尝试并强化不同的数据库备份方法。

VMware 的最新版本是 VMware 8。其集成了很多强大的功能。本书在此不再对其进行详细介绍，感兴趣的同学可以自行在网上搜索相关信息。如何安装 VMware，并完成虚拟机的安装等，请参照 VMware 8 用户手册，或参考网上实战案例，本书也不再对此进行说明。关于虚拟机在数据库安装及 ArcGIS 的安装，包括 SDE 的安装及配置，请参考本书第 1 章，在此只简要介绍如何使用 Snapshot。

1) Snapshot 的制作

Snapshot 的制作很方便，如同对 Word 文件的保存一般。

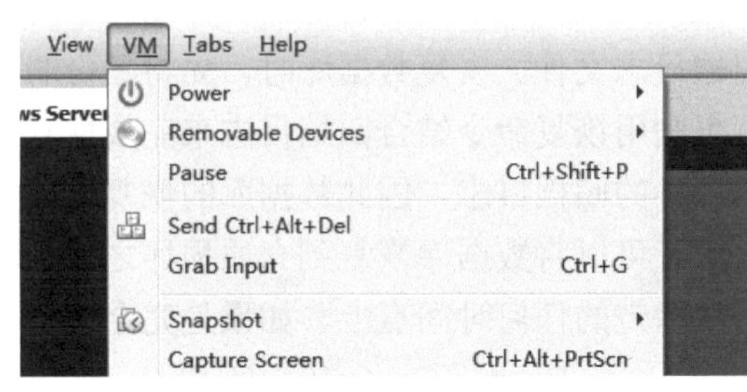

图 6-37　VM 菜单中点击 Snapshot

首先，点击 VMware 的“VM”菜单，在该菜单中可以找到 Snapshot 的选项(图 6-37)。

其次，展开 Snopshot 子菜单，在其中可以看到有以下选择(图 6-38)。

(1) Take Snapshot：获取快照，即对当前的系统进行 Snapshot 的保存。

(2) Revert to Snapshot：还原快照，针对已经存在的 Snapshot 点进行系统恢复。

(3) Snapshot Manager：管理快照，管理已经存在的 Snapshot，可以对其执行保存、管理、信息编辑等操作。

图 6-38　展开 Snopshot 子菜单

最后，在系统运行时，点击“Take Snapshot”，打开以 VMware 标签名命名的 Take Snapshot 对话框。在 Name 中输入快照点名称，在 Description 中输入快照备注(选填)，点击“Take Snapshot”生成快照(图 6-39)。

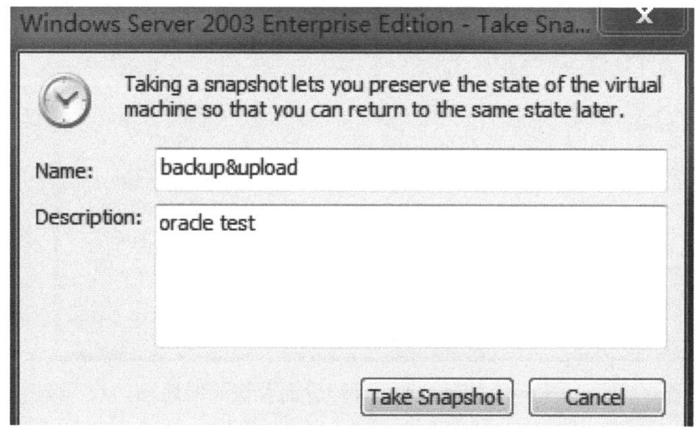

图 6-39　生成系统快照

接下来 VMware 将会使用小部分时间生成用户当前的系统快照。

2) Snapshot 的回复

完成快照后，可以看到在原有的子菜单中多了一个选项，这个选项的名字就是已经制作的快照名称(图 6-40)。通过点击该选项的名称，即可恢复到相对应的快照点。或者击点“Revert to Snapshot：backup&upload”返回快照点。Revert to Snapshot 选项在默认情况下直接返回最近的快照点。

图 6-40　返回快照点方式

3) Snapshot 的管理

需要注意的是，对虚拟机的使用并非完全是线性的。打开 Snapshot Manager 可以看到一张 Snapshot 的线路图(图 6-41)。

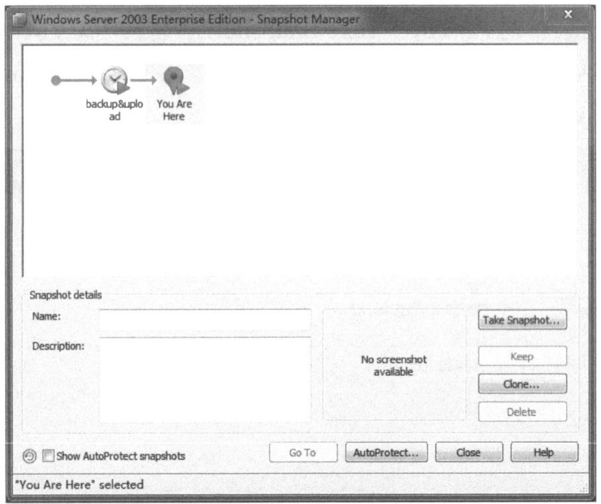

图 6-41　Snapshot 管理界面及快照线路图

可以通过线路图回到任意一个曾经制作了 Snapshot 的地方，然后从那里再开始做其他测试，这样单线的线路图就将变成多线的了。

同时 Snapshot Manager 也可以执行对 Snapshot 的删除及其他编辑操作，在此不再叙述，大家可以在课后自行学习使用。

七、实验流程

1. 使用数据库关闭命令

实验准备：完成数据库的安装，可以使用 SYS 用户，同时在虚拟机中完成 Snapshot 的制作。

实验过程：

(1) 使用 SHUTDOWN ABORT 关闭数据库(图 6-42)。

图 6-42　使用 SHUTDOWN ABORT 关闭数据库

(2) 重新启动数据库(图 6-43)。

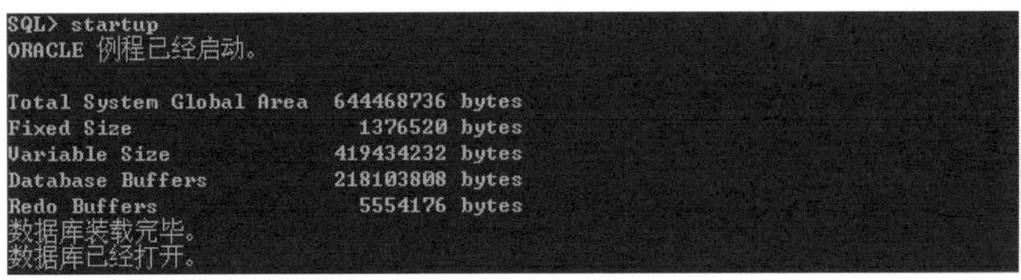

图 6-43　重新启动数据库

(3) 利用 SHUTDOWN IMMEDIATE 命令关闭数据库(图 6-44)。

```
SQL> shutdown immediate
数据库已经关闭。
已经卸载数据库。
```

图 6-44　利用 SHUTDOWN IMMEDIATE 命令关闭数据库

在这里会发现两种关闭数据库的命令的不同之处，同时也充分表现出一致性备份及非一致性备份的不同之处。使用 SHUTDOWN IMMEDIATE 命令，数据库将会在停止后被直接卸载；而 SHUTDOWN ABORT 只能将数据库关闭。这样造成的结果就是，对于将要备份的数据，SHUTDOWN ABORT 命令并不能给出最完善的备份要素。

2. 备份数据库

实验准备：完成数据库的安装，可以使用 SYS 用户，同时在虚拟机中完成 Snapshot 的制作。

实验过程：

(1) 查看源主机上控制文件位置。

```
SQL>select * from V$CONTROLFILE
Result:
------------------------------
C:\APP\ADMINISTRATOR\ORADATA\ORCL\CONTROL01.CTL
C:\APP\ADMINISTRATOR\FLASH_RECOVERY_AREA\ORCL\CONTROL02.CTL
```

(2) 参数文件。

```
SQL>select * from V$PARAMETER where name like '%spfile%'
Result:
------------------------------
C:\APP\ADMINISTRATOR\PRODUCT\11.2.0\DBHOME_1\DATABASE\SPFILEORCL.ORA
```

(3) 密码文件路径。

```
C:\APP\ADMINISTRATOR\PRODUCT\11.2.0\DBHOME_1\DATABASE\PWDorcl.ora
```

(4) 查看数据日志。

```
SQL>select * from V$DATAFILE
Result:
------------------------------
C:\APP\ADMINISTRATOR\ORADATA\ORCL\SYSTEM01.DBF
C:\APP\ADMINISTRATOR\ORADATA\ORCL\SYSAUX01.DBF
C:\APP\ADMINISTRATOR\ORADATA\ORCL\UNDOTBS01.DBF
C:\APP\ADMINISTRATOR\ORADATA\ORCL\USERS01.DBF
C:\APP\ADMINISTRATOR\PRODUCT\11.2.0\DBHOME_1\SDE.DBF
```

(5) 联机重做日志。

```
SQL>select * from V$LOGFILE
```

```
Result:
----------------------------
C:\APP\ADMINISTRATOR\ORADATA\ORCL\REDO03.LOG
C:\APP\ADMINISTRATOR\ORADATA\ORCL\REDO02.LOG
C:\APP\ADMINISTRATOR\ORADATA\ORCL\REDO01.LOG
```

(6) 关闭数据库(图 6-45)。

SQL> shutdown immediate
数据库已经关闭。
已经卸载数据库。
ORACLE 例程已经关闭。

图 6-45　关闭数据库

(7) 拷贝以上步骤中查询到的数据及日志文件至其他存储中，至此冷备份完成。在此建议大家使用批处理命令完成文件拷贝，减少不必要的时间浪费。

3. 还原数据库

实验准备：制作一个与原数据库所在虚拟机一样的虚拟机，这里通过复制虚拟机完成，将备份出的文件拷至新的虚拟机中。

实验过程：

(1) 停止目标系统中的数据库(图 6-46)，并将已备份出的数据库文件拷贝到目标系统数据库中替换相对文件。

```
SQL> shutdown immediate
数据库已经关闭。
已经卸载数据库。
ORACLE 例程已经关闭。
```

图 6-46　停止目标系统中的数据库

(2) 先启动监听程序(图 6-47)，如果监听已经启动，则可以不用启动。

```
SQL> $lsnrctl

LSNRCTL for 32-bit Windows: Version 11.2.0.1.0 - Production on 07-3月 -2012 15:3
5:53

Copyright (c) 1991, 2010, Oracle.  All rights reserved.

欢迎来到LSNRCTL, 请键入"help"以获得信息。

LSNRCTL> start
```

图 6-47　启动监听程序

(3) 重新启动目标系统数据库(图 6-48)。

```
SQL> startup
ORACLE 例程已经启动。

Total System Global Area  644468736 bytes
Fixed Size                  1376520 bytes
Variable Size             419434232 bytes
Database Buffers          218103808 bytes
Redo Buffers                5554176 bytes
数据库装载完毕。
数据库已经打开。
```

图 6-48　重新启动目标系统数据库

从提示可以看到，系统启动无问题，则证明数据冷备份恢复成功。

实验 6.3　数据库安全

一、实验目的

了解 Oracle 数据库的安全基本概念，掌握数据库基本的授权方式。

二、实验平台

(1) 操作系统：Windows Server 2003；
(2) 数据库管理系统：Oracle 11g R2。

三、实验内容和要求

(1) 创建 Oracle 数据库账户，并对该账户进行角色、对象的授权；
(2) 使用口令文件，验证 Oracle 超级管理员；
(3) 掌握 Oracle 数据库用户管理方式及基本操作方法；
(4) 掌握口令文件的使用。

四、Oracle 数据库的安全性

1. 安全保障机制

1) 安全性内容

数据库的安全性是指保护数据库，以防止不合法地使用所造成的数据泄露、更改或破坏。

在数据库存储级一般采用密码技术，当物理存储设备失窃后，它起到保密作用。在数据库系统级则提供两种控制：用户标识及鉴定和数据存取控制。

数据库的安全性可分为两类：系统安全性和数据安全性。

系统安全性是指在系统级控制数据库的存取和使用的机制，包含：①有效的用户名/口令组合；②一个用户是否授权可连接数据库；③用户对象可用的磁盘空间的数量；④用户的资源限制；⑤数据库审计是否是有效的；⑥用户可执行哪些系统操作。

用户要存取对象必须有相应的权限授给该用户。已授权的用户任意地可将它授权给其他用户，由于这个原因，这种安全性类型叫做任意型。

Oracle 利用下列机制管理数据库安全性：①数据库用户和模式；②权限；③角色；④存储设置和空间份额；⑤资源限制；⑥审计。

2) 安全性策略

(1) 系统安全性策略：①管理数据库用户。②用户身份确认。③操作系统安全性：数据库管理员必须有 CREATE 和 DELETE 文件的操作系统权限；一般数据库用户不应该有 CREATE 或 DELETE 与数据库相关文件的操作系统权限；如果操作系统能为数据库用户分配角色，那么安全性管理者必须有修改操作系统账户安全性区域的操作系统权限。

(2) 用户安全性策略：①一般用户的安全性有密码的安全性和权限管理。②终端用户的安全性。

(3) 数据库管理者安全性策略：①保护作为 SYS 和 SYSTEM 用户的连接。②保护管理者与数据库的连接。③使用角色对管理者权限进行管理。

(4) 应用程序开发者的安全性策略：①应用程序开发者和他们的权限。②应用程序开发者的环境，包括程序开发者不应与终端用户竞争数据库资源和程序开发者不能损害数据库其他应用产品。③应用程序开发者的空间限制。作为数据库安全性管理者，应该特别地为每个应用程序开发者设置以下一些限制：开发者可以创建 TABLE 或 INDEX 的表空间；在每一个表空间中，开发者所拥有的空间份额。

2. 用户管理

1) 数据库的存取控制

(1) 用户鉴别。为了防止非授权的数据库用户的使用，Oracle 提供三种确认方法：操作系统确认、Oracle 数据库确认和网络服务确认。

由操作系统鉴定用户的优点是：用户能更快、更方便地连入数据库；通过操作系统对用户身份确认进行集中控制；用户进入数据库和操作系统审计信息一致。

(2) 用户的表空间设置和定额。关于表空间的使用有三种设置选择：用户的缺省表空间；用户的临时表空间；数据库表空间的空间使用定额。

(3) 用户资源限制和环境文件。用户可用的各种系统资源总量的限制是用户安全域的部分。通过设置资源限制，安全管理员可防止用户无控制地消耗宝贵的系统资源。资源限制由环境文件管理，一个环境文件是命名的一组赋给用户的资源限制。另外，Oracle 为安全管理员在数据库提供是否对环境文件资源限制的选择。

Oracle 可限制几种类型的系统资源的使用，每种资源可在会话级、调用级或两者上控制。

在会话级：每一次用户连接到数据库，建立会话，每一个会话对在执行 SQL 语句的计算机上耗费 CPU 时间和内存量进行限制。

在调用级：在 SQL 语句执行时，处理该语句可能分为多步，为了防止过多地调用系统，Oracle 在调用级可设置下列三种资源限制。

A. 为了防止无控制地使用 CPU 时间，Oracle 可限制每次 Oracle 调用的 CPU 时间和在一次会话期间 Oracle 调用所使用的 CPU 时间，以 0.01 秒为单位。

B. 为了防止过多的 I/O，Oracle 可限制每次调用和每次会话的逻辑数据块读的数目。

C. Oracle 在会话级还提供其他几种资源限制：①每个用户的并行会话数的限制。②会话空闲时间的限制，如果一次会话的 Oracle 调用之间时间达到该空闲时间，当前事务被回滚，会话被中止，会话资源返回给系统。③每次会话可消逝时间的限制，如果一次会话期间超过可消逝时间的限制，当前事务被回滚，会话被删除，该会话的资源被释放。④每次会话的专用 SGA 空间量的限制。

(4) 用户环境文件　。用户环境文件是指资源限制的命名集，可赋给 Oracle 数据库有效的用户。利用用户环境文件可容易地管理资源限制。

在许多情况下决定用户环境文件的合适资源限制的最好方法是收集每种资源使用的历史信息。

2) 创建用户

使用 CREATE USER 语句可以创建一个新的数据库用户，执行该语句的用户必须具有 CREATE USER 系统权限。在创建用户时必须指定用户的认证方式。一般会通过 Oracle 数据库对用户身份进行验证，即采用数据库认证方式。在这种情况下，创建用户时必须为新用户指定一个口令，口令以加密方式保存在数据库中。当用户连接数据库时，Oracle 从数据库中提取口令来对用户的身份进行验证。

使用 IDENTIFIED BY 子句为用户设置口令，这时用户将通过数据库来进行身份认证。如果要通过操作系统来对用户进行身份认证，则必须使用 IDENTIFIED EXTERNAL BY 子句。

使用 DEFAULT TABLESPACE 子句为用户指定默认表空间。如果没有指定默认表空间，Oracle 会把 SYSTEM 表空间作为用户的默认表空间。为用户指定了默认表空间之后，还必须使用 QUOTA 子句来为用户在默认表空间中分配空间配额。

此外，常用的一些子句有：

(1) TEMPORARY TABLESPACE 子句：为用户指定临时表空间。

(2) PROFILE 子句：为用户指定一个概要文件。如果没有为用户显式地指定概要文件，Oracle 将自动为用户指定 DEFAULT 概要文件。

(3) DEFAULT ROLE 子句：为用户指定默认的角色。

(4) PASSWORD EXPIRE 子句：设置用户口令的初始状态为过期。

(5) ACCOUNT LOCK 子句：设置用户账户的初始状态为锁定，缺省为ACCOUNT UNLOCK。

在建立新用户之后，通常会需要使用GRANT语句为他授予CREATE SESSION系统权限，使它具有连接到数据库中的能力，或为新用户直接授予Oracle中预定义的CONNECT角色。

3) 修改用户

在创建用户之后，可以使用ALTER USER语句对用户进行修改，执行该语句的用户必须具有ALTER USER系统权限。

ALTER USER语句最常用的情况是用来修改用户自己的口令，任何用户都可以使用ALTER USER IDENTIFIED BY语句来修改自己的口令，而不需要具有任何其他权限。但是，如果要修改其他用户的口令，则必须具有ALTER USER系统权限。

4) 删除用户

使用DROP USER语句可以删除已有的用户，执行该语句的用户必须具有DROP USER系统权限。如果用户当前正连接到数据库中，则不能删除这个用户。要删除已连接的用户，首先必须使用ALTER SYSTEM……KILL SESSION语句终止它的会话，然后再使用DROP USER语句将其删除。

如果要删除的用户模式中包含有模式对象，则必须在DROP USER子句中指定CASCADE关键字，否则Oracle将返回错误信息。

3. 权限和角色

1) 基本概念

(1) 权限。权限是执行一种特殊类型的SQL语句或存取另一用户的对象的权力。有两类权限：系统权限和对象权限。

A. 系统权限：执行一种特殊动作或者在对象类型上执行一种特殊动作的权利。

系统权限可授权给用户或角色，一般系统权限只授予管理人员和应用开发人员，终端用户不需要这些相关功能。

B. 对象权限：在指定的表、视图、序列、过程、函数或包上执行特殊动作的权利。

(2) 角色。为相关权限的命名组，可授权给用户和角色，数据库角色包含下列功能。

A. 一个角色可授予系统权限或对象权限。

B. 一个角色可授权给其他角色，但不能循环授权。

C. 任何角色可授权给任何数据库用户。

D. 授权给用户的每一角色可以是可用的或者不可用的。一个用户的安全域仅包含当前对该用户可用的全部角色的权限。

E. 一个间接授权角色对用户可显式地使其可用或不可用。

在一个数据库中，每一个角色名必须唯一。角色名与用户不同，角色不包含在任何模式中，所以建立角色的用户被删除时不影响该角色。

一般地，建立角色服务有两个目的：为数据库应用管理权限和为用户组管理权限，相应的角色称为应用角色和用户角色。应用角色是授予的运行数据库应用所需的全部权限。用户角色是为具有公开权限需求的一组数据库用户而建立的。用户权限管理是受应用角色或已被授权的用户角色所控制，通过用户权限管理将用户角色授权给相应的用户。

Oracle 利用角色更容易进行权限管理。有下列优点：①减少权限管理，不要显式地将同一权限组授权给几个用户，只需将这权限组授权给角色，然后将角色授权给每一用户。②动态权限管理，如果一组权限需要改变，只需修改角色的权限，所有授权给该角色的全部用户的安全域将自动地反映对角色所作的修改。③权限的选择可用性，授权给用户的角色可选择使其可用或不可用。④应用可知性，当用户经用户名执行应用时，该数据库应用可查询字典，将自动地选择使角色可用或不可用。⑤应用安全性，角色使用可由口令保护，应用可提供正确的口令使用角色，如不知其口令，不能使用角色。

2) 创建角色

使用 CREATE ROLE 语句可以创建一个新的角色，执行该语句的用户必须具有 CREATE ROLE 系统权限。

在角色刚刚创建时，它并不具有任何权限，这时的角色是没有用处的。因此，在创建角色之后，通常会立即为它授予权限。例如，利用下面的语句创建一个名为 OPT_ROLE 角色，并且为它授予了权限和系统权限：

```
create role opt_role; —创建角色
grant select on us_cities to opt_role; —授予对 us_cities 表的 select 权限
grant insert,update on us_cities to opt_role; —授予对 us_cities 表的 insert,update 权限
grant create view to opt_role; —授予视图创建权限
```

在创建角色时必须为角色命名，新建角色的名称不能与任何数据库用户或其他角色的名称相同。

与用户类似，角色也需要进行认证。在执行 CREATE ROLE 语句创建角色时，默认地将使用 NOT IDENTIFIED 子句，即在激活和禁用角色时不需要进行认证。如果需要确保角色的安全性，可以在创建角色时使用 IDENTIFIED 子句来设置角色的认证方式。与用户类似，角色也可以使用两种方式进行认证。使用 ALTER ROLE 语句可以改变角色的口令或认证方式。例如，利用下面的语句来修改 OPT_ROLE 角色的口令(假设角色使用的是数据库认证方式)：

```
alter role opt_role identified by "accts*new"; —添加密码认证
```

3) 授予系统权限

(1) 授予系统权限。在 GRANT 关键字之后指定系统权限的名称，然后在 TO 关键字之后指定接受权限的用户名，即可将系统权限授予指定的用户。

(2) 授予对象权限。Oracle 对象权限指用户在指定的表上进行特殊操作的权利。

在 GRANT 关键字之后指定对象权限的名称，然后在 ON 关键字后指定对象名称，最后在 TO 关键字之后指定接受权限的用户名，即可将指定对象的对象权限授予指定的用户。使用一条 GRANT 语句可以同时授予用户多个对象权限，各个权限名称之间用逗号分隔。

有三类对象权限可以授予表或视图中的字段，它们分别是 INSERT、UPDATE 和 REFERENCES 对象权限。

在授予对象权限时，可以使用关键字 ALL 或 ALL PRIVILEGES 将某个对象的所有对象权限全部授予指定的用户。

(3) 授予角色。在 GRANT 关键字之后指定角色的名称，然后在 TO 关键字之后指定用户名，即可将角色授予指定的用户。Oracle 数据库系统预先定义了 CONNECT、RESOURCE、DBA、EXP_FULL_DATABASE、IMP_FULL_DATABASE 五个角色。CONNECT 具有创建表、视图、序列等权限；RESOURCE 具有创建过程、触发器、表、序列等权限；DBA 具有全部系统权限；EXP_FULL_DATABASE、IMP_FULL_DATABASE 具有卸出与装入数据库的权限。通过查询 SYS.DBA_SYS_PRIVS 可以了解每种角色拥有的权利。

如果在为某个用户授予角色时使用了 WITH ADMIN OPTION 选项，该用户将具有如下权利：

A. 将这个角色授予其他用户，使用或不使用 WITH ADMIN OPTION 选项。

B. 从任何具有这个角色的用户那里回收该角色。

C. 删除或修改这个角色。

4) 回收权限或角色

使用 REVOKE 语句可以回收已经授予用户(或角色)的系统权限、对象权限与角色，执行回收权限操作的用户同时必须具有授予相同权限的能力。

在回收对象权限时，可以使用关键字 ALL 或 ALL PRIVILEGES 将某个对象的所有对象权限全部回收。

5) 激活和禁用角色

一个用户可以同时被授予多个角色，但是并不是所有的这些角色都同时起作用。角色可以处于两种状态：激活状态或禁用状态，禁用状态的角色所具有的权限并不生效。

当用户连接到数据库中时，只有他的默认角色(Default Role)处于激活状态。在 ALTER USER 角色中使用 DEFAULT ROLE 子句可以改变用户的默认角色。

在用户会话的过程中，还可以使用 SET ROLE 语句来激活或禁用他所拥有的角色。用户同时激活的最大角色数目由初始化参数 ENABLED ROLES 决定(默认值为 20)。如果角色在创建时使用了 IDENTIFIED BY 子句，则在使用 SET ROLE 语句激活角色时也需要在 IDENTIFIED BY 子句中提供口令。

如果要激活用户所拥有的所有角色，可以使用下面的语句：

```
SET ROLE ALL;
```

4. 口令文件创建与使用

在 Oracle 数据库系统中，用户如果要以特权用户身份(INTERNAL/SYSDBA/SYSOPER)登录 Oracle 数据库，可以有两种身份验证的方法：使用与操作系统集成的身份验证或使用 Oracle 数据库的密码文件进行身份验证。因此，管理好密码文件，对于控制授权用户从远端或本机登录 Oracle 数据库系统，执行数据库管理工作，具有重要的意义。

Oracle 数据库的密码文件存放有超级用户 INTERNAL/SYS 的口令及其他特权用户的用户名及口令，它一般存放在 Oracle 目录下。

1) 密码文件的创建

在使用 Oracle Instance Manager 创建数据库实例的时候，Oracle 目录下还自动创建了一个与之对应的密码文件，文件名为 PWDorcl.ora。此密码文件是进行初始数据库管理工作的基础。在此之后，管理员也可以根据需要，使用工具 ORAPWD.EXE 手工创建密码文件，命令格式如下：

```
C:\>ORAPWD FILE=<FILENAME>  PASSWORD =<PASSWORD> ENTRIES=<MAX_USERS>
```

各命令参数的含义如下。

FILENAME ：密码文件名；

PASSWORD：设置 INTERNAL/SYS 账号的口令；

MAX_USERS：密码文件中可以存放的最大用户数，对应于允许以 SYSDBA/SYSOPER 权限登录数据库的最大用户数。由于在以后的维护中，若用户数超出了此限制，则需要重建密码文件，所以此参数可以根据需要设置得大一些。

有了密码文件之后，需要设置初始化参数 REMOTE_LOGIN_PASSWORDFILE 来控制密码文件的使用状态。

在 Oracle 11g 中，另新增了 FORCE、IGNORECASE、NOSYSDBA 这三个参数。

FORCE：提供是否覆盖同名文件的功能；

IGNORECASE：用于设置 SYSDBA 或 SYSOPER 权限通过密码文件登录时是否区分大小写；

NOSYSDBA：提供是否在 VAULT 中禁止 SYSDBA 权限通过口令文件验证方式登录数据库。

2) 设置初始化参数

在 Oracle 数据库实例的初始化参数文件中，REMOTE_LOGIN_ PASSWORDFILE 参数控制着密码文件的使用及其状态。它可以有以下三个选项。

NONE：指示 Oracle 系统不使用密码文件，特权用户的登录通过操作系统进行身份验证。

EXCLUSIVE：指示只有一个数据库实例可以使用此密码文件。只有在此设置下的密码文件可以包含有除 INTERNAL/SYS 以外的用户信息，即允许将系统权限 SYSOPER/SYSDBA 授予除 INTERNAL/SYS 以外的其他用户。

SHARED：指示可有多个数据库实例可以使用此密码文件。在此设置下只有 INTERNAL/SYS 账号能被密码文件识别，即使文件中存有其他用户的信息，也不允许他们以 SYSOPER/SYSDBA 的权限登录，此设置为缺省值。

在 REMOTE_LOGIN_PASSWORDFILE 参数设置为 EXCLUSIVE、SHARED 情况下， Oracle 系统搜索密码文件的次序为：在系统注册库中查找 ORA_SID_PWFILE 参数值(它为密码文件的全路径名)；若未找到，则查找 ORA_PWFILE 参数值；若仍未找到，则使用缺省值 %Oracle_HOME%\DATABASE\PWDorcl.ora。

3) 向密码文件中增加、删除用户

当初始化参数 REMOTE_LOGIN_PASSWORDFILE 设置为 EXCLUSIVE 时，系统允许除 INTERNAL/SYS 以外的其他用户以管理员身份从远端或本机登录到 Oracle 数据库系统，执行数据库管理工作；这些用户名必须存在于密码文件中，系统才能识别他们。不管是在创建数据库实例时自动创建的密码文件，还是使用工具 ORAPWD.EXE 手工创建的密码文件，都只包含 INTERNAL/SYS 用户信息，为此，在实际操作中，可能需要向密码文件添加或删除其他用户账号。

由于仅被授予 SYSOPER/SYSDBA 系统权限的用户才存在于密码文件中，所以当向某一用户授予或收回 SYSOPER/SYSDBA 系统权限时，他们的账号也将相应地被加入到密码文件或从密码文件中删除。由此，向密码文件中增加或删除某一用户，实际上也就是对某一用户授予或收回 SYSOPER/SYSDBA 系统权限。

4) 使用密码文件登录

有了密码文件后，用户就可以使用密码文件以 SYSOPER/SYSDBA 权限登录 Oracle 数据库实例了，注意初始化参数 REMOTE_LOGIN_PASSWORDFILE 应设置为 EXCLUSIVE 或 SHARED 。任何用户以 SYSOPER/SYSDBA 的权限登录后，将位于 SYS 用户的 Schema 之下，以下为两个登录的例子。

(1) 以管理员身份登录。假设用户 SCOTT 已被授予 SYSDBA 权限，则他可以使用以下命令登录。

```
connect scott/tiger as sysdba
```

(2) 以 INTERNAL 身份登录。

```
connect internal/internal_password
```

5) 密码文件的维护

(1) 查看密码文件中的成员：可以通过查询视图 V$PWFILE_USERS 来获取拥有 SYSOPER/SYSDBA 系统权限的用户信息，表中 SYSOPER/SYSDBA 列的取值 TRUE/FALSE 表示此用户是否拥有相应的权限。这些用户也就是相应地存在于密码文件中的成员。

(2) 扩展密码文件的用户数量：当向密码文件添加的账号数目超过创建密码文件时所定的限制(即 ORAPWD.EXE 工具的 MAX_USERS 参数)时，为扩展密码文件的用户数限制，需重建密码文件，具体步骤如下。

A. 查询视图 V$PWFILE_USERS ，记录下拥有 SYSOPER/SYSDBA 系统权限的用户信息；

B. 关闭数据库；

C. 删除密码文件；

D. 用 ORAPWD.EXE 新建密码文件；

E. 将步骤 A 中获取的用户添加到密码文件中。

(3) 修改密码文件的状态：密码文件的状态信息存放于此文件中，当它被创建时，它的缺省状态为 SHARED 。可以通过改变初始化参数 REMOTE_LOGIN_PASSWORDFILE 的设置改变密码文件的状态。当启动数据库事例时，Oracle 系统从初始化参数文件中读取 REMOTE_LOGIN_PASSWORDFILE 参数的设置。当加载数据库时，系统将此参数与口令文件的状态进行比较，如果不同，则更新密码文件的状态。若计划允许从多台客户机上启动数据库实例，由于各客户机上必须有初始化参数文件，所以应确保各客户机上的初始化参数文件的一致性，以避免意外地改变了密码文件的状态，造成数据库登录失败。

(4) 修改密码文件的存储位置：密码文件的存放位置可以根据需要进行移动，但作此修改后，应相应地修改系统注册库有关指向密码文件存放位置的参数或环境变量的设置。

(5) 删除密码文件：在删除密码文件前,应确保当前运行的各数据库实例的初始化参数 REMOTE_LOGIN_PASSWORDFILE 皆设置为 NONE。在删除密码文件后，若想要以管理员身份连入数据库的话，则必须使用操作系统验证的方法进行登录。

五、实验前置

在本次实验中，可以使用原先已经存在的 SCUSER 用户去创建新的 Oracle 系统账户。在前面章节的实验中，因为各种实验的需要，已经将 SCUSER 用户授予了较多的权限与角色，包括 CONNECT、RESOURCE、DBA。在此可以先使用 REVOKE 命令，解除这三个权限。

(1) 使用 SYS 用户登录数据库，并使用 REVOKE 命令解除 SCUSER 的 DBA 角色(图 6-49)。

```
SQL> REVOKE DBA FROM SCUSER
  2  ;

撤销成功。
```

图 6-49　使用 REVOKE 命令解除 SCUSER 的 DBA 角色

(2) 使用 REVOKE 命令解除 SCUSER 的 CONNECT、RESOURCE 角色(图 6-50)。

```
SQL> REVOKE CONNECT,RESOURCE FROM SCUSER;

撤销成功。
```

图 6-50　使用 REVOKE 命令解除 SCUSER 的 CONNECT、RESOURCE 角色

在上面的命令行中，将两个角色同时删除。两个角色间使用的是“，”。在此应注意，在 Oracle 中权限及对象的并列授予及删除都可以使用“，”将并列的权限或对象进行分隔，以提高操作效率。

注意：如果删除了 SCUSER 的 CONNECT、RESOURCE 角色，再重新使用 SCUSER 登录时会报 CREATE SESSION 的错误，原因是删除的角色与授权内容存在冲突。请在发现错误时将 CONNECT、RESOURCE 角色重新授予 SCUSER 用户。

(3) 给 SCUSER 用户分别赋予 CREATE USER、ALTER USER、DROP USER 的权限(图 6-51)。此处不使用 WITH ADMIN OPTION 函数。

```
SQL> GRANT CREATE USER,ALTER USER,DROP USER TO SCUSER;

授权成功。
```

图 6-51　给 SCUSER 用户分别赋予 CREATE USER、ALTER USER、DROP USER 的权限

(4) 给 SCUSER 用户分别赋予 SELECT ANY TABLE、INSERT ANY TABLE、UPDATE ANY TABLE、DELETE ANY TABLE 权限(图 6-52)。此处同样不使用 WITH ADMIN OPTION 函数。

```
SQL> grant select any table,insert any table,update any table,delete any table t
o scuser;

授权成功。
```

图 6-52　给 SCUSER 用户分别赋予相关表的操作权限

(5) 给 SCUSER 用户分别赋予 CREATE TABLE，DROP ANY TABLE 权限(图 6-53)。此处使用 WITH ADMIN OPTION 函数。在后面的对比中可以看到对于 WITH ADMIN OPTION 使用效果的不同之处。

```
SQL> GRANT CREATE TABLE,DROP ANY TABLE TO SCUSER WITH ADMIN OPTION;

授权成功。
```

图 6-53　给 SCUSER 用户分别赋予 CREATE TABLE，DROP ANY TABLE 权限

(6) 授予 SCUSER 用户新建表空间权限(图 6-54)。

```
SQL> GRANT CREATE TABLESPACE TO SCUSER;

授权成功。
```

图 6-54　授予 SCUSER 用户新建表空间权限

(7) 授予 SCUSER 用户角色新建权限(图 6-55)。

```
SQL> grant create role to scuser;

授权成功。
```

图 6-55　授予 SCUSER 用户角色新建权限

六、实验流程

1. 用户新建

实验准备：了解 CREATE USER 的结构，并了解用户新建过程中将使用到的命令功能。

实验过程：

(1) 使用 SCUSER 用户新建 NEWUSER 用户(图 6-56)，并指定其密码与用户名相同。

```
SQL> CREATE USER NEWUSER IDENTIFIED BY NEWUSER;

用户已创建。
```

图 6-56　使用 SCUSER 用户新建 NEWUSER 用户

(2) 使用 SCUSER 用户新建属于 NEWUSER 的临时表空间(图 6-57)，首先在 C 盘根目录下或数据库的数据文件中建立 NEWUSER 文件夹，此处可以建立在 C 盘根目录下。

```
SQL> create temporary tablespace user_temp
  2  tempfile 'c:\newuser\user_temp.dbf'
  3  size 50m
  4  autoextend on
  5  next 50m maxsize 20480m
  6  extent management local;

表空间已创建。
```

图 6-57　使用 SCUSER 用户新建属于 NEWUSER 的临时表空间

在建立此临时表空间中，确定了此临时表空间的部分特性：一是其存储点为 C 盘中指定的目录；二是临时表空间的初始化大小为 50M；三是空间大小自动扩展，每次以 50M 大小扩展，最大为 20G(20480M)。四是指定空间管理方式为本地管理。

在此我们不就空间管理的方式进行详细说明，大家可以单独对此进行学习。

(3) 在同一文件夹下建立 TEST_DATA 的表空间(图 6-58)。

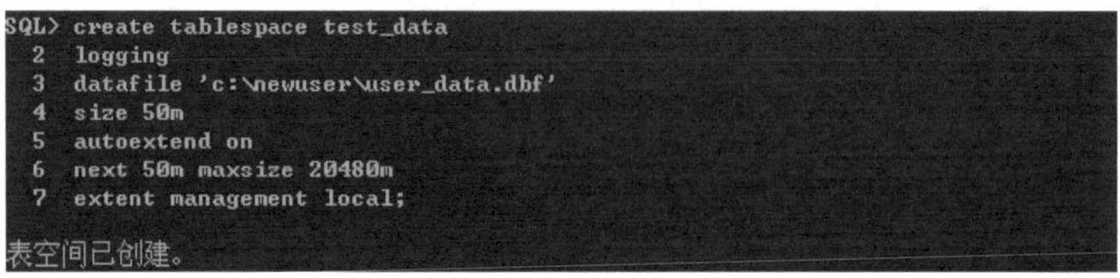

图 6-58　在同一文件夹下建立 TEST_DATA 的表空间

创建表空间的方法与临时表空间是基本一致的，但也不同。其中的 LOGGING 意为创建日志文件，相反的命令为 NOLOGGING。创建日志文件在创建数据库时并不强调必须要存在，而且会影响创建表空间时的速度。但考虑到可能存在的操作错误及管理员可能遗忘，因此建议在创建表空间时创建日志。

(4) 为新建用户指定表空间(图 6-59)。

```
SQL> ALTER USER NEWUSER
  2  DEFAULT TABLESPACE test_data
  3  temporary tablespace user_temp;

用户已更改。
```

图 6-59　为 NEWUSER 用户指定表空间

本段为 NEWUSER 重新指定了临时表空间及表空间。在未指定前 NEWUSER 使用系统默认的临时表空间及 SYSTEM 表空间。

(5) 查看表空间是否已经被正确指定(图 6-60)。

```
SQL> select username,default_tablespace from dba_users;

USERNAME                       DEFAULT_TABLESPACE
------------------------------ ------------------------------
NEWUSER                        TEST_DATA
MGMT_VIEW                      SYSTEM
```

图 6-60　查看表空间是否已经被正确指定

查看临时表空间是否已经被正确指定(图 6-61)。

```
SQL> select username,temporary_tablespace from dba_users;

USERNAME                       TEMPORARY_TABLESPACE
------------------------------ ------------------------------
NEWUSER                        USER_TEMP
MGMT_VIEW                      TEMP
```

图 6-61　查看临时表空间是否已经被正确指定

(6) 为 NEWUSER 用户解锁(图 6-62)。

```
SQL> Alter user newuser account unlock;

用户已更改。
```

图 6-62　为 NEWUSER 用户解锁

至此已经完成了 Oracle 中用户创建的一个基本过程。这个过程中包括默认角色的指定、初始口令的设限、空间配额分配等在实验中并未涉及，大家可以另行学习。

2. 权限及角色

实验准备：了解用户权限及角色操作中的各种命令及其功能。

实验过程：

(1) 使用 SCUSER 用户创建一个新的角色 OPTI_USER(图 6-63)。

```
SQL> create role opti_user;

角色已创建。
```

图 6-63　使用 SCUSER 用户创建一个新的角色 OPTI_USER

(2) 给 NEWUSER 用户增加建表的操作权限(图 6-64)。

```
SQL> grant create table to newuser;

授权成功。
```

图 6-64　给 NEWUSER 用户增加建表的操作权限

(3) 在 SCUSER 下新建两张表，一张名为 SAL_HISTORY，一张名为 WORKER(图 6-65)，两张表暂且只有一个字段 ID。

```
SQL> create table SAL_HISTORY
  2  (
  3  id varchar2(12)
  4  );

表已创建。

SQL> create table WORKER
  2  (
  3  id varchar(12)
  4  );

表已创建。
```

图 6-65　SCUSER 下新建 SAL_HISTORY 表及 WORKER 表

(4) 使用 NEWUSER 用户登录(图 6-66)。

```
SQL> connect newuser/NEWUSER
ERROR:
ORA-01045: user NEWUSER lacks CREATE SESSION privilege; logon denied
```

图 6-66　使用 NEWUSER 用户登录

在此可以看到一个错误信息，原因是授予了 NEWUSER 用户 CREATE TABLE 权限，但与之相对应的 CONNECT 角色却并没有给它。而现有的 SCUSER 用户并无权限授予 CONNECT 的能力，因此需要登录 SYS 账户，并用它给 NEWUSER 用户 CONNECT 权限。

(5) 授予 NEWUSER 用户 CONNECT 权限(图 6-67)。

```
SQL> grant connect to newuser;

授权成功。
```

图 6-67　授予 NEWUSER 用户 CONNECT 权限

(6) 使用 SELECT 命令查询 SCUSER 用户的 SAL_HISTORY 表(图 6-68)。

```
SQL> select * from scuser.SAL_HISTORY;
select * from scuser.SAL_HISTORY
                     *
第 1 行出现错误:
ORA-00942: 表或视图不存在
```

图 6-68　查询 SCUSER 用户的 SAL_HISTORY 表

在这里错误信息显示并不是因为在 SCUSER 中的建表错误造成，而是因为 SCUSER 用户并未授权给 NEWUSER 可以对 SAL_HISTORY 表进行 SELECT 操作的权限。

(7) 登录 SCUSER 用户，并用其给 NEWUSER 授予 SELECT 操作权(图 6-69)。

```
SQL> grant select on sal_history to newuser;

授权成功。
```

图 6-69　给 NEWUSER 授予 SELECT 操作权

(8) 使用 NEWUSER 用户重新登录，并再次查询 SCUSER 用户下的 SAL_HISTORY 表(图 6-70)。

```
SQL> select * from scuser.SAL_HISTORY;

未选定行
```

图 6-70　查询 SCUSER 用户下的 SAL_HISTORY 表

在此可以看出，Oracle 中对于权限的授予与控制是非常仔细的。对于一般使用者而言，不同的操作权限及管理权限都已经分别拆开，单独组合使用。

尤其需要注意的是，不同的角色决定了其可以操作的权限。如上面实验中，发现没有 CONNECT 的角色授予，即使已经拥有 CREATE TABLE 的权限也不能建表，而且会有潜在的系统错误的可能性。因此，对于系统管理员，如何分配用户权限与角色就更显逻辑上的重要性。当然，也可以在进行角色创建时授予其相应的权限。

(9) 在 SYS 用户下授予新建角色 OPTI_USER 以 CREATE TABLE 的权限(图 6-71)。

```
SQL> grant create table to opti_user;

授权成功。
```

图 6-71　授予新建角色 OPTI_USER 以 CREATE TABLE 的权限

(10) 将 OPTI_USER 角色授予 NEWUSER 用户，并重新使用 NEWUSER 连接 SQL*Plus 成功。

(11) 尝试使用 SCUSER 用户给 NEWUSER 授予 CREATE USER 的能力(图 6-72)。

```
SQL> grant create user to newuser;
grant create user to newuser
*
第 1 行出现错误:
ORA-01031: 权限不足
```

图 6-72　给 NEWUSER 授予 CREATE USER 的能力

这里之所以提出权限不足，是因为在前面单独给 SCUSER 用户授权时没有加入 WITH ADMIN OPTION，而相反加了该名的 CREATE TABLE 则可授予 NEWUSER 的能力。由此可知 WITH ADMIN OPTION 实际上起到了一个授权管理的权限设置作用。

(12) 删除当前 NEWUSER(图 6-73)。

```
SQL> drop user newuser cascade;

用户已删除。
```

图 6-73　删除当前 NEWUSER

3. 口令文件

实验准备：了解用户权限及角色操作中的各种命令及其功能。使用 SYS 用户，新建测试用户 testuser，密码为 testuser，授予 CONNECT 的角色。

实验过程：

(1) 以 SYS 用户查看当前拥有系统权限的账户(图 6-74)。

```
SQL> select * from v$pwfile_users;

USERNAME                       SYSDB SYSOP SYSAS
------------------------------ ----- ----- -----
SYS                            TRUE  TRUE  FALSE
```

图 6-74　查看当前拥有系统权限的账户

(2) 修改口令文件状态 REMOTE_LOGIN_PASSWORDFILE(图 6-75)，使其可以添加新管理员。

```
SQL> alter system set remote_login_passwordfile=exclusive scope=spfile;

系统已更改。
```

图 6-75　修改口令文件状态 REMOTE_LOGIN_PASSWORDFILE

该命令会在下次数据库启动时生效。

(3) 重启数据库(图 6-76)。

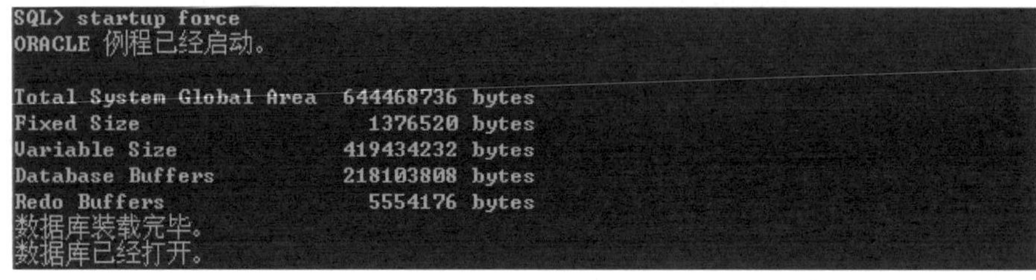

SQL> startup force
ORACLE 例程已经启动。
Total System Global Area 644468736 bytes
Fixed Size 1376520 bytes
Variable Size 419434232 bytes
Database Buffers 218103808 bytes
Redo Buffers 5554176 bytes
数据库装载完毕。
数据库已经打开。

图 6-76　重启数据库

(4) 查看当前口令文件状态(图 6-77)。

```
SQL> show parameter pass

NAME                                 TYPE        VALUE
------------------------------------ ----------- ------------------------------
remote_login_passwordfile            string      EXCLUSIVE
```

图 6-77　查看当前口令文件状态

(5) 将 SYSDBA 权限授权给 TESTUSER 用户(图 6-78)。

```
SQL> grant sysdba to testuser;

授权成功。
```

图 6-78　将 SYSDBA 权限授权给 TESTUSER 用户

(6) 使用 TESTUSER 用户以 SYSDBA 权限登录数据库(图 6-79)。

```
SQL> connect testuser/testuser as sysdba
已连接。
```

图 6-79　使用 TESTUSER 用户以 SYSDBA 权限登录数据库

(7) 检查当前系统管理员信息(图 6-80)。

```
SQL> select * from v$pwfile_users;

USERNAME                       SYSDB SYSOP SYSAS
------------------------------ ----- ----- -----
SYS                            TRUE  TRUE  FALSE
TESTUSER                       TRUE  FALSE FALSE
```

图 6-80　检查当前系统管理员信息

主要参考文献

谈竹贤, 王毅, 赵景亮等. 2003. Oracle 9i PL/SQL 从入门到精通. 北京: 中国水利水电出版社.

汤国安, 杨昕. 2006. ArcGIS 地理信息系统空间分析实验教程. 北京: 科学出版社.

Bob Bryla, Biju Thomas. 2005. OCP: Oracle 10g 新特性学习指南. 马树奇, 金燕编译. 北京: 电子工业出版社.

Chuck Murray. 2005. Oracle Spatial User's Guide and Reference 10g Release 2 (10.2). Oracle.

ESRI. A quick tour of ArcCatalog. http://help.arcgis.com/en/arcgisdesktop/10.0/help/index.html#//006m00000001000000.htm. 2012-06-25.

ESRI. Oracle 地理数据库系统表. http://resources.arcgis.com/zh-cn/help/main/10.1/index.html#//002n0000008m000000 2012-12-14.

ESRI. ST_Geometry 存储类型. http://resources.arcgis.com/zh-cn/help/main/10.1/index.html#/na/002n00000069000000/ 2012-12-14.

ESRI. 在 ArcCatalog 中构建金字塔. http://resources.arcgis.com/zh-cn/help/main/10.1/index.html#/na/009t0000001n000000/ 2012-12-14.

Kevin Loney, George Koch. 2003. Oracle 9i 参考手册. 钟鸣, 石永平, 郝玉洁等编译. 北京: 机械工业出版社.

Kevin Loney, Megh Thakkar, Rachel Carmichael. 2002. Oracle 9i PL/SQL 脚本工具. The McGraw-Hill. 王慧英, 丁泉等编译. 北京: 机械工业出版社.

Ravi Kothuri, Albert Godfrind, Euro Beinat. 2009. Oracle Spatial 空间信息管理. Apress L P. 管会生, 刘刚, 安宁, 樊红编译. 北京: 清华大学出版社.